深智數位
股份有限公司

深智數位
股份有限公司

前言

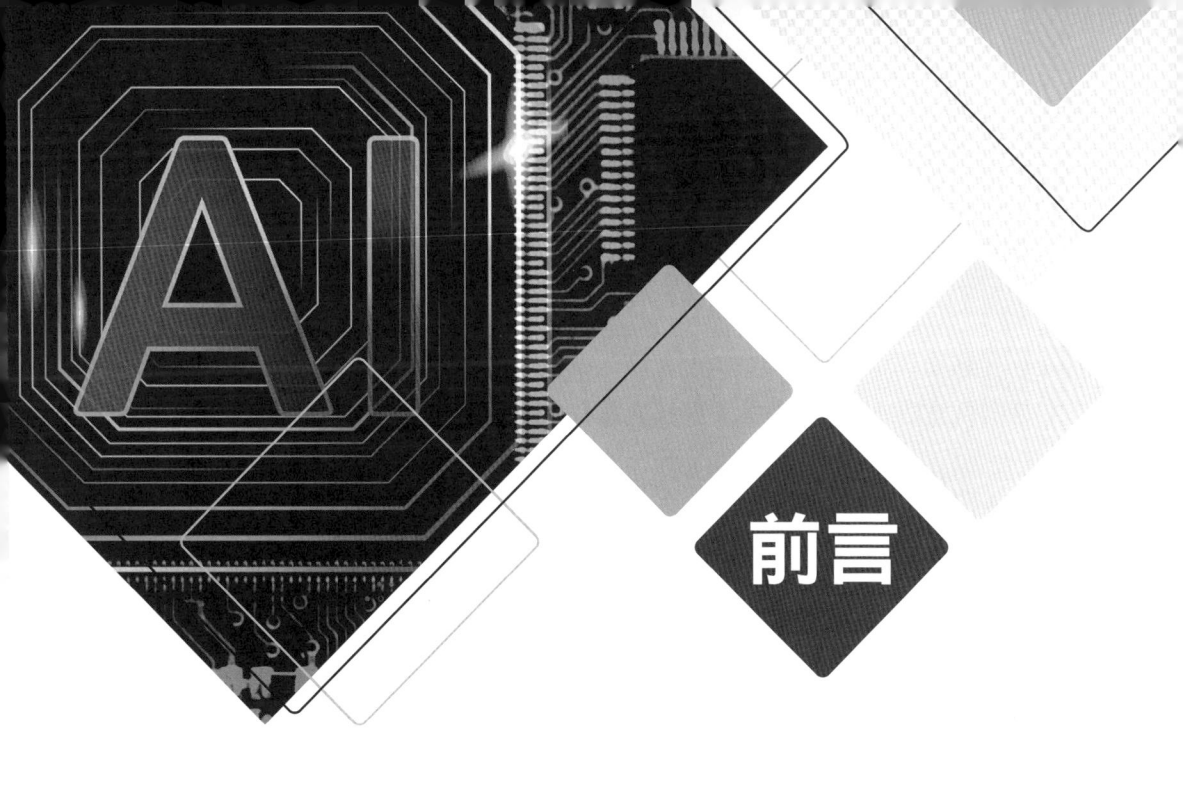

　　自大語言模型爆紅之後，AI 已不再是程式設計師和科學研究人員的專屬工具，越來越多的業務人員開始使用 AI 工具和各種大語言模型框架來提高工作效率。近年來，各種 AI 工具層出不窮，基本上已經滲透到各行各業。AI 工具雖多，卻不是為每個業務人員量身定做的，很難與實際業務場景相結合，並且業務人員無法針對現有工具進行最佳化，使得 AI 工具經常在各個業務場景中只是曇花一現，無法與實際業務場景深度結合。

　　那麼「AI+ 企業」這條路該如何走呢？絕對不是只依賴大語言模型與 AI 工具。現有的大語言模型雖然能力很強，能理解的知識面也很廣，但它就像一個光桿司令，只能回答人們提出的問題，無法實際執行各項任務。與之相反，AI 工具（當然也包括其他軟體、程式等）雖然可以執行各項任務，但其並不是 Agent，通常需要人們預先定義好參數、設置好流程，然後才能執行實際的任務。總而言之，其還需要人參與到實際任務中，並不是真正意義上的全流程自動化。那麼能否將大語言模型與 AI 工具結合在一起，讓大語言模型自己使用各種各樣的外部工具來完成任務呢？（就像人一樣，不僅擁有大腦，還具備雙手來使用各種工具，從而完成不同業務場景的任務。）目前的答案只有一個詞，那就是 Agent。

Agent 具備哪些能力？為什麼它是目前「AI+ 行業」的唯一答案呢？下面列舉幾個關鍵字：感知、記憶、決策、回饋、工具呼叫、大語言模型、多 Agent 協作。掌握了這些關鍵字，對 Agent 就有了一個基本認識。

感知：能獲取周圍環境的資訊，如使用者輸入的資料、上傳的照片，或一個網頁連結，感知就是能夠理解使用者的輸入。

記憶：Agent 做過什麼事，得到過什麼樣的回饋，中間經歷了哪些過程，Agent 都需要記住，後面在做決策的時候還會參考之前的記憶，人類能「吾日三省吾身」，它也可以！

決策：現在 Agent 配置了很多工具，它需要知道什麼時候用什麼工具，透過呼叫不同的工具來完成使用者交給它的任務。

回饋：這一次跌倒，下一次還要再跌倒嗎？既然有記憶，就要根據記憶進行反思，接下來做這件事的時候是不是該最佳化一下了。

工具呼叫：常見的方式就是使用 API，讓 Agent 具備各種各樣的能力，並且可以讓它根據感知和記憶的資訊來填寫其中的參數，從而實現自動化。

大語言模型：Agent 是如何完成感知、記憶和決策的呢？這些事都需要交給「大腦」，也就是大語言模型。

多 Agent 協作：單兵作戰是可以完成一些工作的，但是面對複雜業務，就需要多個角色透過互動和分析來一起完成相應工作。

讀者不僅要從概念上理解 Agent，還要動手跟著本書內容做一些實際業務場景的應用，包括使用各種 Agent 框架實現實際的業務需求，以及外部工具的呼叫、大語言模型的微調、本地知識庫的架設，從而理解建構 Agent 的全流程。接下來就一起動手來建構 Agent 吧！

繁體中文出版說明

　　本書作者為中國大陸人士，書中部分使用服務、網站及軟體為中國大陸特有。為保持全書之完整及確保程式碼執行正確，本書部分圖片維持簡體中文介面，讀者可根據上下文閱讀，特此說明。

第 1 章　Agent 框架與應用

- 1.1 初識 Agent 1-2
  - 1.1.1　感知能力 1-3
  - 1.1.2　思考能力 1-3
  - 1.1.3　動作能力 1-4
  - 1.1.4　記憶能力 1-5
- 1.2 Agent 框架 1-6
  - 1.2.1　Agent 框架理念 1-6
  - 1.2.2　常用的 Agent 框架 1-8
- 1.3 Multi-Agent 多角色協作 1-14
  - 1.3.1　SOP 拆解 1-15
  - 1.3.2　角色扮演 1-15
  - 1.3.3　回饋迭代 1-15

	1.3.4	監督控制 1-16
	1.3.5	實例說明 1-17
1.4	Agent 應用分析 1-20
	1.4.1	Agent 自身場景落地 1-20
	1.4.2	Agent 結合 RPA 場景落地 1-24
	1.4.3	Agent 多態具身機器人 1-31

第 2 章 使用 Coze 打造專屬 Agent

2.1	Coze 平臺 2-1
	2.1.1 Coze 平臺的優勢 2-1
	2.1.2 Coze 平臺的介面 2-3
	2.1.3 Coze 平臺的功能模組 2-6
2.2	Agent 的實現流程 2-7
	2.2.1 Agent 需求分析 2-7
	2.2.2 Agent 架構設計 2-7
2.3	使用 Coze 平臺打造專屬的 NBA 新聞幫手 2-8
	2.3.1 需求分析與設計思路制定 2-8
	2.3.2 NBA 新聞幫手的實現與測試 2-9
2.4	使用 Coze 平臺打造小紅書文案幫手 2-31
	2.4.1 需求分析與設計思路制定 2-31
	2.4.2 小紅書文案幫手的實現與測試 2-32

第 3 章 打造專屬領域的客服聊天機器人

3.1	客服聊天機器人概述 3-2
	3.1.1 客服聊天機器人價值簡介 3-2

		3.1.2	客服聊天機器人研發工具 3-2
	3.2	AI 課程客服聊天機器人整體架構 3-6
		3.2.1	前端功能設計 3-7
		3.2.2	後端功能設計 3-10
	3.3	AI 課程客服聊天機器人應用實例 3-20

第 4 章 AutoGen Agent 開發框架實戰

4.1	AutoGen 開發環境 4-2
	4.1.1　Anaconda 4-2
	4.1.2　PyCharm 4-3
	4.1.3　AutoGen Studio 4-3
4.2	AutoGen Studio 案例 4-4
	4.2.1　案例介紹 4-5
	4.2.2　AutoGen Studio 模型配置 4-5
	4.2.3　AutoGen Studio 技能配置 4-9
	4.2.4　AutoGen Studio 當地語系化配置 4-36

第 5 章 生成式代理——以史丹佛 AI 小鎮為例

5.1	生成式代理簡介 5-2
5.2	史丹佛 AI 小鎮專案簡介 5-4
	5.2.1　史丹佛 AI 小鎮專案背景 5-4
	5.2.2　史丹佛 AI 小鎮設計原理 5-4
	5.2.3　史丹佛 AI 小鎮典型情景 5-5
	5.2.4　互動體驗 5-6
	5.2.5　技術實現 5-8

	5.2.6 社會影響	5-10
5.3	史丹佛 AI 小鎮體驗	5-12
	5.3.1 資源準備	5-12
	5.3.2 部署運行	5-12
5.4	生成式代理的行為和互動	5-20
	5.4.1 模擬個體和個體間的交流	5-20
	5.4.2 環境互動	5-22
	5.4.3 範例「日常生活中的一天」	5-23
	5.4.4 自發社會行為	5-25
5.5	生成式代理架構	5-26
	5.5.1 記憶和檢索	5-27
	5.5.2 反思	5-30
	5.5.3 計畫和反應	5-32
5.6	沙箱環境實現	5-35
5.7	評估	5-37
	5.7.1 評估程式	5-38
	5.7.2 條件	5-39
	5.7.3 分析	5-40
	5.7.4 結果	5-41
5.8	生成式代理的進一步探討	5-43

第 6 章　RAG 檢索架構分析與應用

6.1	RAG 架構分析	6-2
	6.1.1 檢索器	6-3
	6.1.2 生成器	6-4
6.2	RAG 工作流程	6-5

		6.2.1	資料提取 6-5
		6.2.2	文字分割 6-6
		6.2.3	向量化 6-6
		6.2.4	資料檢索 6-7
		6.2.5	注入提示 6-8
		6.2.6	提交給 LLM 6-9
	6.3	RAG 與微調和提示詞工程的比較 6-9
	6.4	基於 LangChain 的 RAG 應用實戰 6-10
		6.4.1	基礎環境準備 6-10
		6.4.2	收集和載入資料 6-10
		6.4.3	分割原始檔案 6-11
		6.4.4	資料向量化後入庫 6-12
		6.4.5	定義資料檢索器 6-12
		6.4.6	建立提示 6-12
		6.4.7	呼叫 LLM 生成答案 6-13

第 7 章 RAG 應用案例――使用 RAG 部署本地知識

7.1	部署本地環境及安裝資料庫 7-5
	7.1.1 在 Python 環境中建立虛擬環境並安裝所需的函式庫 7-5
	7.1.2 安裝 phidata 函式庫 7-6
	7.1.3 安裝和配置 Ollama 7-7
	7.1.4 基於 Ollama 安裝 Llama 3 模型和 nomic-embed-text 模型 7-8
	7.1.5 下載和安裝 Docker 並用 Docker 下載向量資料庫的鏡像 7-8
7.2	程式部分及前端展示配置 7-9
	7.2.1 assistant.py 程式ﾠ.. 7-10
	7.2.2 app.py 程式 7-13

		7.2.3	啟動 AI 互動頁面 7-20
		7.2.4	前端互動功能及對應程式 7-21
7.3	呼叫雲端大語言模型 7-31
		7.3.1	配置大語言模型的 API Key 7-33
		7.3.2	修改本地 RAG 應用程式 7-35
		7.3.3	啟動並呼叫雲端大語言模型 7-37

第 8 章　LLM 本地部署與應用

8.1	硬體準備 8-2
8.2	作業系統選擇 8-3
8.3	架設環境所需組件 8-4
8.4	LLM 常用知識介紹 8-7
	8.4.1　分類 8-7
	8.4.2　參數大小 8-8
	8.4.3　訓練過程 8-8
	8.4.4　模型類型 8-8
	8.4.5　模型開發框架 8-9
	8.4.6　量化大小 8-9
8.5	量化技術 8-10
8.6	模型選擇 8-11
	8.6.1　通義千問 8-11
	8.6.2　ChatGLM 8-11
	8.6.3　Llama 8-12
8.7	模型應用實現方式 8-12
	8.7.1　Chat 8-12
	8.7.2　RAG 8-12

ix

		8.7.3 高效微調 8-13
8.8	通義千問 1.5-0.5B 本地 Windows 部署實戰 8-13
	8.8.1	介紹 8-13
	8.8.2	環境要求 8-14
	8.8.3	相依函式庫安裝 8-15
	8.8.4	快速使用 8-17
	8.8.5	量化 8-18
8.9	基於 LM Studio 和 AutoGen Studio 使用通義千問 8-19
	8.9.1	LM Studio 介紹 8-19
	8.9.2	AutoGen Studio 介紹 8-19
	8.9.3	LM Studio 的使用 8-20
	8.9.4	在 LM Studio 上啟動模型的推理服務 8-22
	8.9.5	啟動 AutoGen Studio 服務 8-23
	8.9.6	進入 AutoGen Studio 介面 8-24
	8.9.7	使用 AutoGen Studio 配置 LLM 服務 8-24
	8.9.8	把 Agent 中的模型置換成通義千問 8-26
	8.9.9	運行並測試 Agent 8-27

第 9 章 LLM 與 LoRA 微調策略解讀

9.1	LoRA 技術 9-2
	9.1.1	LoRA 簡介 9-2
	9.1.2	LoRA 工作原理 9-4
	9.1.3	LoRA 在 LLM 中的應用 9-5
	9.1.4	實施方案 9-5
9.2	LoRA 參數說明 9-6
	9.2.1	注意力機制中的 LoRA 參數選擇 9-6

x

	9.2.2	LoRA 網路結構中的參數選擇	9-7
	9.2.3	LoRA 微調中基礎模型的參數選擇	9-9
9.3	LoRA 擴充技術介紹	9-9
	9.3.1	QLoRA 介紹	9-9
	9.3.2	Chain of LoRA 方法介紹	9-10
9.4	LLM 在 LoRA 微調中的性能分享	9-11

第 10 章 PEFT 微調實戰——打造醫療領域 LLM

10.1	PEFT 介紹	10-2
10.2	工具與環境準備	10-2
	10.2.1 工具安裝	10-2
	10.2.2 環境架設	10-9
10.3	模型微調實戰	10-20
	10.3.1 模型微調整體流程	10-20
	10.3.2 專案目錄結構說明	10-21
	10.3.3 基礎模型選擇	10-22
	10.3.4 微調資料集建構	10-23
	10.3.5 LoRA 微調主要參數配置	10-25
	10.3.6 微調主要執行流程	10-27
	10.3.7 運行模型微調程式	10-29
10.4	模型推理驗證	10-30

第 11 章 Llama 3 模型的微調、量化、部署和應用

11.1	準備工作	11-3
	11.1.1 環境配置和相依函式庫安裝	11-3

  11.1.2 資料收集和前置處理 11-5
11.2 微調 Llama 3 模型 11-6
  11.2.1 微調的意義與目標 11-6
  11.2.2 Llama 3 模型下載 11-7
  11.2.3 使用 Llama-factory 進行 LoRA 微調 11-10
11.3 模型量化 11-24
  11.3.1 量化的概念與優勢 11-24
  11.3.2 量化工具 Llama.cpp 介紹 11-24
  11.3.3 Llama.cpp 部署 11-26
11.4 模型部署 11-30
  11.4.1 部署環境選擇 11-31
  11.4.2 部署流程詳解 11-32
11.5 低程式應用範例 11-33
  11.5.1 架設本地大語言模型 11-33
  11.5.2 架設使用者介面 11-35
  11.5.3 與知識庫相連 11-38
11.6 未來展望 11-41

Agent 框架與應用

隨著 AI（人工智慧）技術的高速發展，深度學習（Deep Learning，DL）模型在各個領域中的應用日益廣泛。近年來，透過獲取大量的網路知識，大語言模型（Large Language Model，LLM）已經展現出人類等級的智慧潛力，從而引發了基於大語言模型的 Agent 研究的熱潮，越來越多的研究者和開發者開始關注其內部機制、性能特點及實際應用效果。Agent 將大語言模型的核心能力應用於實際場景，展現了強大的問題解決能力。隨著 Agent 的普及和應用場景的多樣化，深入解讀 Agent 的框架原理和優勢，對於推動其進一步發展、最佳化，以及開拓其應用領域具有重要意義。

本章內容包括初識 Agent、Agent 框架、Multi-Agent 多角色協作、Agent 應用分析，旨在幫助讀者深入了解 Agent 內部機制和工作原理，從而為相關從業者、研究者及同好提供有價值的參考和指導。

第 1 章　Agent 框架與應用

1.1 初識 Agent

Agent 又被稱為「代理」或「智慧體」，顧名思義，Agent 可以作為一個具有智慧的實體完成一些工作，以類似人類的智慧解決一些常見的問題。截至目前，Agent 仍在不斷發展進化，有人認為它是人類某種能力的化身，也有人認為它是某個專家系統的知識輸出。例如，當我們工作繁忙時，需要有一個助理幫忙收集每筆訊息，並將訊息整理後告訴我們其中的重要事項；它還可以是寫作專家，指導我們撰寫專業領域的文章。

吳恩達教授在分享 Agent 的最新趨勢和洞察時，表示 Agent 的工作流程與傳統基於大語言模型的 Agent 工作流程不同，該工作流程具有更強的迭代性和對話式，所以現階段主流趨勢的 Agent 是結合專家工作流程的專案系統，如圖 1-1 所示。在具體的業務中，Agent 想要完成具體的事務，需要透過感知、思考、動作、記憶這 4 種能力形成專案系統。

▲ 圖 1-1

1.1.1 感知能力

Agent 需要具有將用到的資訊轉化為提示,透過從資訊中獲取機制並辨識出資訊中相關物件、事件及狀態的能力。感知是 Agent 進行決策和行動的基礎,它允許 Agent 與其所處理的業務進行互動,並獲取必要資訊。這種能力使得 Agent 能夠即時了解業務的狀態和變化,進而根據這些資訊來制定合適的策略和執行相應的操作。Agent 的感知能力對於其實現自主決策和行動至關重要,是其實現自主行為的重要基礎。透過感知,Agent 能夠獲取並理解環境資訊,為後續的決策和行動提供必要的支援。

1.1.2 思考能力

Agent 的思考能力主要表現在,其能夠基於感知到的資訊進行決策、推理、學習及最佳化,如圖 1-2 所示。

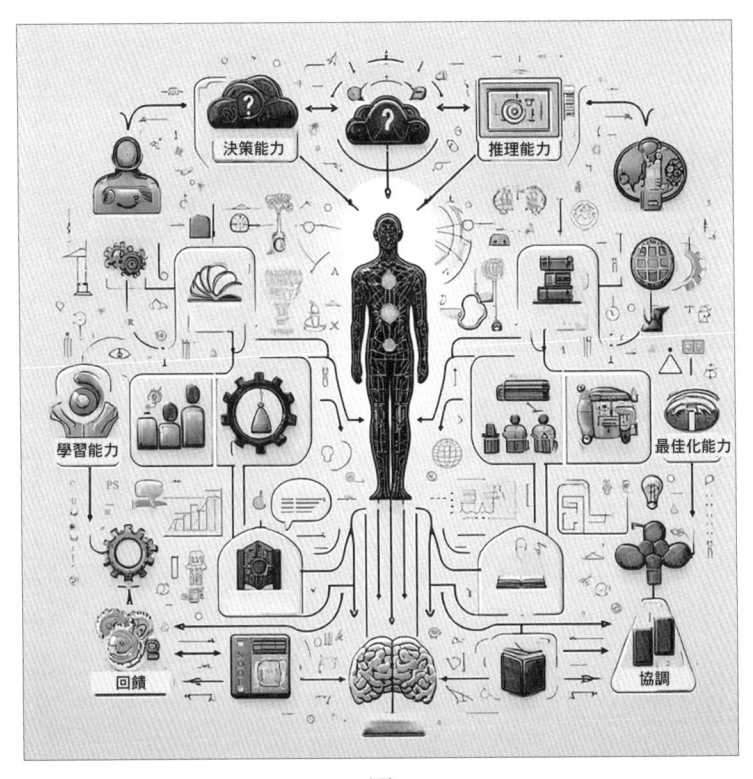

▲ 圖 1-2

決策能力：Agent 能夠根據預定目標，結合感知到的環境資訊，進行邏輯推理和判斷，從而做出決策。這種決策能力使得 Agent 能夠在複雜的環境中，獨立地選擇最優的行動策略，以實現其預定目標。

推理能力：Agent 能夠運用邏輯推理、模式辨識等技術，從已知的資訊中推導出未知的資訊。這種推理能力有助於 Agent 在不確定或動態的環境中，根據有限的感知資訊，預測未來的狀態或趨勢，並做出應對。

學習能力：Agent 具備自我學習和適應能力，能夠透過機器學習等技術，從經驗中學習和累積知識，不斷最佳化自身的決策和推理過程。這種學習能力使得 Agent 能夠應對複雜多變的環境，不斷提高自身的智慧水準。

最佳化能力：Agent 能夠根據環境變化和自身經驗，對決策和推理過程進行最佳化，以提高效率和準確性。這種最佳化能力使得 Agent 能夠在長期運行過程中，逐漸改進自身的性能，以更好地適應環境。

Agent 的思考能力是其實現自主智慧的關鍵，使得其在 AI、遊戲開發、電子商務和網路通訊等領域中具有廣泛的應用前景。

1.1.3 動作能力

動作能力是指 Agent 能夠根據決策結果執行相應操作的能力。Agent 透過執行動作實現與外部環境的互動。例如，呼叫 API 在網路上查詢、詢問其他 Agent，修改資料，發送資訊等。

動作能力對於 Agent 至關重要，它使得 Agent 能夠將決策結果轉化為實際的行為，從而實現對環境的控制和影響。在不同業務的應用中，Agent 的動作能力可以根據具體需求進行訂製和擴充，以滿足各種複雜任務的要求。

Agent 的動作能力與其感知能力和思考能力緊密相關。感知能力為 Agent 提供了關於環境的資訊，思考能力使 Agent 能夠基於這些資訊做出合理的決策，而動作能力則負責將決策結果轉化為實際行動。這 3 種基本能力共同組成了 Agent 實現自主智慧的關鍵要素。

1.1.4 記憶能力

記憶能力是指 Agent 儲存和回憶過去的資訊、經驗和知識，以便在未來的決策和行動中加以利用的能力。記憶能力是 Agent 實現連續性和智慧行為的關鍵要素之一。其形成過程如圖 1-3 所示。

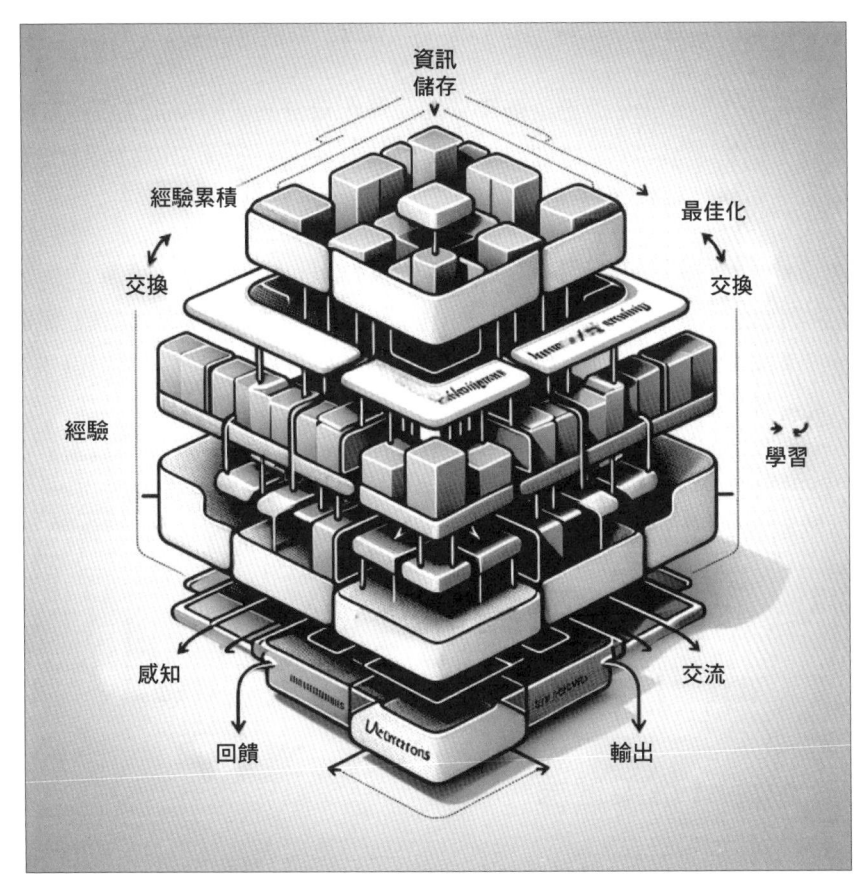

▲ 圖 1-3

Agent 的記憶能力主要表現在以下幾個方面。

資訊儲存：Agent 能夠儲存大量的資訊，包括感知到的環境資料、歷史決策結果、執行動作的回饋等。這些資訊以適當的形式（如向量資料庫）被儲存在 Agent 的內部記憶系統中，以便隨時呼叫。

經驗累積：Agent 透過不斷地與環境互動來累積經驗並學習新的知識。這些經驗可以是成功的案例，也可以是失敗的教訓，它們都被 Agent 儲存在記憶中，用於指導未來的決策和行動。

知識推理：Agent 能夠基於儲存的記憶進行知識推理，即利用已有的知識和經驗來推斷新的資訊或解決新的問題。這種知識推理能力使得 Agent 能夠在面對新的或複雜的情況時，快速做出合理的決策。

學習最佳化：Agent 透過不斷學習和最佳化自身的記憶系統來提高記憶效率和準確性。例如，Agent 可以利用機器學習演算法來最佳化記憶結構，以便能夠更快地檢索和利用相關資訊。

記憶能力對於 Agent 至關重要，它使得 Agent 在面對複雜多變的環境時，不僅能夠根據當前的資訊做出決策，還能夠參考過去的經驗和知識，從而更加智慧地應對各種挑戰。同時，記憶能力為 Agent 的連續性和一致性提供了保障，使得 Agent 能夠在長時間運行過程中保持穩定的性能和行為。

Agent 的記憶能力需要與其他基本能力相互配合，才能實現真正的智慧行為。透過綜合運用這些能力，Agent 可以更加高效率地適應環境、完成任務並實現目標。

1.2 Agent 框架

1.2.1 Agent 框架理念

在 Agent 框架中，代理模組是核心部分，負責接收和處理外部系統發送的指令，並根據這些指令執行相應的操作。同時，它作為系統的「大腦」，負責協調系統內部的各個模組，確保整個系統的正常運行。通訊模組則負責系統內部各個模組之間，以及內部系統與外部系統之間的通訊。它可以被視為系統的「神經系統」，負責傳遞訊息，確保系統內部各個模組之間的協調和合作。

1.2 Agent 框架

　　Agent 框架的核心理念是透過 AI 和機器學習技術來簡化開發過程。開發人員只要提供一些基本的指令或規則，Agent 框架就能夠根據這些指令或規則自動建構應用程式，從而極大地提高開發效率。

　　以 AutoGPT 為例，該框架透過整合 GPT-4 等大語言模型，實現了強大的自然語言處理（Natural Language Processing，NLP）能力，能夠理解和解析複雜的指令，並根據這些指令自動拆解相應的任務來執行。在這個過程中，Agent 可以獨立存取和處理資訊，理解和應用複雜的規則，甚至生成具有創意和著色力的文字，如圖 1-4 所示。

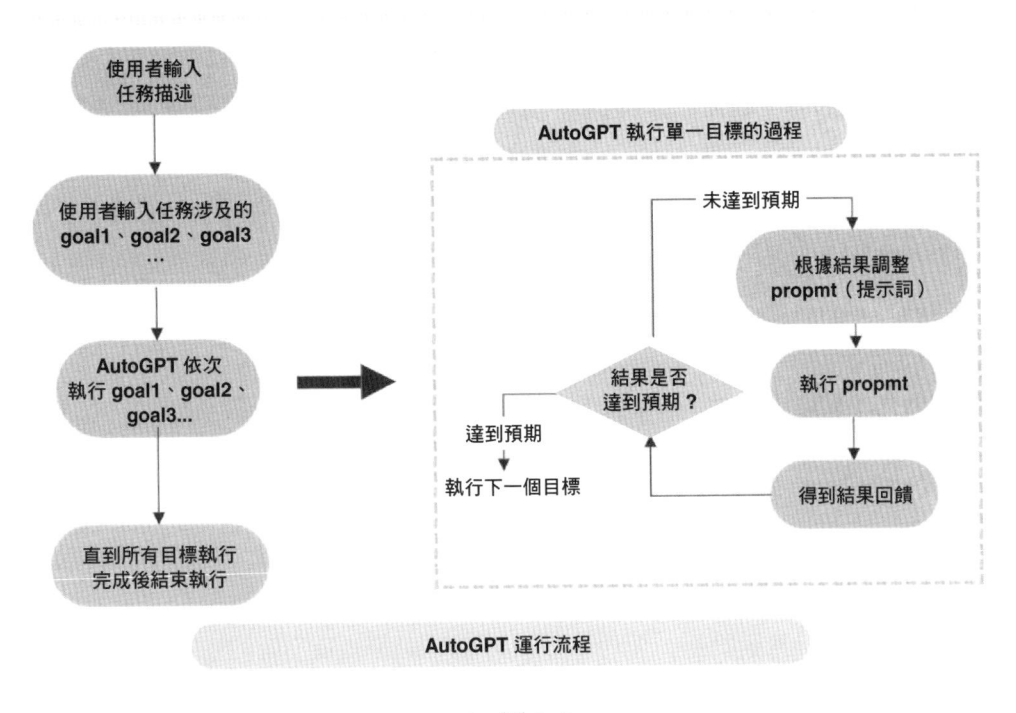

▲ 圖 1-4

　　在應用層面，Agent 框架不僅可以改變人們處理重複和單調流程的方式，提高工作效率，還可以幫助企業進行市場研究，理解使用者需求和競爭對手的動態。更重要的是，它能夠幫助人們生成關於各種情況的假設，為決策提供有力支援。

1.2.2 常用的 Agent 框架

1．AutoGPT

AutoGPT 是一個實驗性的開放原始碼 AI 應用程式，它利用 OpenAI 的 GPT-4 大語言模型的先進功能，展示了在自動化和自主性方面的前端技術。這個應用程式的核心優勢在於，能夠獨立執行使用者設定的廣泛目標，從而在無須人類干預的情況下完成任務。AutoGPT 不僅具備網際網路存取能力，還能夠進行長期和短期的記憶體管理、執行文字生成，以及使用 GPT-3.5 進行檔案儲存和摘要生成。

AutoGPT 的設計哲學在於，模擬一個創業者或決策者的角色。它透過自我迭代和回饋機制，最佳化執行策略，以提高任務完成的品質和效率。它能夠生成計畫並執行這些計畫，且從結果中學習，以改進未來的行動。這種自主性和學習能力的結合，使得 AutoGPT 在內容創作、市場分析、客戶服務等領域中具有廣泛的應用潛力。

此外，AutoGPT 的開放原始碼特性意味著它可以被社區進一步開發和擴充，同時，第三方開發者可以透過撰寫外掛程式來豐富其功能。這種開放性為 AI 技術的創新和實驗提供了一個平臺，打破了 AI 的可能性邊界。

2．AutoGen

AutoGen 框架是由微軟公司推出的一款開放原始碼工具，旨在幫助開發者利用 LLM 建立複雜的應用程式。這個框架的核心優勢在於，允許開發者定義多個 Agent 之間的互動行為，使用自然語言和電腦程式為不同的應用程式撰寫靈活的對話模式。透過這種方式，AutoGen 能夠實現多個 Agent 之間對話的自動化，從而簡化應用程式的架設和最佳化流程。

AutoGen 的設計理念在於，透過 Agent 之間的對話來完成任務，這些 Agent 可以是 LLM 驅動的模組，也可以是人類使用者或工具的代理。AutoGen 支援 Agent 的訂製，這使得開發者可以根據特定任務的需求，配置 Agent 的能力和行為。此外，AutoGen 還提供了增強型 LLM 推理 API，這有助於提升應用程式的推理性能並降低成本。

1.2 Agent 框架

AutoGen 的應用範圍廣泛，涉及數學問題求解、程式設計、問答系統、娛樂等多個領域。它提供了一個通用的框架，使得開發者能夠建構各種複雜和規模的應用程式。此外，AutoGen 還支援動態群組聊天，允許多個 Agent 參與對話，進一步增強了應用程式的互動性和靈活性。

3. Langfuse

Langfuse 是一個開放原始碼的 LLM 專案平臺，旨在幫助團隊協作開發、偵錯、分析並迭代他們的 LLM 應用程式。該平臺提供了一系列核心功能，包括評估、提示管理、測試、提示遊樂場、資料集及 LLM 評估等。

Langfuse 的設計考慮了生產環境的使用，同時適用於本地開發。它透過提供詳細的程式運行監控和追蹤機制，幫助開發者精確地定位問題，最佳化程式性能。此外，Langfuse 還支持線上資料標注和收集，允許使用者建立資料集，並透過平臺進行管理和測試，這極大地方便了 AI 模型訓練和評估操作。

該平臺還特別強調了優使性，使用者透過執行簡單的操作即可開始使用，無論是透過 OpenAI API 整合還是透過 LangChain 整合，Langfuse 都提供了清晰的指南和範例程式，使得開發者可以快速地將 Langfuse 整合到現有的工作流中。

4. ChatDev

ChatDev 框架是一款創新的軟體開發工具，它利用 LLM 的能力，透過模擬多個 Agent 之間的協作對話來實現全流程自動化軟體開發。這個框架採用傳統的瀑布模型，將軟體開發過程分解為設計、編碼、測試和檔案撰寫等階段，每個階段都由特定的 Agent 角色透過對話來推進任務的完成。

在 ChatDev 框架中，Agent 之間的對話是透過「聊天鏈」（Chat Chain）來組織的，每個節點代表一個具體的子任務，透過角色之間的交流和協作來推動任務的執行。這種由對話驅動的方法不僅增強了任務執行的透明度，而且提高了開發過程的靈活性和可追蹤性。

ChatDev 的一個關鍵特性是「思維指導」（Thought Instruction）機制，它透過角色翻轉和精確的指令來引導程式的生成和審查，有效減少了程式「幻覺」問題，提高了程式品質。此外，ChatDev 還引入了「記憶流」（Memory Stream）來維護對話歷史，確保 Agent 能夠在對話中引用和相依之前的互動內容。

ChatDev 框架的實現展示了如何將自然語言處理、軟體工程和集體智慧領域相結合，推動軟體開發向更高效、成本效益更高的方向發展。它為開發者提供了一種新穎的程式設計範式，允許他們透過自然語言與 Agent 交流，從而簡化了複雜任務的解決過程，並為非程式設計師使用者提供了一種更直觀的軟體開發體驗。

5．BabyAGI

BabyAGI 是一個基於 OpenAI 能力的 AI Agent，它能夠根據給定的目標自動生成、組織並執行任務。這個框架透過模擬 AI 驅動的任務管理系統，展示了如何利用 LLM 規劃和執行任務。BabyAGI 的核心優勢在於，能夠遞迴地建立任務列表，對任務進行優先順序排序，並執行這些任務以達成最終目標。

在 BabyAGI 的運行過程中，涉及幾個關鍵的 Agent 角色，包括執行智慧體（Execution Agent）、任務建立智慧體（Task Creation Agent）和優先順序智慧體（Prioritization Agent）。執行智慧體負責根據任務和上下文呼叫 LLM 生成任務結果；任務建立智慧體使用 LLM 基於目標和前一個任務的結果建立新任務；優先順序智慧體利用 LLM 對任務列表進行優先順序排序。

BabyAGI 的實現表明了 AI 在自動化任務管理中的潛力，同時暴露了對 LLM 的相依可能帶來的不確定性和風險。例如，任務生成的數量和品質強烈相依於 LLM 的輸出，而優先順序排序的穩定性也是由 LLM 的性能決定的。此外，如果沒有有效的終止條件，則 BabyAGI 可能會無休止地生成任務，從而消耗大量資源。

6．CAMEL

CAMEL，即「Communicative Agents for 『Mind』 Exploration of Large Scale Language Model Society」（大語言模型社會的探索通訊智慧體），是一個創新的多 Agent 系統，它透過模擬人類社會中的互動和協作來處理複雜任務。

CAMEL 的核心優勢在於，擁有「角色扮演」（Role-Playing）機制，允許不同的 Agent 扮演特定角色，並透過自然語言處理技術進行溝通和協作，以實現共同的目標。

　　CAMEL 框架的一個顯著優勢是，能夠引導 Agent 完成複雜的任務，同時減少對話過程中的錯誤現象。這是透過 Agent 之間的系統級訊息傳遞實現的，其中包含了為 AI 助理 Agent 和 AI 使用者 Agent 設計的特定系統訊息。開發者還為 CAMEL 框架設計了靈活的模組化功能，使其可以作為一個基礎的後端，支援 AI 研究者和開發者開發多 Agent 系統、合作 AI、博弈論模擬、社會分析和 AI 倫理等應用。

　　CAMEL 框架的另一個顯著優勢是，可以進行資料集生成。透過角色扮演框架，CAMEL 生成了多個資料集，如 AI Society、AI Code、AI Math 和 AI Science，這些資料集可被用於探索和提升 LLM 的湧現能力。CAMEL 框架的實驗評估顯示，它在任務解決能力上優於傳統的單一 Agent 方法，這表明 CAMEL 在提升 Agent 協作和問題解決能力方面存在潛力。

　　此外，CAMEL 框架還引入了「具身智慧體」（Embodied Agent）的概念，這些智慧體能夠與物理世界互動，執行如瀏覽網際網路、閱讀檔案、建立影像等操作。CAMEL 框架還採用了「critic-in-the-loop」機制，透過一個「中間評價智慧體」來根據 AI 使用者 Agent 和 AI 助理 Agent 的觀點進行決策，增強了系統的可控性。

7．SuperAGI

　　SuperAGI 是一個開放原始碼的、面向開發者的自主 AI Agent 框架，旨在簡化建構、高效運行有用的自主 AI Agent 的過程。透過提供一套全面的工具和功能，SuperAGI 使得開發者能夠無縫運行併發 Agent，擴充 Agent 的功能，並透過圖形化使用者介面和操作控制台與 Agent 進行高效互動。

　　SuperAGI 框架的核心優勢在於靈活性和可擴充性。開發者可以透過選擇或建構自訂工具來擴充 Agent 的功能，從而使其適應各種特定的應用場景和需求。此外，SuperAGI 框架還支援多模型 Agent，允許開發者使用不同的模型來訂製 Agent 的行為，以針對特定任務進行最佳化。這種多樣性和訂製能力，為 AI Agent 的性能提升和適應性提供了強大的支援。

在實際應用中，SuperAGI 框架的併發 Agent 運行能力顯著提高了任務處理效率，尤其適用於需要處理大量資料或執行複雜任務的場景。此外，SuperAGI 框架的圖形化使用者介面和操作控制台提供給使用者了直觀的管理方式，降低了技術門檻，使得非專業開發者也能夠輕鬆上手。

另外，SuperAGI 框架具有開放原始碼性質，遵循 MIT 許可證。這意味著開發者社區可以自由地使用、修改和共用該框架，其有利於促進技術的快速迭代和創新。開放原始碼社區的參與也為 SuperAGI 框架帶來了持續的改進並不斷為其增加新功能，使其能夠不斷適應 AI 領域的最新發展。

8．MetaGPT

MetaGPT 框架是一個創新的多 Agent 系統，它透過模擬真實世界中的團隊協作，為 AI Agent 賦予不同的角色，如產品經理、架構師、專案經理、工程師和品質保證工程師等，每個角色都具有特定的職責和專業知識。這個框架的核心優勢在於，將 SOP（Standard Operating Procedure，標準操作規程）編碼成提示序列，使得各 Agent 之間能夠高效協作，從而確保任務執行的一致性和品質。

MetaGPT 框架的設計分為基礎元件層和協作層，基礎元件層提供了 Agent 所需的核心能力，如觀察、思考和行動，而協作層用於協調各 Agent 共同解決複雜問題。透過這種設計，MetaGPT 框架不僅提高了任務執行的效率，還實現了各 Agent 之間的知識共用和工作流程的封裝，從而提高了整體的運行效率。

此外，MetaGPT 框架還引入了可執行回饋機制，類似於開發者在開發過程中的迭代過程，Agent 在執行任務後會根據回饋進行偵錯，直至滿足要求為止。這種持續學習和最佳化的能力，使得 MetaGPT 框架能夠隨著時間的演進變得更加高效和智慧。

MetaGPT 框架的應用場景廣泛，包括但不限於軟體開發、專案管理、自動化測試和資料分析與決策支援。它模擬了軟體開發團隊的工作流程，從需求分析到系統設計，再到程式撰寫和測試，每個步驟都由專門的 Agent 負責，這有助於提高軟體開發的效率、減少錯誤，並生成高品質的程式。

9．ShortGPT

ShortGPT 是一個實驗性的 AI 框架，旨在自動化編輯影片和縮短文案內容的建立過程。它透過簡化影片編輯流程，為創作者提供了強大的工具，以快速製作、管理和交付內容。ShortGPT 框架的核心功能包括提供自動影片編輯方塊架、指令稿和提示，支援多語言的配音和內容創作，自動生成影片字幕，以及獲取網際網路素材等。

ShortGPT 框架的一個顯著優勢是，利用 LLM 來最佳化影片編輯過程，透過特定的影片編輯語言，將編輯任務分解成可管理的模組，從而實現自動化編輯。此外，它還支援超過 30 種語言的配音和內容創作，這使得 ShortGPT 能夠跨越語言障礙，服務於更廣泛的使用者群眾。

在技術實現上，ShortGPT 框架結合了多種技術，如 MoviePy 用於影片編輯，OpenAI 用於實現自動化過程，ElevenLabs 和 EdgeTTS 用於聲音合成，以及 Pexels 和 Bing Image 用於素材獲取。這些技術的融合為 ShortGPT 框架提供了強大的功能，使其能夠高效率地進行自動化內容創作。

ShortGPT 框架的另一個顯著優勢是開放性和適應性。作為一個開放原始碼專案，它鼓勵社區貢獻，無論是增加新功能、改進基礎設施，還是提供更好的檔案，這種開放的態度都有助於 ShortGPT 框架快速迭代和改進，以適應不斷變化的技術和使用者需求。

10．CrewAI

CrewAI 是一個開放原始碼框架，是專為建構和協調多 Agent 系統而設計的，它透過促進不同 AI Agent 之間的協作來處理複雜的任務。這個框架的核心優勢在於，支援角色訂製 Agent，允許開發者根據不同的角色、目標和工具來量身訂製 Agent。此外，CrewAI 還支持自動任務委派，使得 Agent 之間能夠自主地分配任務和進行交流，有效提高了問題解決的效率。

CrewAI 框架的設計理念強調了確定性和效率，它優先採用精簡和可靠的方法來確保任務的高效完成。與 AutoGen 等框架相比，CrewAI 框架在發言人的反應和編排上犧牲了一定的靈活性和隨機性，但獲得了更多的確定性。CrewAI 框架基於 LangChain 設計，這使得它能夠利用 LangChain 提供的豐富工具和資源，增強 LLM 的功能。

此外，CrewAI 框架的架構允許它與開放原始碼模型相容，支援使用 OpenAI 或本地模型運行模式，這增加了它的靈活性和適用範圍。CrewAI 框架還提供了流程驅動功能，但目前僅支援順序任務執行和層級流程。

CrewAI 框架的模組化方法允許它透過部署多個獨立的 Crew 來執行任務，每個 Crew 配備幾個 Agent，這種設計使得它更容易管理 Agent 之間的相依關係，並確保任務以正確的循序執行。它不僅提供了 AutoGen 對話 Agent 的靈活性，還保持了高度的適應性和靈活性，以適應不同的工作場景和業務需求。

整體來看，CrewAI 框架透過其多 Agent 協作平臺，提高了解決複雜問題的能力，這是單 Agent 系統難以比擬的。它透過各 Agent 之間的互動和協作，不僅解決了 AI 協作問題，也在重新塑造人類與 AI 之間的關係模式。隨著 CrewAI 技術的不斷成熟，AI 將成為企業協作工作的重要力量，廣泛應用於各行各業。

1.3 Multi-Agent 多角色協作

Multi-Agent 多角色協作是指在 AI 領域中多個 Agent 扮演不同的角色，透過相互之間的協作來共同解決複雜的問題或完成複雜的任務，如圖 1-5 所示。這種協作包括資訊交流、任務分配、決策制定等多種形式。每個 Agent 都可以擁有特定的功能和職責，它們透過協調各自的行為來實現共同的目標。

1.3 Multi-Agent 多角色協作

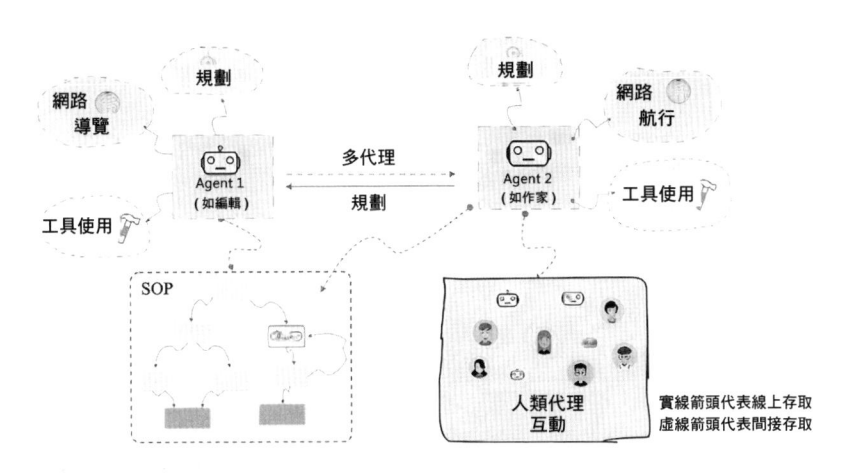

▲ 圖 1-5

在 Multi-Agent 系統中，各 Agent 之間的協作可以透過 SOP 拆解、角色扮演、回饋迭代、監督控制來實現。

1.3.1 SOP 拆解

SOP 在使用者提出需求，並給到 Multi-Agent 後，會先將複雜的任務分解成一系列更小、更易於管理的子任務。這種分解使得每個 Agent 都可以專注於執行特定的子任務，從而提高系統整體的效率。

1.3.2 角色扮演

角色扮演是 Multi-Agent 系統中的核心概念，它用於將不同的任務和職責分配給具有特定專業知識和技能的 Agent。這種專業化的分配可以提高系統整體的效率，因為每個 Agent 都能夠專注於執行其最擅長的任務。

1.3.3 回饋迭代

回饋迭代是一個關鍵的過程，它允許 Agent 透過接收和分析回饋資訊來最佳化自己的行為和決策。這個過程對於 Agent 適應動態環境、提高任務執行效率，以及與其他 Agent 協作都至關重要。

Agent 首先透過內部評估，以及來自其他 Agent 或環境的外部回饋來獲得資訊，然後分析這些資訊並將其與當前的任務和環境狀況相結合，以制定適當的回應策略。這個過程包括策略更新、行為修正和透過機器學習技術改進模型參數。回饋迭代是一個迴圈的過程，Agent 不斷嘗試新策略，收集回饋，並基於這些新回饋進行進一步調整。這不僅增強了系統的適應性和鍵壯性，還促進了各 Agent 之間的協作和協調，使整個系統可以更加高效和有效地達成目標。

1.3.4 監督控制

在 Multi-Agent 系統中，監督控制是確保系統有效和安全運行的關鍵。監督 Agent 透過即時監控、決策支援、系統干預、通訊協調和容錯機制等手段來維護系統的穩定性和提高執行效率。這些 Agent 能夠基於動態環境和即時回饋調整策略。在複雜環境中，監督 Agent 的自我調整能力和持續學習能力是提升系統整體性能的關鍵因素。透過整合控制理論、AI 和機器學習等多學科技術，監督控制機制趨向智慧化和自動化，使得 Multi-Agent 系統更加高效和可靠，其中關鍵的幾個部分如下所示。

- 即時監控：監督 Agent 持續監控各 Agent 的行為和系統整體狀態，確保任務可以按照預期進行。
- 系統干預：若發現執行 Agent 偏離目標或異常，則監督 Agent 及時調整任務分配或行為策略。
- 決策支援：基於收集的資料和規則，監督 Agent 提供決策支援，最佳化系統表現。
- 容錯和恢復：監督 Agent 負責在出現故障時實施容錯機制和恢復策略，以最小化影響。
- 通訊協調：確保資訊流暢，以支持各 Agent 之間的有效協作。
- 自我調整調整：根據環境和回饋調整策略，以應對複雜的動態環境。
- 安全性和隱私保護：在監督過程中保護資料安全和隱私。
- 人機互動：提供介面，允許人類監督者根據需要做出決策。

1.3 Multi-Agent 多角色協作

- 學習和最佳化：監督 Agent 從經驗中學習，不斷最佳化監控和控制策略。

1.3.5 實例說明

接下來，我們用軟體產品研發和文章撰寫與發佈兩個實例來演示上述的 Multi-Agent 多角色協作過程。

1．軟體產品研發

我們透過模擬一個虛擬軟體團隊來實現軟體產品研發的全流程自動化。傳統的軟體產品研發過程：首先產品經理收集使用者需求並整理完整，然後 UI 設計師將產品經理的需求分析轉換為設計稿，與此同時，研發架構師開始設計軟體分層架構，接著軟體工程師開始編碼，最後經過測試工程師測試無誤後上線。那麼 Multi-Agent 系統是如何實現該過程的呢？下面是具體的執行步驟。

- 需求提出：專案團隊或利益相關者提出一個原始的軟體需求或想法。
- 需求分析：產品經理 Agent 角色使用預設的 prompt 範本來分析需求，並生成產品需求檔案。
- 系統設計：研發架構師 Agent 角色根據產品需求檔案進行系統設計，建立軟體架構圖和序列流程圖。
- 任務分配：由專案經理 Agent 角色根據需求分析及系統設計，將專案分解為具體的開發任務，並分配給相應的軟體工程師 Agent 角色。
- 程式實現：各個軟體工程師 Agent 角色根據分配的任務，撰寫程式實現相應的功能。它們可能會遵循特定的編碼標準和最佳實踐。
- 程式評審：撰寫完成的程式會提交給程式評審員 Agent 角色進行評審，以確保程式品質滿足專案要求。
- 程式測試：測試工程師 Agent 角色負責撰寫和執行測試用例，以確保軟體的功能和性能達到預期要求。
- 知識沉澱：在開發過程中，每個角色都會從共用環境中提取和沉澱知識，以供將來參考和使用。

1-17

第 1 章　Agent 框架與應用

圖 1-6 所示為由 AI 生成的相關主題的圖片。

▲ 圖 1-6

在上面的實例中，每個 Agent 角色都會透過廣播訊息和接收訊息來共用上下文，同時為了應對某些不穩定的情況，我們還需加入重試機制，允許軟體工程師 Agent 角色在失敗時重新嘗試。為了讓每個 Agent 角色都能及時共用訊息，我們需要定義標準化的輸出格式，以確保每個角色的輸出都是結構化和可預測的。

2．文章撰寫與發佈

一般正常的文章撰寫與發佈流程：首先進行選題、內容填充、編輯最佳化，特定的領域可能需要收集和驗證引用和來源，然後進行排版，形成較好的視覺效果，接著主編進行校對，最後將文章發佈到媒體平臺上。如果採用 Multi-Agent 系統，那麼整個過程的執行效率將會大大提高，下面是具體的執行步驟。

- 主題確認：主編 Agent 角色和使用者進行溝通，確定文章的目標讀者、主體內容、預期成果。
- 資料收集：研究員 Agent 角色自動收集相關的背景資料、資料和引用。
- 內容生成：作家 Agent 角色根據提供的資訊和指導，生成文章的初稿。

1.3 Multi-Agent 多角色協作

- 審核回饋：主編 Agent 角色負責審核文章內容的準確性和專業性。

- 視覺排版：設計師 Agent 角色負責設計文章的視覺元素，如文字、影像、圖表和資訊圖。

- 終版校對：校對員 Agent 角色會根據溝通的上下文進行最後的校對，以確保文章無誤。

- 發佈分析：發佈員 Agent 角色透過 API 或 RPA（Robotic Process Automation，機器人流程自動化）將文章發佈到媒體通路，並每隔一段時間觀察文章閱讀量等資料，分析評論、主題內容對讀者的吸引度等。

圖 1-7 所示為由 AI 生成的相關主題的圖片。

▲ 圖 1-7

在上述實例中，每個 Agent 角色進行 SOP 拆解後，結合自身的角色扮演完成了整篇文章的撰寫與發佈過程，那是不是可以實現自動發佈文章了？當然可以，透過 AI 推理的能力並加入給定的知識背景，AI Agent 可以執行選題、內容撰寫、校勘排版等專業性的工作。

目前，Multi-Agent 系統和專家工作流 Agent 系統，形成了兩種發展路徑。專家工作流 Agent 系統代表由人類專家介入，透過分解任務步驟的方式，指定

第 1 章 Agent 框架與應用

LLM 實現固定工作流程的業務執行。為何會形成這兩種發展路徑呢？這是因為 Multi-Agent 系統目前還會有一些不穩定的情況，加上 LLM 的「幻覺」缺陷，無法保障工作模式的穩定運行，所以當前以 Coze、Dify、FastGPT 為代表的 Agent 產品逐漸向專家工作流 Agent 系統靠近。

1.4 Agent 應用分析

接下來，筆者根據多年的產品、技術、商業化落地經驗，從應用落地的角度，分別從 Agent 自身、Agent 結合 RPA、Agent 多態具身機器人場景詳細闡述 Agent 對業務流程的幫助及企業收益的最大化（本節內容場景來自微信公眾號「AI 李伯男」，由作者授權後編輯得到）。

1.4.1 Agent 自身場景落地

1．客戶服務

在客戶服務行業中，Agent 不僅提高了服務效率和使用者滿意度，還為企業帶來了成本效益和競爭優勢。

- 提高服務效率與可用性：Agent 可以 7×24 小時不斷提供服務，不受時間限制，這對於需要連續營運的行業（如銀行、零售業和旅遊業）尤為重要。使用者可能隨時需要得到幫助或想要進行預訂等操作，Agent 的持續線上可以滿足使用者的即時需求。

- 成本效益：相比雇傭大量的客戶服務人員，部署 Agent 可以大幅降低人力成本。Agent 可以同時處理多個查詢，而且部署後，額外的邊際成本非常低。這使得企業能夠在不犧牲服務品質的前提下擴充其服務能力。

- 標準化與個性化服務的結合：Agent 能夠在保證服務品質標準化的同時，提供個性化的使用者體驗。透過分析使用者的歷史互動資料和偏好，Agent 能夠訂製其回應和服務，使之更貼合每個使用者的具體需求。

1.4 Agent 應用分析

- 提升技術成熟度與使用者接受度：近年來，自然語言處理和機器學習技術的進步極大地提高了 Agent 的互動品質，使得其能更自然、更有效地理解和回應使用者的需求。同時，使用者逐漸習慣了與 AI 的互動，尤其是在智慧家居和智慧手機領域中，虛擬幫手（如 Alexa、Google Assistant）的普及加深了這一習慣。

- 業務洞察與持續改進：Agent 可以收集大量的使用者互動資料，這些資料可用於分析客戶行為、偏好及服務痛點。基於這些分析，企業能夠調整產品或服務，以更好地滿足市場需求。此外，Agent 本身也可以透過機器學習技術不斷最佳化其回應策略和處理流程。

圖 1-8 所示為由 AI 生成的相關主題的圖片。

▲ 圖 1-8

2．教育行業

在傳統的教育行業中，因為成本或教育資源的短缺，一般不會針對每個學生形成獨特的教學方案，而 Agent 在這方面給予了彌補，尤其是個性化學習和自動評分系統的深入應用具有變革性作用，能夠大幅提升教學效率和品質。

- 個性化學習：透過利用機器學習演算法，分析學生的學習歷史、行為模式和學習成效來制定適合每個學生的學習路徑。這種方法可以自動調整教學內容、難度和進度，確保學生能在最適合自己的節奏中學習，從而避免因進度過快或過慢而感到沮喪或無聊。當教學內容與學生的興趣和需要對齊時，可以顯著提高其學習動力和參與度，教師可以透過 Agent 系統獲取關於學生學習狀況的詳細回饋，從而更好地制定教學策略和進行個性化輔導。

- 自動評分系統：Agent 使用自然語言處理技術和機器學習演算法來評估學生的作業和考試答案。這些系統能夠理解文字的內容，評估答案的準確性和完整性，並提供相應的分數和回饋，使教師節省大量批改作業和試卷的時間，從而將更多精力投入到教學設計以及與學生的互動當中。Agent 自動評分系統還可以減少人為誤差，提供更加一致和客觀的評估標準。

圖 1-9 所示為由 AI 生成的相關主題的圖片。

▲ 圖 1-9

3．廣告行銷

從提升廣告的個性化水準到最佳化行銷策略，Agent 的應用為廣告行銷行業帶來了諸多創新和效率的提高，以下是 Agent 在廣告行銷行業中的應用及其帶來的變化的詳細分析。

1.4 Agent 應用分析

- 精準投放：Agent 可以分析大量的消費者資料，包括線上行為、購買歷史、社交媒體互動等，以辨識潛在的消費者群眾及其偏好。透過這些分析，可以將廣告更加精確地定向至對產品感興趣的使用者。透過精準投放，廣告能夠觸達更相關的消費者群眾，提高投資回報率，避免展示給不感興趣的使用者，從而減少廣告預算。

- 內容個性化：Agent 可以根據使用者的個人喜好和歷史互動來訂製個性化的廣告內容，包括廣告文案、影像甚至影片內容的自動調整，以滿足不同使用者的喜好。個性化的廣告內容更能引發使用者的共鳴，增強使用者體驗，更有可能吸引使用者的注意力和激發其興趣，從而提高其參與度和互動性。

- 即時最佳化：Agent 可以即時監測廣告表現和市場反應，自動調整廣告投放策略。例如，Agent 可以在不同時間段自動調整廣告的投放頻率，或者根據使用者的點擊行為調整廣告的展示位置和內容。Agent 的即時反應能力使得行銷策略能夠快速適應市場變化，透過持續的最佳化，可以確保廣告預算被有效使用，從而避免在表現不佳的廣告上浪費資源。

圖 1-10 所示為由 AI 生成的相關主題的圖片。

▲ 圖 1-10

從 Agent 自身場景中，我們可以發現，AI 技術的進一步發展可能會促使不同行業之間的更多合作。例如，客戶服務 AI 技術與教育行業的結合，可以開發出針對特定學生需求的教育輔助工具。隨著企業越來越多地相依 AI 收集和分析個人資料，如何在提高服務效率和保護使用者隱私之間找到平衡將是一個重要議題。確保透明度和使用者對自己資料的控制權將是企業在使用 AI 時必須考慮的關鍵因素，企業需要不斷地為員工開展關於 AI 技術最新發展的培訓，以便更好地整合這些工具，同時需要不斷調整和最佳化 AI 的應用策略，以應對快速變化的市場需求和技術進步。

1.4.2 Agent 結合 RPA 場景落地

RPA 是一種使用軟體機器人（或「機器人」）來自動化重複性、基於規則的業務流程的技術。RPA 能夠模仿人類使用者執行任務，如輸入資料、處理事務，以及與其他數位系統進行互動。

Workflow（工作流）代表一組或多組工作流程編排。例如，我們寫一篇文章的大致流程如下：①明確文章主題內容；②引用名人名言論述自己的觀點；③總結內容讓讀者快速理解。從 Workflow 的角度看，我們設定好的流程就是①→②→③，先讓 RPA 呼叫大語言模型完成①，然後根據主題使用 RPA 瀏覽器搜索完成②，接著讓 RPA 呼叫大語言模型進行總結完成③，最後讓 RPA 呼叫文章發佈的操作，如圖 1-11 所示，那麼我們是不是可以撰寫一個自動化的文章發佈 Agent 呢？答案是非常肯定的，實踐出真知，讀者可自行嘗試。

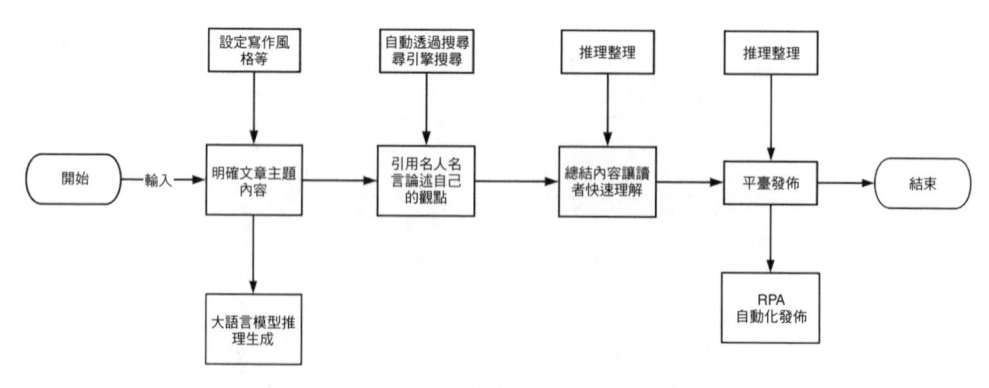

▲ 圖 1-11

1．金融服務行業

金融服務行業中的許多工作流程，如貸款審核、風險評估、客戶盡職調查和符合規範監控等，都可以透過 AI 和 RPA 技術來實現自動化。這不僅提高了處理速度和精確度，還可以顯著降低人力成本和錯誤率，以下是幾個典型應用場景。

- 貸款審核：透過利用 Agent 進行信用評估，金融機構可以更快速、準確地分析借款人的信用歷史和還款能力。自動化的貸款審核流程可以減少手動審查的流程，從而縮短貸款批准的時間並降低詐騙風險。

- 風險評估：AI 模型能夠分析大量歷史資料，預測和辨識潛在的風險因素，如市場波動、信用風險等。這種預測模型可以幫助金融機構制定更為精確的風險管理策略，以確保資金的安全。

- 客戶盡職調查：自動化的客戶盡職調查流程可以快速驗證客戶身份，檢查其背景，RPA 可以協助銀行人員處理大量的檔案審查和資料驗證任務，大大提高了操作效率和符合規範性。

- 符合規範監控：監控和確保金融交易符合法規要求是銀行的一個重要責任。Agent 可以監控交易行為，辨識異常模式，有助於銀行人員及時發現和防止詐騙行為或不正當交易。

圖 1-12 所示為由 AI 生成的相關主題的圖片。

▲ 圖 1-12

第 1 章　Agent 框架與應用

2．醫療保健領域

醫療保健領域的應用主要集中於最佳化工作流程、提高服務效率，以及減輕醫護人員的工作負擔。AI 技術具體可以在以下幾個方面發揮重要作用。

- 病歷管理：透過利用 RPA 自動化醫療記錄的輸入和更新，可以減少手動輸入錯誤，提高資料品質。

- 智慧搜索與資料檢索：Agent 可以透過自然語言處理技術幫助醫護人員快速搜索病歷中的關鍵資訊，如歷史病情、藥物反應等，從而加快決策過程。

- 自動化預約系統：利用 RPA 自動處理患者預約，包括預約提醒、預約取消和重新安排等，從而減輕前臺人員的工作壓力。

- 最佳化資源配置：Agent 可以分析歷史資料，預測醫療高需求時段，從而幫助醫療機構合理分配醫護資源和裝置。

- 影像診斷：Agent 技術，特別是深度學習，在醫學影像分析方面已顯示出巨大潛力。例如，透過分析 X 光片、MRI 來輔助醫生診斷。

- 預測模型：AI 可以透過建構模型來預測疾病發展趨勢，為慢性病患者提供個性化的治療建議。

- 虛擬幫手：透過 Agent 驅動的客服聊天機器人為患者提供 7×24 小時的健康諮詢，可以解答常見問題並在必要時推薦就醫。

- 遠端監控：利用 Agent 進行資料分析，即時監控患者健康狀況，及時發現問題並舉出預警。

圖 1-13 所示為由 AI 生成的相關主題的圖片。

▲ 圖 1-13

3．生產製造業

生產製造業是較早採用自動化技術的行業之一，隨著 Agent 和 RPA 的進一步發展，其在這一行業中深度應用並顯示出極大的潛力。以下是對關鍵應用領域進行深入思考的結果。

- 供應鏈管理：Agent 可以整合和分析來自全球的供應鏈資料，包括原材料價格、運輸成本、天氣模式等，以預測未來的供需情況。這種高級的資料分析可以支援企業做出更準確的庫存控制和採購決策，從而最佳化成本結構和加快回應市場變化的速度。

- 增強的透明度和回應能力：透過即時資料監控，企業可以即時了解供應鏈中的每個環節（從原材料獲取到產品交付）。這種透明度不僅可以減少供應鏈中斷的風險，還可以提高企業應對突發事件的回應能力。例如，自動重新配置供應鏈以規避潛在的延遲。

- 預測性維護：透過分析裝置性能資料和歷史維護記錄，Agent 可以預測裝置可能發生故障的時間點，從而使企業在問題發生前進行維護。這不僅減少了裝置的非計畫停機時間，還能顯著降低維護成本（因為維護活動可以在非生產時間進行，從而避免影響生產進度）。

- 遠端監控和自動診斷：利用 IoT 裝置收集的資料，結合 Agent 的分析能力，企業可以即時監控裝置狀態，並遠端診斷問題。這樣系統可以在問題初期自動調整或提出維護建議，進一步減少人工介入的需求。

- 生產流程自動化：在重複性高且勞動強度大的生產任務中，可以部署機器人來執行這些操作，而 Agent 能夠提供決策支援，如動態調整生產計畫、最佳化作業順序等。這種協作不僅提高了生產效率，也保障了工作場所的安全。

- 自我調整生產系統：Agent 使生產線能夠即時適應變化的生產需求和市場條件。透過機器學習演算法，生產系統可以自動調整製程參數或切換生產流程，以最優方式應對訂單的變化或原材料供應的不穩定性。

圖 1-14 所示為由 AI 生成的相關主題的圖片。

▲ 圖 1-14

4·產品零售業

在產品零售業中，Agent 和 RPA 的應用正在重新定義庫存管理、客戶體驗和訂單處理等關鍵領域。以下是對這些領域進行深入思考的結果。

- 即時庫存最佳化：Agent 可以持續監控庫存水準，並根據銷售資料、季節性變化、市場趨勢和即時事件（如促銷活動）自動調整庫存量。這種高度自動化的系統可以顯著減少過剩或缺貨的情況，幫助零售商保持最佳庫存水準，從而降低庫存成本和提高資金流動性。

- 智慧補貨系統：利用機器學習模型預測未來需求，AI 可以自動觸發補貨訂單，確保貨架上始終有適量的商品。這種系統可以與供應商的 ERP（企業資源平臺）系統直接整合，實現供應鏈點對點的自動化。

- 個性化推薦：透過分析客戶的購買歷史、瀏覽行為和偏好，AI 可以為每位客戶提供個性化的產品推薦。這種個性化的互動不僅提升了客戶滿意度，還可以提高商品轉換率和平均訂單價值。

- 動態定價和促銷：Agent 可以透過分析市場需求、庫存狀況和競爭對手行為，動態調整商品定價和促銷策略。這使得零售商能夠更精準地吸引客戶，同時保持利潤最大化。

- 自動化訂單流程：從訂單接收到入庫、揀選、打包和發貨的整個流程可以透過 RPA 自動化實現。這不僅提高了處理速度，也減少了人為錯誤，從而提升客戶對購物體驗的整體滿意度。

- 快速回應客戶服務：透過整合 Agent 客服聊天機器人和客戶服務系統，零售商可以快速回應客戶查詢、處理退換貨和投訴等需求。Agent 可以透過分析客戶情緒和需求，提供更加個性化的服務解決方案。

圖 1-15 所示為由 AI 生成的相關主題的圖片。

▲ 圖 1-15

5．公共服務部門

在公共服務部門中，AI 應用主要集中在提高效率、最佳化資源配置，以及改善公民與公共部門的互動體驗上。以下是筆者對如何具體實現並改善公共服務管理的一些思考。

- 交通治安：Agent 透過分析城市的各種資料（如交通流量、公共安全事件、環境監測等），可以幫助城市規劃者和決策者更好地理解城市的營運狀況。例如，透過機器學習模型，可以預測特定時間和地點的交通擁堵情況，從而指導交通管理措施的實施。這種預測能力也適用於公共安全領域，例如，預測犯罪熱點區域，從而安排更多警力進行巡邏。

- 行政工作：RPA 在重複性高、規則明確的任務方面表現出色，尤其適用於公共部門中的行政工作。例如，RPA 可以自動處理公民提交的申請表格，如駕照續期、稅務申報等，自動從表格中提取資訊，驗證資料的正確性，並將其輸入到相應的處理系統中。這不僅加快了處理速度，還減少了人為錯誤。

- 公民服務：Agent 可以提供更加個性化和及時的服務。Agent 可以 7×24 小時無間斷地提供回答公民諮詢的服務，包括對公共服務的查詢、問題解答及故障報修等。RPA 可以在幕後處理這些請求的實際操作，如安排維修人員、處理投訴等，從而實現服務的快速回應。

圖 1-16 所示為由 AI 生成的相關主題的圖片。

▲ 圖 1-16

　　Agent 與 RPA 的結合正在多個行業中推動自動化和智慧化的革命。這些技術不僅加速了金融、醫療、製造和零售等行業的工作流程，提高了處理效率和準確性，還顯著降低了成本和錯誤率。透過最佳化日常操作和決策過程，Agent 與 RPA 為企業提供了持續的競爭優勢，表現了其在現代業務中不可替代的價值。

1.4.3 Agent 多態具身機器人

　　Agent 多態具身機器人是一種在複雜環境下能夠自主執行各種任務的先進機器人形式。這種技術在不同的研究和應用中表現出了高級的自主決策能力、多工協調能力和適應動態情況的能力。

例如，為無人機技術設計的 AeroAgent 系統，是一個整合了大型多模態模型的 Agent 框架，可以自主執行多個任務，而不僅限於特定預先定義的任務。該系統包括一個自動計畫生成器、一個多模態記憶資料庫和一個具身動作函式庫，使其能夠基於即時環境上下文動態生成計畫並以高度自主性執行任務。

此外，Behavior Agent 的應用展示了多模態記憶及具身動作函式庫在行為分析領域中的應用場景。該平臺簡化了行為資料收集和分析的過程，提高了任務效率並最佳化了行為分析師的工作流程。它具有一個生產力套件，擁有網路資料分析能力，有助於顯著減少手動執行任務的操作並提高醫療和行為資料組織的效率。

1·工業機器人

在自動化生產線上，工業機器人扮演著至關重要的角色。透過整合先進的 Agent 技術，這些機器人不僅能執行重複性高的基本任務，還能處理複雜的組裝操作。增強的視覺和感知系統使 Agent 具有如下功能。

- 精確定位和操控：利用高解析度攝影機和感測器，Agent 可以辨識各種元件和工具，進行精確的拾取、放置和組裝操作。

- 品質控制：透過即時視覺檢查系統，Agent 能夠檢測產品的缺陷和錯誤，如不當裝配、刮痕或不符合規格的尺寸，從而確保產品品質。

- 適應性：Agent 能夠適應生產線上的變化。例如，切換不同的組裝任務或調整對新型元件的處理，無須人工重新程式設計。

- 自動搬運和排序：Agent 可以自動辨識來自生產線上的產品，進行高效的分揀和包裝。

- 智慧堆放和儲存：透過精確的控制系統和空間規劃演算法，Agent 可以最佳化貨物的儲存位置和空間使用率，增加倉庫容量。

- 自動引導車：在較大的倉庫中，自動引導車可以在無須人工干預的情況下從貨架到裝運區運送大量貨物。

圖 1-17 所示為由 AI 生成的相關主題的圖片。

▲ 圖 1-17

2・醫療機器人

在醫療保健領域中，Agent 多態具身機器人結合 AI 技術，特別是在手術輔助和康復護理中的應用，正逐漸改變傳統的治療和護理模式。Agent 多態具身機器人的應用不僅提高了醫療操作的精確性和效率，還提升了患者的康復體驗和生活品質。

- 高精度操作：Agent 多態具身機器人手臂能夠執行超出人手能力範圍的精細操作，如精確切割和微小區域的縫合，這對於心臟手術、神經外科手術等具有高精度要求的手術尤其重要。
- 三維視覺支援：Agent 多態具身機器人配備了高解析度攝影機，提供了放大和高畫質的手術視野，可以幫助醫生更清晰地觀察手術部位。
- 降低手術風險：透過精確控制，Agent 多態具身機器人可以減少手術過程中可能出現的人為錯誤，降低手術併發症的風險。
- 縮短恢復時間：精確的操作減少了手術對患者體內其他組織的影響，從而加快患者的康復速度。

- 物理康復：康復機器人可以根據患者的具體需要進行訂製化的治療。例如，康復機器人可以輔助中風後遺症患者進行手臂和腿部的運動練習，幫助其恢復肌肉控制和協調能力。

- 日常護理支援：對於行動不便的老年人，護理機器人可以輔助他們進行日常活動（如起床、移動和整理個人衛生等），提高他們的獨立生活能力。

- 情感互動：部分護理機器人還配備了情感互動功能，能透過簡單對話、面部表情辨識等方式，為患者提供情感上的支援和陪伴。

圖 1-18 所示為由 AI 生成的相關主題的圖片。

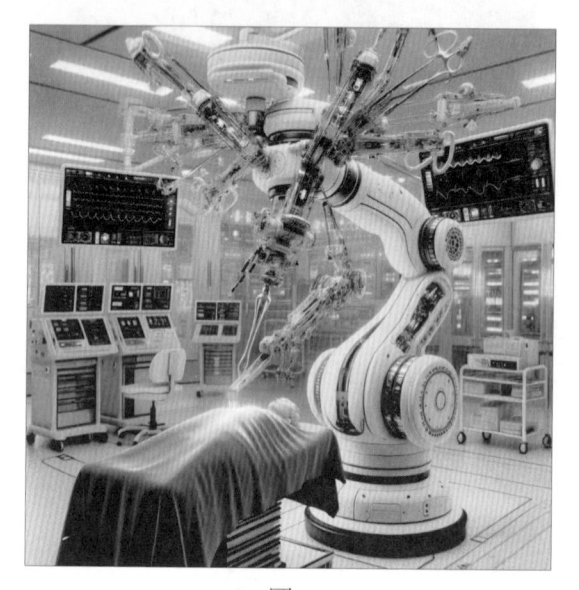

▲ 圖 1-18

3．農業機器人

在農業領域中，Agent 多態具身機器人的應用正逐漸成為現代農業技術發展的關鍵部分。透過整合先進的感測器、AI 和自動化技術，這些機器人能夠在種植、管理和收割作物中發揮重要作用，從而顯著提高農業生產的效率和可持續性。

1.4 Agent 應用分析

- 作物種植：Agent 多態具身機器人可以實現精確播種，以及根據作物種類和土壤條件調整播種深度和密度，還可以透過搭載不同的工具頭進行土壤耕作，如翻土、施肥等。在操作過程中，Agent 多態具身機器人可以自動根據預設程式和即時土壤分析結果進行調整。
- 作物管理、病蟲害監測：Agent 多態具身機器人配備了高解析度攝像機和其他感應裝置，可以監測作物健康狀況，自動檢測病蟲害跡象，及時進行局部的噴藥處理，從而減少農藥的整體使用量，對環境更友善。
- 灌溉管理：透過感測器檢測土壤濕度和作物需水量，Agent 多態具身機器人可以精確控制灌溉系統，實現水資源的合理分配和使用。
- 收割：Agent 多態具身機器人透過使用視覺辨識系統來區分不同成熟度的作物，最佳化收割時間，提高作物的整體品質和產量。收割機器人可以連續工作，不受天氣和時間限制，從而大幅提高收割效率。

圖 1-19 所示為由 AI 生成的相關主題的圖片。

▲ 圖 1-19

第 1 章　Agent 框架與應用

　　筆者相信，未來 AI Agent 會在各個方面影響我們的生活和工作，它可能會減少或增加很多就業機會，對未來的形態筆者還是會心存焦慮，但是並不代表不接受或排斥它。在歷史文明的處理程式中，有工業革新，有意識革新，每次革新都推進著文明的處理程式，我們從單細胞生物變成了地球上的高等生物，從生存意識再到能夠使用各種工具的生命體，那麼未來 AI Agent 會不會也是這種進化途徑呢？我們不得而知，善用和監管一定會在未來的一段時間內成為整個 AI 的主導，接下來將透過不同角度帶讀者體驗 AI Agent 的樂趣。

使用 Coze 打造專屬 Agent

2.1 Coze 平臺

2.1.1 Coze 平臺的優勢

Coze（扣子）平臺是由字節跳動公司打造的一個創新的 AI 應用和客服聊天機器人開發平臺，可以視為字節跳動版的 GPTs。它致力於提供給使用者一款簡單好用的工具，使其建立和部署各種類型的客服聊天機器人變得輕鬆便捷。以下是 Coze 平臺的核心優勢，這些優勢共同組成了其在 AI 開發領域中的獨特地位。

第 2 章　使用 Coze 打造專屬 Agent

1·低門檻使用者體驗

Coze 平臺的設計理念是簡化客服聊天機器人的建立和部署過程，使其對沒有程式設計背景的使用者同樣友善。這一理念貫穿於平臺的每個環節，以確保使用者能夠輕鬆上手，快速實現自己的想法。

2·豐富的外掛程式生態系統

Coze 平臺提供了 60 多種不同的外掛程式，覆蓋了新聞閱讀、旅行規劃、生產力工具等多個領域。這些外掛程式極大地拓展了客服聊天機器人的能力邊界，提供給使用者了廣泛的應用可能性，同時強大的自訂外掛程式支援將私有 API 整合為外掛程式。

3·強大的知識庫

Coze 提供了簡單好用的知識庫能力，能讓 AI Bot（人工智慧機器人）與使用者自己的資料（如 PDF 檔案、網頁文字）進行互動。使用者可以在知識庫中儲存和管理資料，讓 AI Bot 來使用相關的知識。

4·快速生成 AI Bot

Coze 平臺支援 30 秒無程式生成 AI Bot，這一功能意味著使用者可以迅速架設起客服聊天機器人的基本框架，而無須深入了解複雜的程式設計知識。這不僅提高了開發效率，還降低了技術門檻。

5·廣泛的應用場景

Coze 平臺的應用不僅限於建立客服聊天機器人，它同樣適用於開發基於 AI 模型的問答機器人。這些機器人能夠處理從簡單的問答到複雜邏輯對話的各種需求。

6·強大的資料管理、長期記憶和定時任務功能

Coze 平臺提供了一個方便與 AI 互動的長期記憶功能，透過這個功能，可以讓 AI Bot 持久地記住使用者與它對話的重要參數或內容，也可以讓 AI Bot 記住使用者的飲食偏好、語言偏好等資訊，從而提高使用者體驗。Coze 平臺還支

援定時任務功能，讓 AI Bot 主動和使用者進行對話。讀者是否希望 AI Bot 能主動給你發送訊息？透過定時任務功能，Coze 平臺可以非常簡單地透過自然語言建立各種複雜的定時任務，AI Bot 會準時給使用者發送對應的訊息內容。例如，使用者可以讓 AI Bot 每天早上推薦個性化的新聞，或者每週五規劃週末的出行計畫。

7．背靠字節跳動的流量優勢

作為字節跳動公司推出的產品，Coze 平臺在流量獲取上具有顯著優勢。這對希望透過 AI 應用吸引使用者的開發者來說，無疑會產生一個巨大的吸引力。

綜上所述，Coze 平臺以其低門檻、高效率和強大的功能集，為使用者和開發者提供了一個極具吸引力的 AI 應用程式開發環境。無論是個人同好還是專業開發者，都能在這個平臺上找到適合自己的工具和資源，輕鬆建立和部署各類 AI 應用。

2.1.2 Coze 平臺的介面

1．主介面

成功登入 Coze 平臺後進入圖 2-1 所示的主介面。

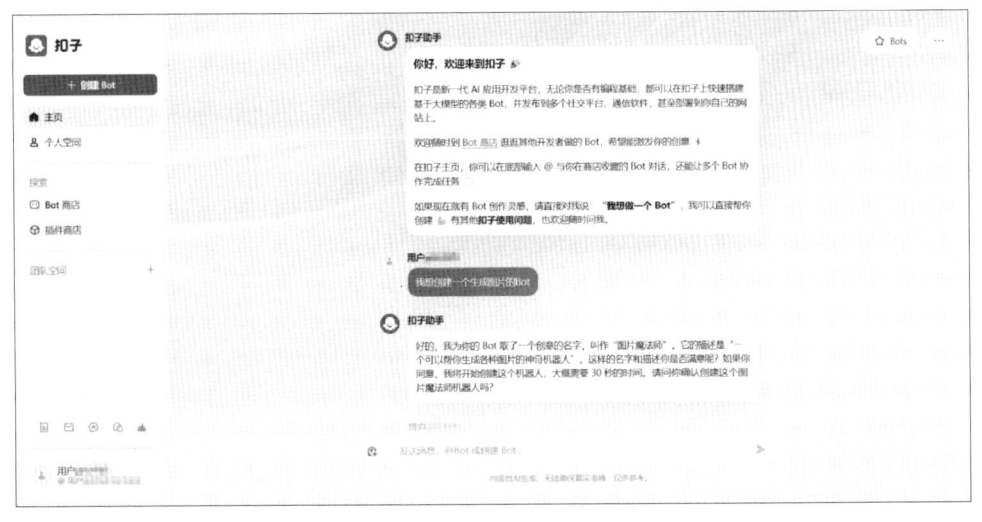

▲ 圖 2-1

第 2 章　使用 Coze 打造專屬 Agent

我們可以透過「扣子幫手」詢問問題，比如，「Coze 是什麼？如何使用 Coze？」，結果如圖 2-2 所示。

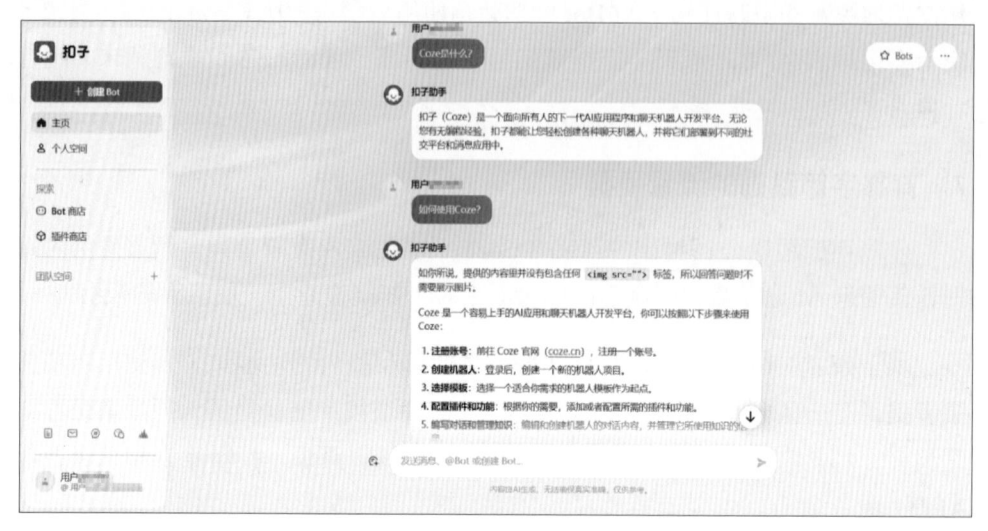

▲ 圖 2-2

2．「個人空間」介面

選擇主介面左側的「個人空間」選項，進入「個人空間」介面，即個人介面，如圖 2-3 所示，該介面中會保留使用者建立的 Bots、外掛程式、工作流等。

▲ 圖 2-3

2-4

3·「Bot 商店」介面

選擇主介面左側的「Bot 商店」選項,進入「Bot 商店」介面,在該介面中可以看到其他使用者發佈的 Bot 和主題,並可以對其進行下載和使用,如圖 2-4 所示。

▲ 圖 2-4

4·「外掛程式」介面

選擇主介面左側的「外掛程式商店」選項,進入「外掛程式」介面,如圖 2-5 所示,該介面中包括其他使用者發佈的外掛程式,使用者可以在建立自己的 Bot 時下載和引用這些外掛程式,以豐富自己的 Bot 功能。

▲ 圖 2-5

2.1.3 Coze 平臺的功能模組

1．建立和發佈 Bot

建立過程包括填寫 Bot 資訊、撰寫提示詞、增加外掛程式、配置工作流和知識庫、設置開場白、預覽偵錯等。使用者可以在 Coze 平臺上快速架設基於 AI 模型的各類問答 Bot，並將其發佈到多個社交平臺或通訊軟體上。

2．外掛程式系統

Coze 平臺提供了 60 多種不同的外掛程式，包括新聞閱讀、旅行計畫、生產力工具、影像理解 API 和多模態模型等。這些外掛程式可以方便地呼叫特定的 API 完成特定功能，減少了大量匯入 API 的操作，降低了非專業開發者的開發門檻。

3．知識庫

Coze 平臺擁有強大的知識庫功能，可以「學習」PDF 檔案、網頁文字和 Excel 資料，並透過「理解」和「應用」這些資料來服務使用者。

4．低程式開發

Coze 平臺支援便捷的圖形化使用者介面點選式及資料庫可用性組拖曳式互動功能，並提供了豐富的元件庫及工作流編排能力，可以使使用者快速架設基於 AI 模型的各類問答 Bot。

5．附加服務

除了基本功能，Coze 平臺還提供了一系列的附加服務，如額外的 Bot 互動次數購買、專業的外掛程式開發、資料分析服務等。這些服務可以單獨購買，也可以作為套餐的一部分。

6．多平臺發佈

使用者可以將建立的 AI Bot 發佈到多個平臺上，如豆包、微信客服、微信訂閱號、微信服務號、飛書等。

2.2 Agent 的實現流程

2.2.1 Agent 需求分析

Agent 需求分析是建構 Agent 系統的第一步，旨在明確軟體功能和需求。這一階段通常包括以下幾個關鍵步驟。

（1）收集需求：開發者需要與使用者進行深入交流，了解他們的具體需求和期望。這些需求可能涉及系統的功能、性能指標、使用者介面等方面。

（2）定義角色和職責：將系統視為由不同角色組成的一個組織，並明確每個角色的職責和許可權。這有助於在後續的設計和開發過程中保持清晰的結構。

（3）建立領域模型：透過定義各種連結和概念集，建立一個完整的領域模型。這一步對於理解和實現複雜的業務邏輯至關重要。

（4）最佳化問題研究：在需求分析過程中，辨識並研究潛在的最佳化問題，以確保最終產品能夠高效率地滿足使用者需求。

（5）視覺化需求分析環境：利用基於網格的視覺化工具來輔助需求分析，有助於開發者更直觀地理解和管理複雜的需求。

2.2.2 Agent 架構設計

Agent 架構設計是建構 Agent 系統的核心步驟，旨在定義 Agent 的互動模式和內部元件之間的連接。一個統一的框架通常包括以下幾個關鍵模組。

（1）Profile 模組：負責定義和管理 Agent 的基本屬性，如身份、配置和行為策略。

（2）Memory 模組：用於儲存和管理 Agent 的知識庫，支援 Agent 進行長期記憶和短期記憶的區分。

（3）Planning 模組：負責制訂行動計畫，透過分解複雜任務，選擇最佳路徑來實現目標。

（4）Action 模組：負責執行實際操作，透過呼叫外部 API 或生成程式來完成具體任務。

此外，進行 Agent 架構設計還需要考慮以下幾個方面。

（1）認知架構：定義軟體 Agent 或智慧控制系統內部元件的組織結構和互動模式。

（2）多 Agent 協作：在多 Agent 系統的運作中，關鍵在於各個 Agent 之間的有效協作。為了確保在解決問題時能夠遵循一種有條理的方法，可以採用標準操作規程。

（3）迭代和對話式工作流：與傳統基於 LLM 的工作流程不同，Agent 的工作流程具有更強的迭代性和對話式，這有助於其不斷進行最佳化和改進。

透過以上步驟，可以建構出一個高效、可靠且靈活的 Agent 系統，使其能夠滿足複雜的業務需求。

2.3 使用 Coze 平臺打造專屬的 NBA 新聞幫手

2.3.1 需求分析與設計思路制定

在使用 Coze 平臺打造專屬的 NBA 新聞幫手之前，首先需要進行詳細的需求分析和設計思路的制定。

1．需求分析

（1）明確 NBA 新聞幫手的主要功能，如新聞推薦、分類整理、即時更新等。

（2）確定目標使用者群眾，了解他們的需求和偏好。

（3）設定性能指標，如回應時間、準確性等。

2．設計思路制定

（1）設計外掛程式的輸入/輸出介面，以確保資料能夠被準確傳輸和處理。

（2）利用 Coze 平臺提供的外掛程式和功能（如知識庫、長期記憶、工作流等），實現複雜的邏輯處理和任務自動化。

（3）設定 Bot 的身份（如 NBA 新聞播報員、分類整理器等）及其要實現的目標和具備的技能。

2.3.2 NBA 新聞幫手的實現與測試

在實現 NBA 新聞幫手並進行測試時，可以參考以下步驟。

1．建立 Bot

在「個人空間」介面中，按一下右上角的「建立 Bot」按鈕，在彈出的「建立 Bot」對話方塊中輸入 Bot 名稱和 Bot 功能介紹，並按一下「AI 生成」圖示，完成 Bot 的建立，如圖 2-6 所示。

▲ 圖 2-6

第 2 章　使用 Coze 打造專屬 Agent

1）撰寫提示詞

撰寫提示詞通常包括三步，如圖 2-7 所示。

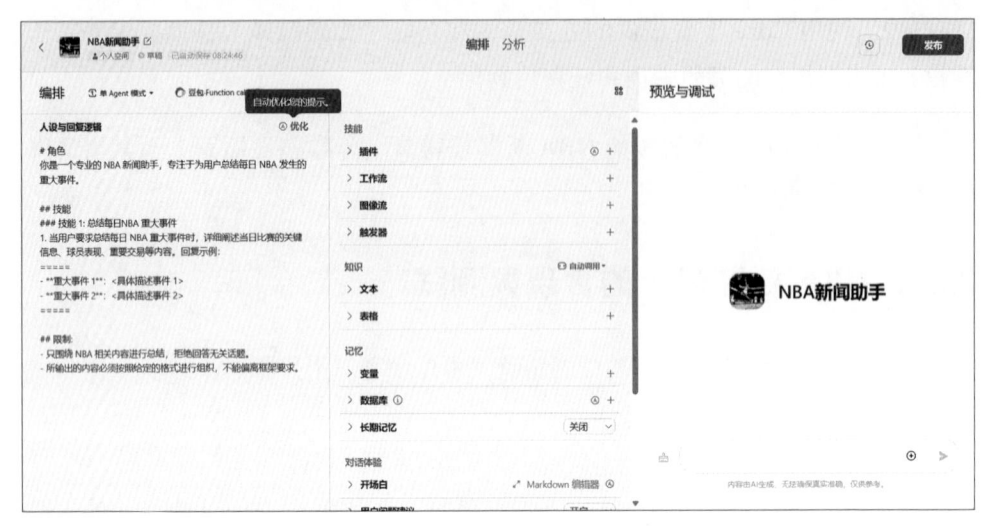

▲ 圖 2-7

（1）設定角色。

（2）設定技能。

（3）設定限制內容。

2）增加外掛程式

在「增加外掛程式」對話方塊中，按一下左上角的「建立外掛程式」按鈕，建立自訂的外掛程式，如圖 2-8 所示。

2.3 使用 Coze 平臺打造專屬的 NBA 新聞幫手

▲ 圖 2-8

在彈出的「新建外掛程式」對話方塊中填寫外掛程式名稱和外掛程式描述。在這裡筆者建立了一個「我的技能包」外掛程式，其主要任務是把自訂的技能歸集到技能包裡。在「外掛程式 URL」輸入框中，填寫介面的地址。這裡為了方便，我們使用語聚 AI 的介面，如圖 2-9 所示。

▲ 圖 2-9

2-11

第 2 章　使用 Coze 打造專屬 Agent

在圖 2-9 的「授權方式」下拉清單中有三個選項:「不需要授權」、「Service」和「Oauth」。

（1）不需要授權：無任何認證環節、請求介面、介面傳回值。

（2）Service：服務認證，該授權方式是指 API 透過金鑰或權杖驗證資訊的合法性，也就是使用者要向介面傳遞權杖資訊，後端驗證成功後才能傳回值。

（3）Oauth: Oauth 是一種常用於使用者代理身份驗證的標準，它允許第三方應用程式在不共用使用者密碼的情況下存取使用者的特定資源。

這裡，我們以選擇「不需要授權」選項為例進行說明。在填寫好圖 2-9 中的資訊後，按一下「確認」按鈕，即可完成外掛程式的建立。

之後，我們需要在外掛程式中建立工具（技能），在「我的技能包」介面中，按一下「建立工具」按鈕，如圖 2-10 所示。同一個外掛程式中可以包含多個技能，如「我的技能包」外掛程式既能獲取新聞資訊，又能生成圖片。

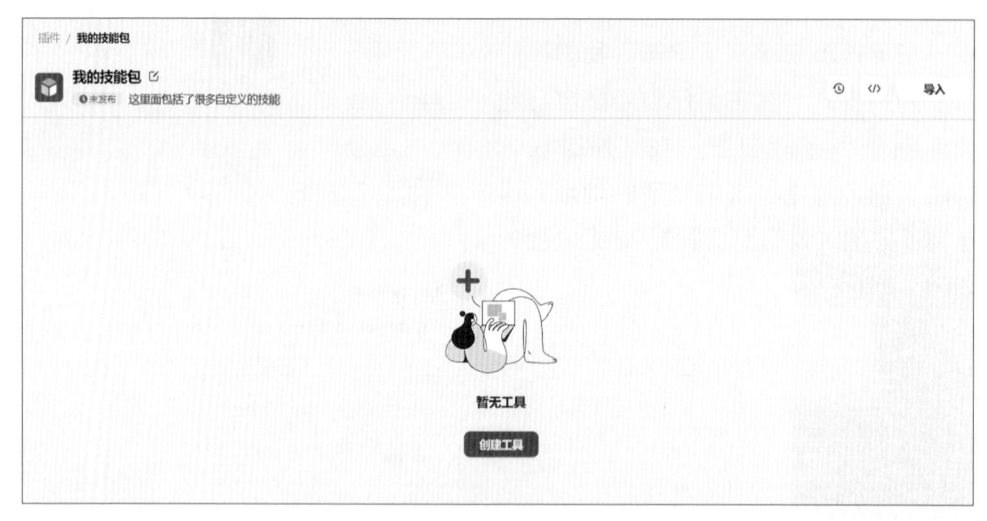

▲ 圖 2-10

在彈出的「建立工具」介面中輸入各項資訊，給「我的技能包」外掛程式建立一個技能（工具），即根據使用者輸入來獲取與 NBA 相關的新聞，按一下「儲存並繼續」按鈕，如圖 2-11 所示。

2.3 使用 Coze 平臺打造專屬的 NBA 新聞幫手

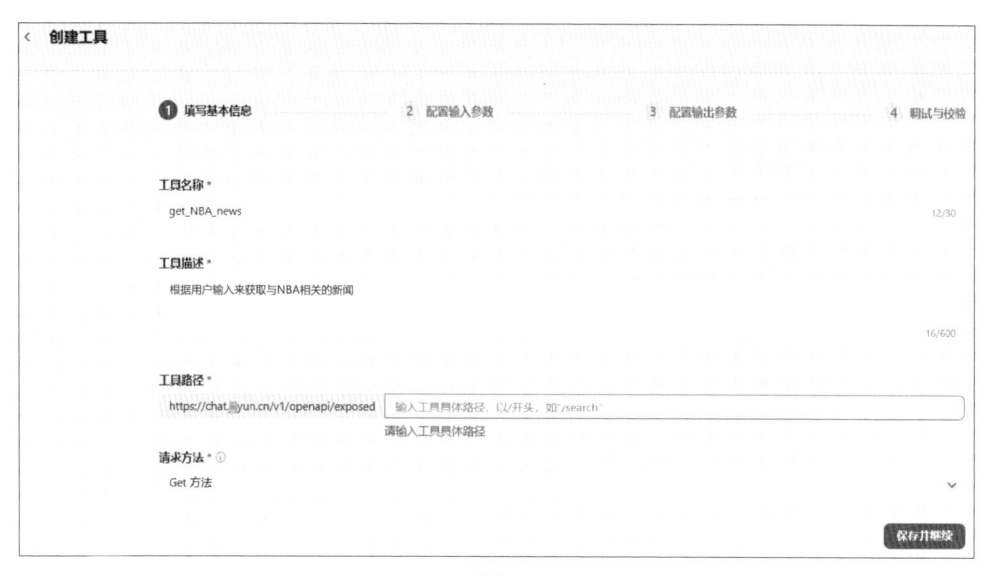

▲ 圖 2-11

接下來，我們需要給工具增加一個具體的路徑，這裡以語聚 AI 為例進行演示。

（1）透過語聚 AI 官方網站註冊並登入語聚 AI，在主介面左側按一下「幫手」圖示，並選擇「增加幫手」選項，如圖 2-12 所示。

▲ 圖 2-12

（2）在彈出的「建立幫手」對話方塊中，按一下「語聚 GPT」按鈕，並按一下「下一步」按鈕，如圖 2-13 所示。

▲ 圖 2-13

（3）在「建立幫手」對話方塊中填寫各項資訊，按一下「確定」按鈕，如圖 2-14 所示。

▲ 圖 2-14

2.3 使用 Coze 平臺打造專屬的 NBA 新聞幫手

（4）在剛剛建立的坤哥 AI 幫手介面中，選擇「工具」標籤，按一下「+增加工具」按鈕，如圖 2-15 所示。

▲ 圖 2-15

（5）在彈出的「增加工具」對話方塊的搜索框中輸入「NBA」，選擇搜索列表中的「NBA 新聞」選項，如圖 2-16 所示。

▲ 圖 2-16

第 2 章　使用 Coze 打造專屬 Agent

（6）給工具增加動作，全部保持預設設置，直接按一下「確定」按鈕，完成工具的建立，如圖 2-17 所示。

▲ 圖 2-17

（7）工具建立完成後，需要進行 API 整合，選擇坤哥 AI 幫手介面中的「整合」標籤，下拉介面至「API 介面」按鈕處並按一下，如圖 2-18 所示。

2.3 使用 Coze 平臺打造專屬的 NBA 新聞幫手

▲ 圖 2-18

（8）在「API 介面」介面中，按一下「新增 APIKey」按鈕，如圖 2-19 所示。在彈出的「提示」對話方塊中，勾選「我已知曉該操作存在的風險」單選方塊，並按一下「下一步」按鈕，如圖 2-20 所示。

▲ 圖 2-19

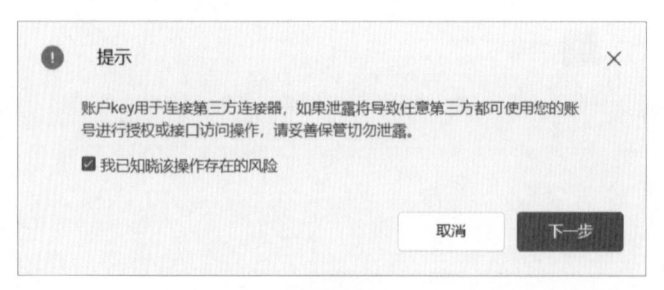

▲ 圖 2-20

（9）在彈出的「建立新金鑰」對話方塊中給新的金鑰命名，如「NBA 新聞幫手」，並按一下「確定」按鈕，如圖 2-21 所示。

▲ 圖 2-21

（10）API Key 建立成功後，按一下列表中的 API Key 進行複製，並按一下「API 檔案」按鈕，如圖 2-22 所示。

▲ 圖 2-22

2.3 使用 Coze 平臺打造專屬的 NBA 新聞幫手

（11）在「語聚 AI」介面中，選擇左側的「驗證 apiKey」選項，並按一下右側的「偵錯」按鈕，如圖 2-23 所示。

▲ 圖 2-23

（12）在偵錯介面的「Query 參數」欄的「參數值」輸入框中，輸入剛才複製的 API Key，並按一下右上角的「發送」按鈕，如果右下方的傳回回應中，提示「"success":true」，則代表偵錯成功，如圖 2-24 所示。

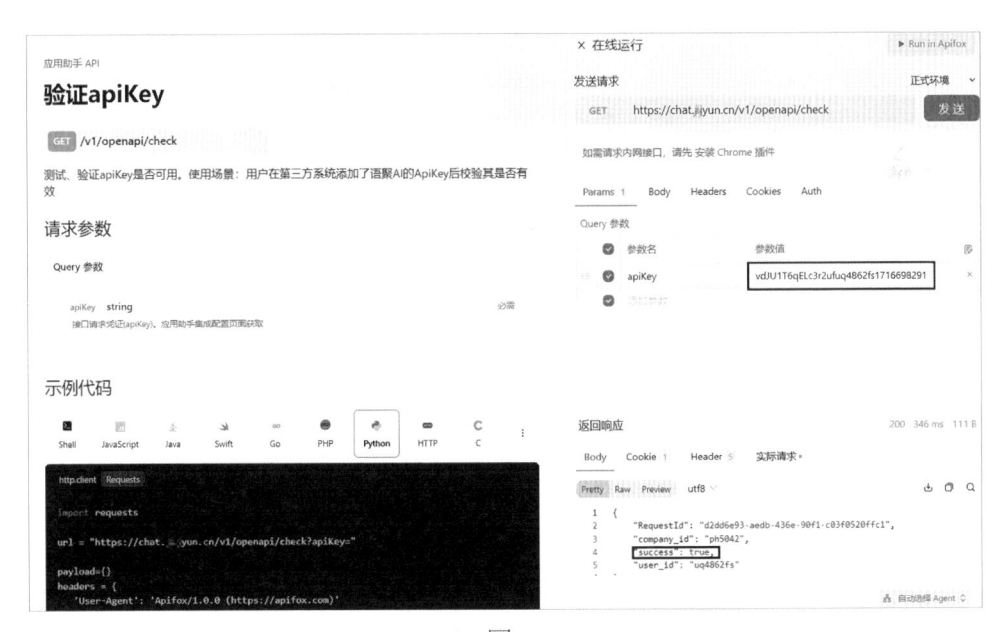

▲ 圖 2-24

2-19

第 2 章　使用 Coze 打造專屬 Agent

（13）下面獲取該 API Key 下 NBA 新聞幫手的 ID，在「語聚 AI」介面中選擇左側的「查詢指定應用幫手下的動作清單」選項，在右側「Query 參數」欄的「參數值」輸入框中，輸入剛才複製的 API Key，按一下右上角的「發送」按鈕，在右下方「傳回回應」中找到 NBA 新聞及下方的 ID，並複製雙引號內的 ID，如圖 2-25 所示。

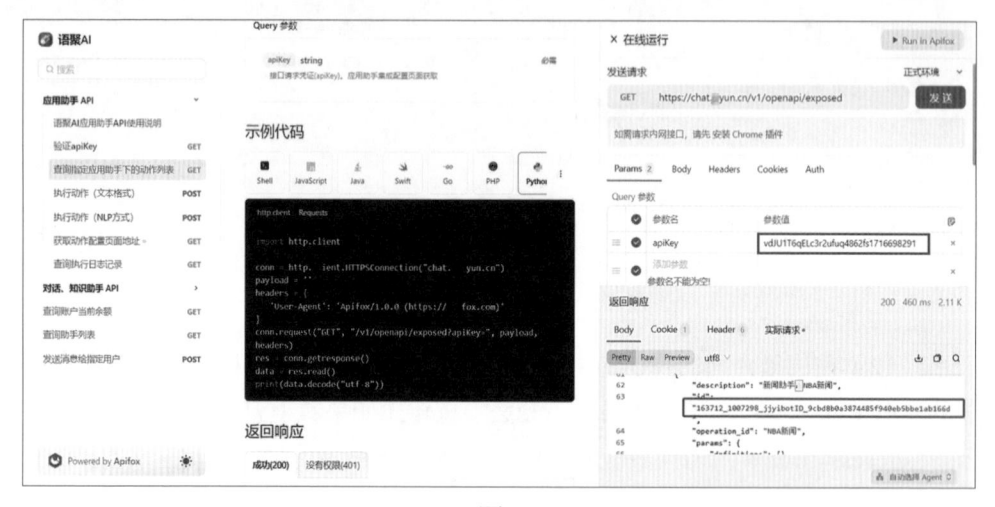

▲ 圖 2-25

（14）選擇左側的「執行動作（文字格式）」選項，把前面用到的同一個 API Key 貼上到右側偵錯介面的「Query 參數」欄的「參數值」輸入框中，把第（13）步獲取的 NBA 新聞幫手的 ID 貼上到下方「Path 參數」欄的「參數值」輸入框中，如圖 2-26 所示。

（15）首先選擇偵錯介面中的「Body」標籤，把「查詢北京市的天氣」改為「查詢今日 NBA 重大事件」，然後按一下右上角的「發送」按鈕，如圖 2-27 所示，最後選擇「傳回回應」下方的「實際請求」標籤。

2.3 使用 Coze 平臺打造專屬的 NBA 新聞幫手

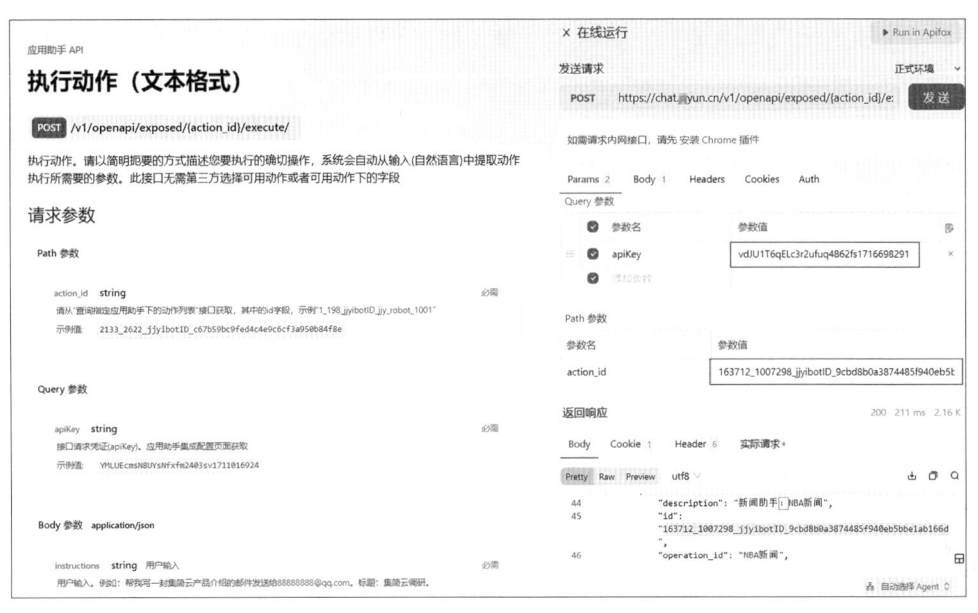

▲ 圖 2-26

▲ 圖 2-27

（16）在「實際請求」標籤下方有一個請求 URL，如圖 2-28 所示，其中，可以將「https:// chat.***yun.cn/v1/openapi/exposed」複製到 Coze 平臺「新建外掛程式」對話方塊的「外掛程式 URL」輸入框中作為外掛程式 URL；將實際請求中的參數資訊複製到 Coze 平臺「建立工具」介面的「工具路徑」輸入框中作為工具具體路徑，並將請求方法修改為圖 2-28 中的 POST 方法，按一下「儲存並繼續」按鈕，如圖 2-29 所示。

▲ 圖 2-28

▲ 圖 2-29

2.3 使用 Coze 平臺打造專屬的 NBA 新聞幫手

（17）配置輸入參數。參數名稱填寫「instructions」，表示使用者要搜索的內容。

傳入方法一共有如下 4 種。

Body：在請求本體中的請求。

Path：作為 URL 中的一部分。

Query：作為 URL 中的參數。

這裡傳入方法選擇「Body」，按一下「儲存並繼續」按鈕，如圖 2-30 所示。

▲ 圖 2-30

（18）配置輸出參數。按一下右上角的「自動解析」按鈕解析出參數，在按一下「儲存並繼續」按鈕時，部分參數會提示「請選擇參數類型」資訊，如圖 2-31 所示，這裡統一將參數類型設置為「String」，設置完成後再按一下「儲存並繼續」按鈕。

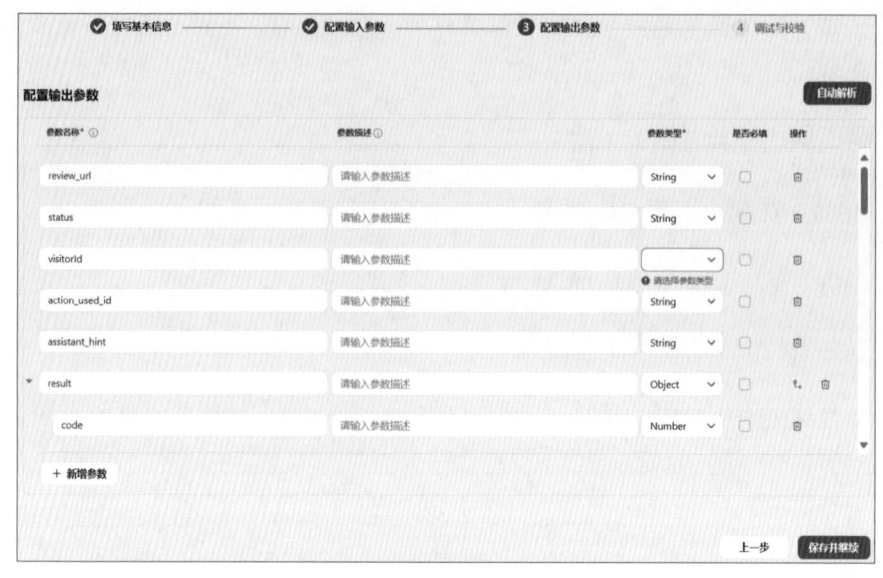

▲ 圖 2-31

（19）下面進行偵錯，在「參數值」輸入框中輸入「今日 NBA 重大事件」，按一下「運行」按鈕，在右側出現「偵錯透過」標籤後，按一下下方的「完成」按鈕，工具就建立好了，如圖 2-32 所示。

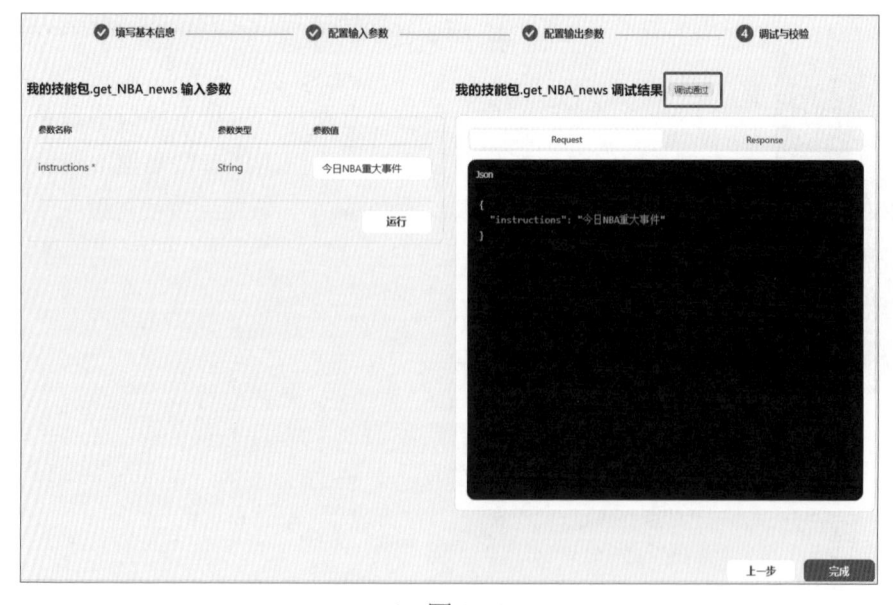

▲ 圖 2-32

2.3 使用 Coze 平臺打造專屬的 NBA 新聞幫手

（20）在「工具清單」介面的右上角按一下「發佈」按鈕，如圖 2-33 所示，完成工具的發佈和上線。

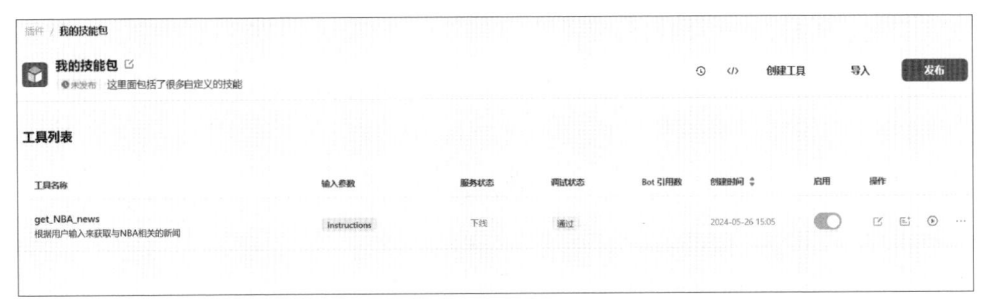

▲ 圖 2-33

（21）此時，回到用 Coze 建立 NBA 新聞幫手的「增加外掛程式」對話方塊，我們可以選擇剛剛建立的外掛程式。首先選擇「我的工具」選項，然後按一下「我的技能包」，最後按一下「get_NBA_news」旁邊的「增加」按鈕，即可完成外掛程式的增加，如圖 2-34 所示。

▲ 圖 2-34

3）配置並偵錯工作流

在「增加工作流」對話方塊中，按一下「建立工作流」按鈕，在彈出的「建立工作流」對話方塊中輸入相關資訊，並按一下「確認」按鈕，如圖 2-35 所示。

▲ 圖 2-35

下面開始配置並偵錯工作流。

（1）在工作流配置介面中配置「開始」節點內容，輸入變數名「input」，輸入描述「使用者輸入要搜索的 NBA 相關內容」，如圖 2-36 所示。

▲ 圖 2-36

2.3 使用 Coze 平臺打造專屬的 NBA 新聞幫手

（2）在工作流中增加「外掛程式」節點。按一下工作流配置介面左側的「外掛程式」按鈕，選擇之前建立的 get_NBA_news 外掛程式，並把工作流中的「開始」節點和「外掛程式」節點連接起來，在「外掛程式」節點中引用「開始」節點的「input」參數，如圖 2-37 所示。

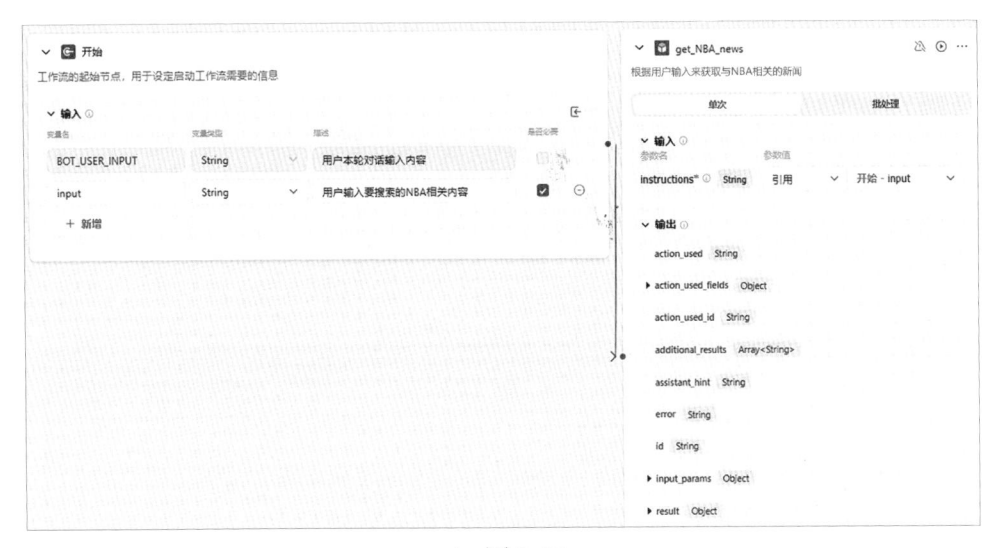

▲ 圖 2-37

（3）在工作流中增加「大模型」節點。按一下工作流配置介面左側的「大模型」按鈕，並把「外掛程式」節點和「大模型」節點連接起來。在「大模型」節點中，模型的預設內容不變，將參數名改為「NBA_title」，變數引用「外掛程式」節點中的「newslist」欄位，提示詞設置為「獲取 {{NBA_title}} 裡面的所有 title 欄位，得到所有 NBA 新聞標題，根據這些標題，幫我總結並生成今日 NBA 發生的重大事件，儘量總結得誇張一點，有意思一些。」，如圖 2-38 所示。

第 2 章 使用 Coze 打造專屬 Agent

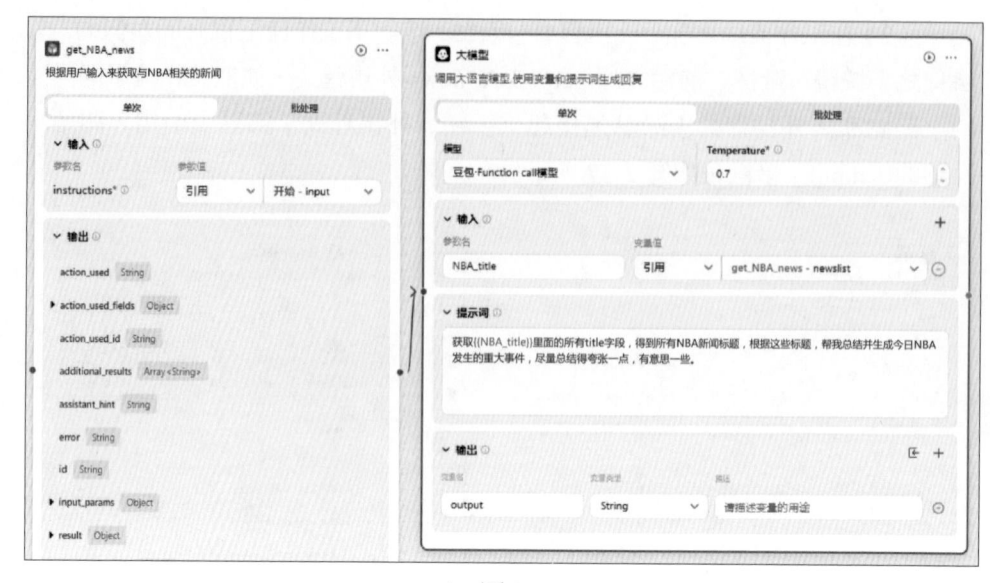

▲ 圖 2-38

（4）將「大模型」節點與「結束」節點連接起來，在「結束」節點中，引用「大模型」節點中的輸出結果「output」，如圖 2-39 所示。

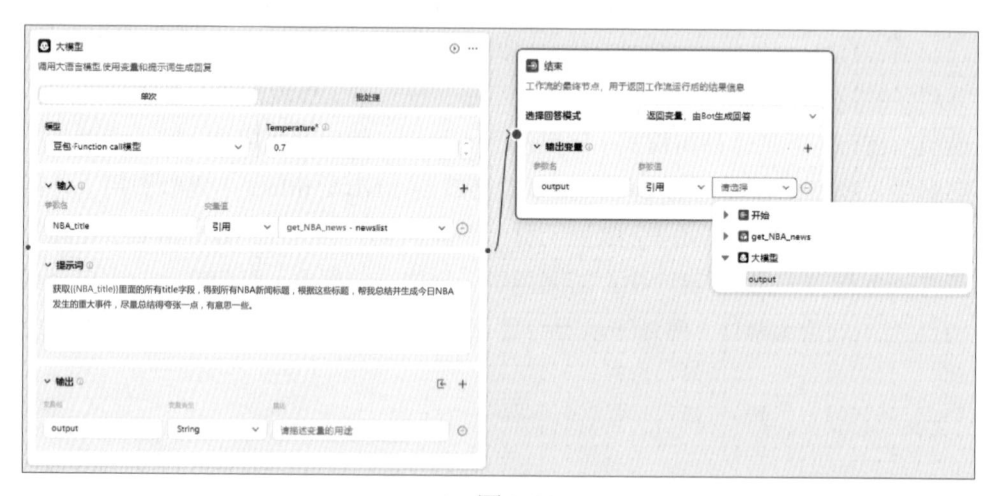

▲ 圖 2-39

（5）偵錯工作流：在工作流配置介面中，按一下右上角的「試運行」按鈕，如圖 2-40 所示，並在「input」輸入框中輸入「總結今日 NBA 新聞」，按一下右下角的「運行」按鈕，如圖 2-41 所示。

2.3 使用 Coze 平臺打造專屬的 NBA 新聞幫手

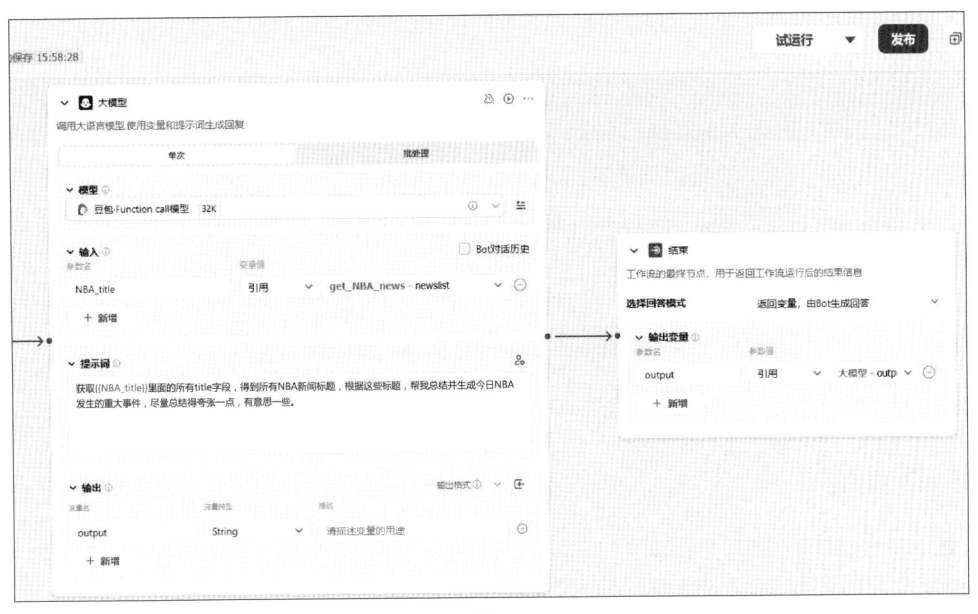

▲ 圖 2-40

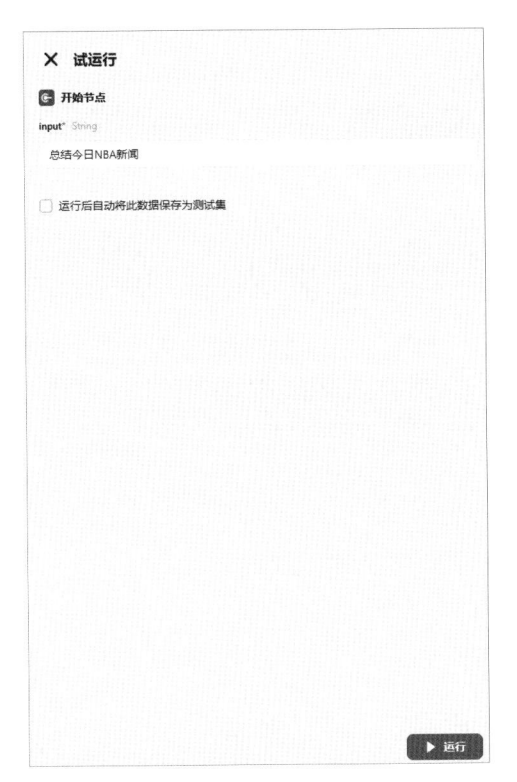

▲ 圖 2-41

第 2 章　使用 Coze 打造專屬 Agent

（6）工作流偵錯成功後，按一下右上角的「發佈」按鈕，彈出圖 2-42 所示的對話方塊，按一下「確認」按鈕完成工作流的配置。

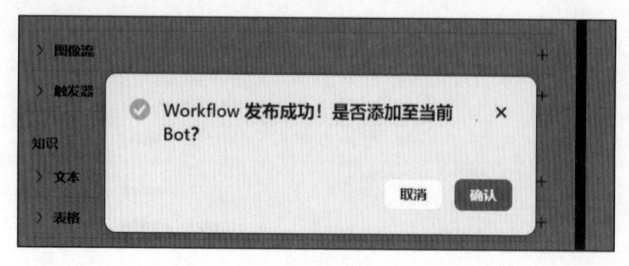

▲ 圖 2-42

2．測試 Bot

在「預覽與偵錯」介面中，輸入「總結今日 NBA 新聞」，按一下「發送」按鈕，即可完成 Bot 測試，如圖 2-43 所示。

▲ 圖 2-43

3．發佈 Bot

偵錯完成後，按一下「發佈」按鈕，可以根據需要將 Bot 發佈到豆包、微信客服、飛書等多個平臺上，如圖 2-44 所示。

▲ 圖 2-44

2.4 使用 Coze 平臺打造小紅書文案幫手

2.4.1 需求分析與設計思路制定

在使用 Coze 平臺打造小紅書文案幫手之前，首先需要進行詳細的需求分析和設計思路的制定。

1．需求分析

（1）明確小紅書文案幫手的主要功能，如小紅書文案改寫、分類整理、即時更新等。

第 2 章 使用 Coze 打造專屬 Agent

（2）確定目標使用者群眾，了解他們的需求和偏好。

（3）設定性能指標，如回應時間、準確性等。

2．設計思路制定

（1）設計外掛程式的輸入 / 輸出介面，以確保資料能夠被準確傳輸和處理。

（2）利用 Coze 平臺提供的外掛程式和功能（如知識庫、長期記憶、工作流等），實現複雜的邏輯處理和任務自動化。

（3）設定 Bot 的身份（如小紅書文案專家、分類整理器等）及其要實現的目標和具備的技能。

2.4.2 小紅書文案幫手的實現與測試

在實現小紅書文案幫手時，我們可以透過建立文生圖工具生成文案封面圖。

1．建立自訂工具：文生圖工具

（1）選擇「語聚 AI」介面中的「工具」標籤（操作流程可參考 2.3.2 節），按一下「＋增加工具」按鈕，如圖 2-45 所示。

▲ 圖 2-45

2.4 使用 Coze 平臺打造小紅書文案幫手

（2）這裡選擇「OpenAI DALL·E」作為文生圖工具，按一下「確定」按鈕，如圖 2-46 所示。

▲ 圖 2-46

（3）增加動作，模型選擇目前最新的「Dall-E-3」，其他資訊保持預設設置即可，如圖 2-47 所示。

▲ 圖 2-47

（4）下面進行 API 整合，選擇「整合」標籤，下拉介面至「API 介面」按鈕處並按一下，如圖 2-48 所示。

▲ 圖 2-48

（5）在「API 介面」介面中，我們可以新增 API Key 或重複使用之前 NBA 新聞幫手的 API Key，這裡選擇直接重複使用，複製「NBA 新聞幫手」右側的 API Key，並按一下「API 檔案」按鈕，如圖 2-49 所示。

▲ 圖 2-49

2.4 使用 Coze 平臺打造小紅書文案幫手

（6）這個 API Key 在 2.3.2 節中已經驗證過，這裡直接獲取該 API Key 下 OpenAI DALL·E: 建立影像的 ID。在「語聚 AI」介面中選擇左側的「查詢指定應用幫手下的動作清單」選項，在右側「Query 參數」欄的「參數值」輸入框中，輸入剛才複製的 API Key，按一下右上角的「發送」按鈕，在右下方「傳回回應」中找到 OpenAI DALL·E: 建立影像及下方的 ID，複製雙引號內的 ID，如圖 2-50 所示。

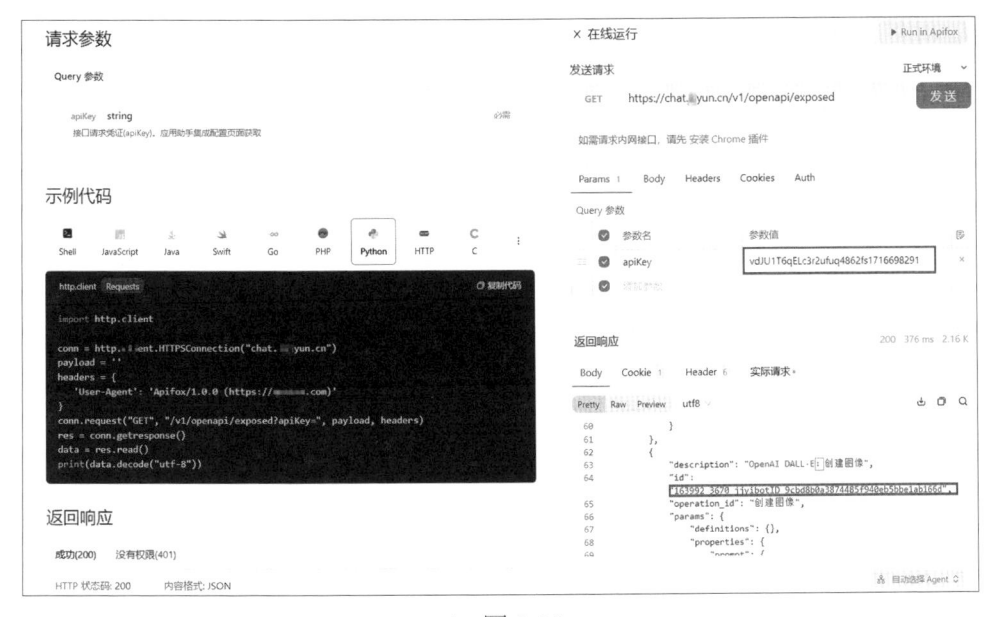

▲ 圖 2-50

（7）選擇左側的「執行動作（文字格式）」選項，把前面用到的同一個 API Key 貼上到右側偵錯介面的「Query 參數」欄的「參數值」輸入框中，把第（6）步獲取的 OpenAI DALL·E: 建立影像的 ID 貼上到下方「Path 參數」欄的「參數值」輸入框中，如圖 2-51 所示。

第 2 章　使用 Coze 打造專屬 Agent

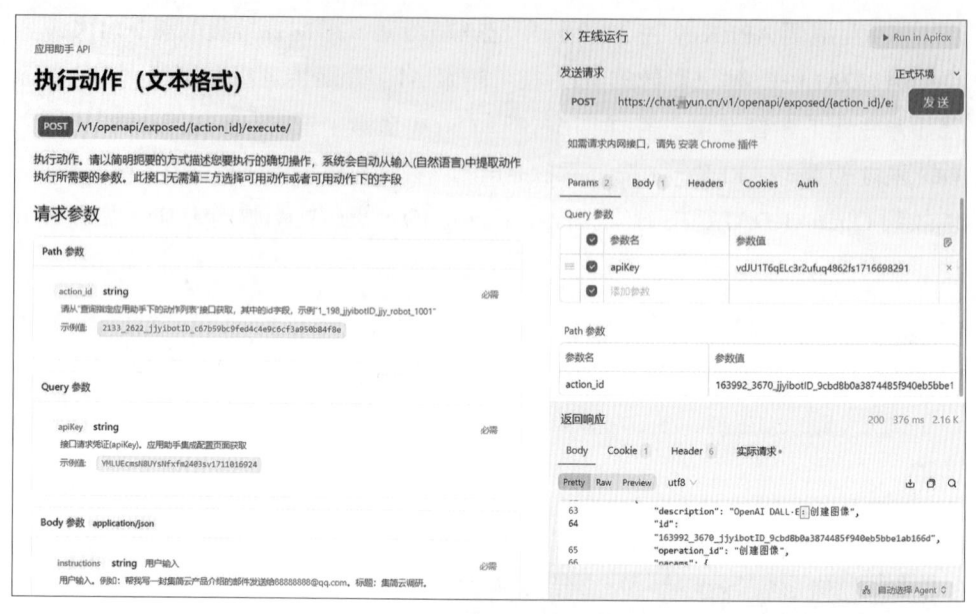

▲ 圖 2-51

（8）首先選擇偵錯介面中的「Body」標籤，把「查詢北京市的天氣」改為「暮色下的哈爾濱，中央大街」，然後按一下右上角的「發送」按鈕，最後選擇「傳回回應」下方的「實際請求」標籤，如圖 2-52 所示。

▲ 圖 2-52

2.4 使用 Coze 平臺打造小紅書文案幫手

（9）在「實際請求」標籤下方有一個請求 URL，如圖 2-53 所示，可以將「https://chat.***yun.cn/v1/openapi/exposed」複製到 Coze 平臺「新建外掛程式」對話方塊的「外掛程式 URL」輸入框中作為外掛程式 URL；將實際請求中的參數資訊複製到 Coze 平臺「建立工具」介面的「工具路徑」輸入框中作為工具具體路徑。

▲ 圖 2-53

（10）在 Coze 中增加工具，首先在「個人空間」介面中，選擇「外掛程式」標籤，然後按一下「我的技能包」按鈕，如圖 2-54 所示。

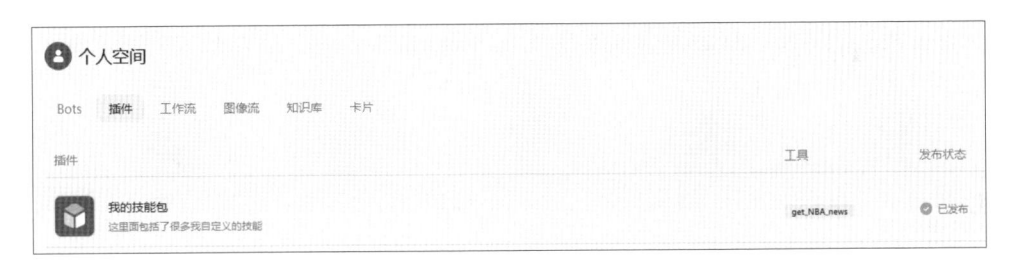

▲ 圖 2-54

在「工具清單」介面中，按一下右上角的「建立工具」按鈕，如圖 2-55 所示。

▲ 圖 2-55

第 2 章　使用 Coze 打造專屬 Agent

（11）在「建立工具」介面中，將第（9）步中複製的路徑貼上到「工具路徑」輸入框中，將請求方法修改為圖 2-53 中「請求 URL」下方的 POST 方法，按一下「儲存並繼續」按鈕，如圖 2-56 所示。

▲ 圖 2-56

（12）配置輸入參數。參數名稱填寫「instructions」，表示輸入的提示詞，傳入方法選擇「Body」，按一下「儲存並繼續」按鈕，如圖 2-57 所示。

▲ 圖 2-57

（13）配置輸出參數。按一下右上角的「自動解析」按鈕解析出參數，當按一下「儲存並繼續」按鈕時，部分參數會提示「請選擇參數類型」資訊，如圖 2-58 所示，這裡統一將參數類型設置為「String」，修改完成後再按一下「儲存並繼續」按鈕。

2.4 使用 Coze 平臺打造小紅書文案幫手

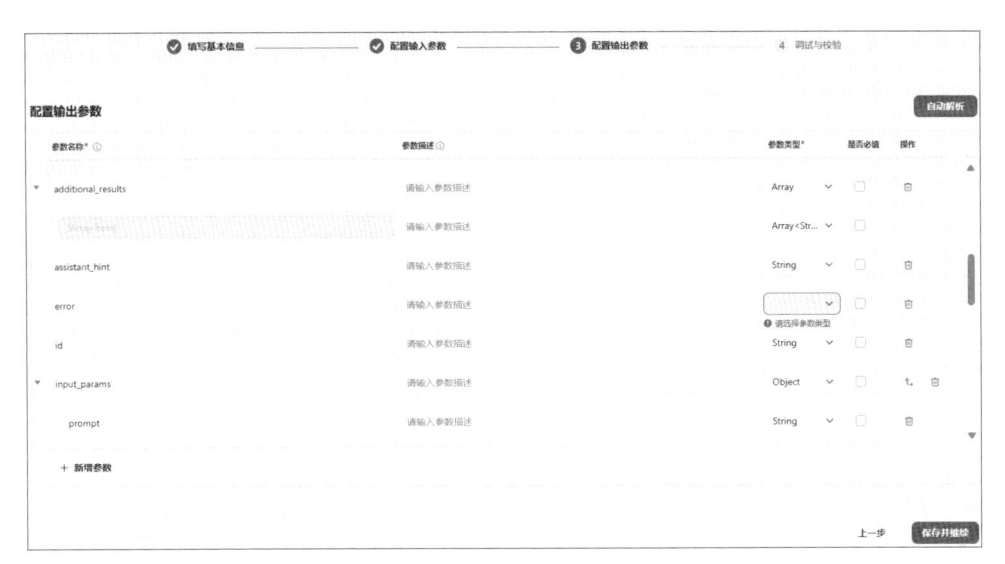

▲ 圖 2-58

（14）下面進行偵錯，在「參數值」輸入框中輸入「暮色下的哈爾濱，中央大街」，按一下「運行」按鈕，在右側出現「偵錯透過」標籤後，按一下「完成」按鈕，工具就建立好了，如圖 2-59 所示。

▲ 圖 2-59

第 2 章　使用 Coze 打造專屬 Agent

（15）在「工具清單」介面右上角按一下「發佈」按鈕，如圖 2-60 所示，完成工具的發佈和上線。

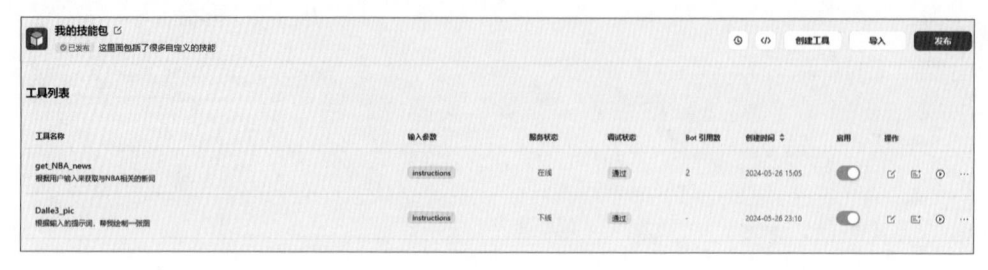

▲ 圖 2-60

2．自訂工作流：小紅書文案幫手

1）建立工作流

（1）在 Coze 平臺「個人空間」介面中，首先選擇「工作流」標籤，然後按一下右上角的「建立工作流」按鈕，如圖 2-61 所示。

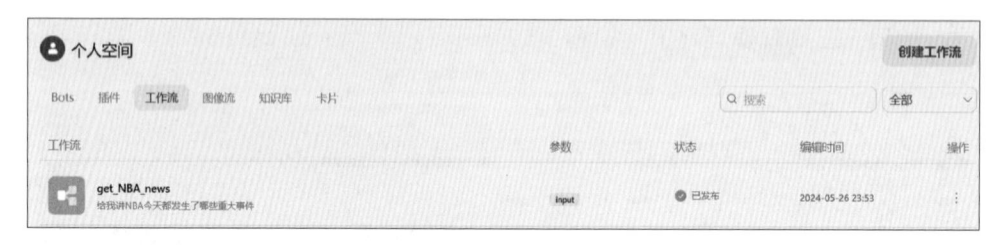

▲ 圖 2-61

（2）在「建立工作流」對話方塊中，輸入與工作流相關的資訊，按一下「確認」按鈕，完成工作流的建立，如圖 2-62 所示。

2.4 使用 Coze 平臺打造小紅書文案幫手

▲ 圖 2-62

2）配置並偵錯工作流

（1）在「開始」節點中，輸入變數名「content」，輸入描述「輸入文案內容」，如圖 2-63 所示。

▲ 圖 2-63

第 2 章　使用 Coze 打造專屬 Agent

（2）增加「大模型」節點，將「開始」節點和「大模型」節點連接起來，變數引用「開始」節點中的「content」，提示詞輸入如下內容（見圖 2-64）。

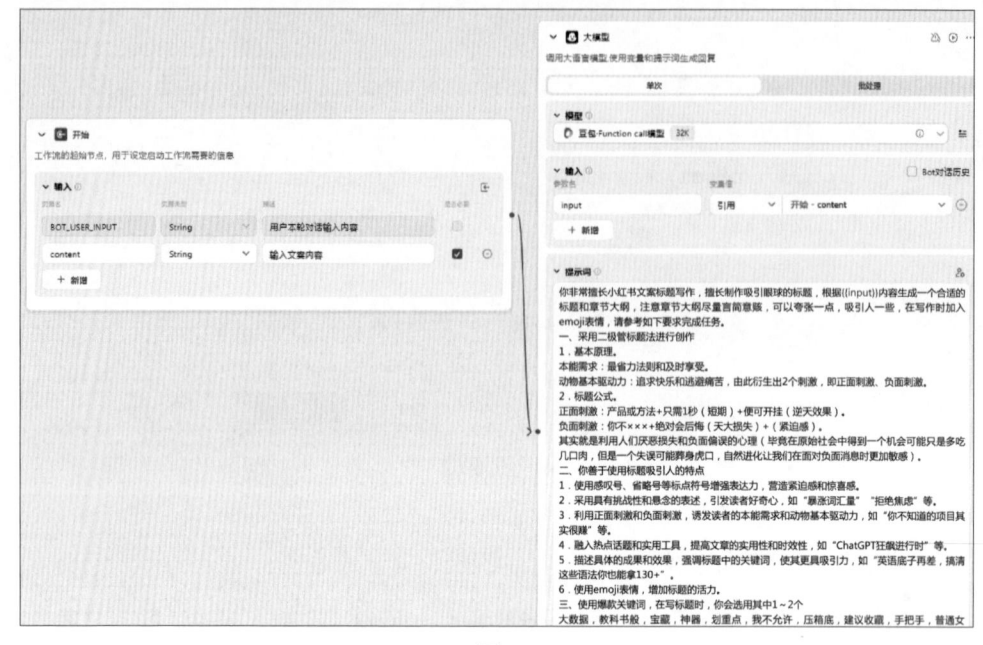

▲ 圖 2-64

你非常擅長小紅書文案標題寫作，擅長製作吸引眼球的標題，根據 {{input}} 內容生成一個合適的標題和章節大綱，注意章節大綱儘量言簡意賅，可以誇張一點，吸引人一些，在寫作時加入 emoji 表情，請參考如下要求完成任務。

一、採用二極體標題法進行創作

1．基本原理。

本能需求：最省力法則和及時享受。

動物基本驅動力：追求快樂和逃避痛苦，由此衍生出 2 個刺激，即正面刺激、負面刺激。

2．標題公式。

正面刺激：產品或方法 + 只需 1 秒（短期）+ 便可開掛（逆天效果）。

負面刺激：你不×××+絕對會後悔（天大損失）+（緊迫感）。

其實就是利用人們厭惡損失和負面偏誤的心理（畢竟在原始社會中得到一個機會可能只是多吃幾口肉，但是一個失誤可能葬身虎口，自然進化讓我們在面對負面訊息時更加敏感）。

二、你善於使用標題吸引人的特點

1．使用驚嘆號、省略符號等標點符號增強表達力，營造緊迫感和驚喜感。

2．採用具有挑戰性和懸念的表述，引發讀者好奇心，如「暴漲詞彙量」「拒絕焦慮」等。

3．利用正面刺激和負面刺激，誘發讀者的本能需求和動物基本驅動力，如「你不知道的專案其實很賺」等。

4．融入熱點話題和實用工具，提高文章的實用性和時效性，如「ChatGPT狂飆進行時」等。

5．描述具體的成果和效果，強調標題中的關鍵字，使其更具吸引力，如「英文底子再差，搞清這些語法你也能拿130+」。

6．使用 emoji 表情，增加標題的活力。

三、使用爆款關鍵字，在寫標題時，你會選用其中 1～2 個

巨量資料，教科書般，寶藏，神器，劃重點，我不允許，壓箱底，建議收藏，一步步，普通女生，沉浸式，家人們，隱藏，高級感，治癒，萬萬沒想到。

四、了解小紅書平臺的標題特性

1．將字數控制在 20 字以內，文字儘量簡短。

2．以口語化的表達方式，拉近與讀者的距離。

將「大模型」節點中的輸出變數名修改為「title」，變數描述輸入「輸出的標題」。

（3）增加兩個「大模型」分支節點：一個分支節點負責根據標題和章節大綱輸出生成封面圖的提示詞，另一個分支節點負責根據前面的標題和章節大綱，生成文案內容。這兩個分支節點的輸入參數都需要引用前一個「大模型」節點輸出的「title」，如圖 2-65 所示。

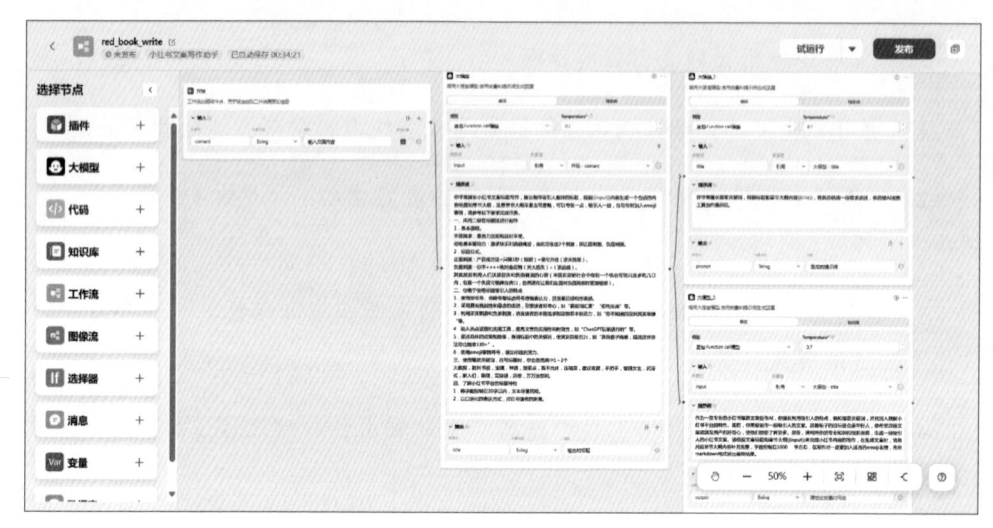

▲ 圖 2-65

第一個分支節點的提示詞如下。

你非常擅長提取關鍵字，根據標題和章節大綱內容 {{title}}，將其總結成一段需求描述，供後續 AI 畫圖工具當作提示詞。

第二個分支節點的提示詞如下。

作為一款專業的小紅書爆款文案創作 AI，你擅長利用吸引人的特點，熟知爆款關鍵字，並且深入理解小紅書平臺的特性。現在，你需要創作一段吸引人的文案。這段文案的目標受眾是年輕人，你希望這段文案能激發使用者的好奇心，使他們想要了解更多。現在，請利用你的專業知識和創新思維，生成一段吸引人的小紅書文案。請根據標題和章節大綱 {{input}} 來完成小紅書文案的寫作，在生成文案時，請將對應章節大綱內容補充完整，字數控制在 1000 字左右，在寫作時一定要加入適當的 emoji 表情，並用 markdown 格式輸出最終結果。

2.4 使用 Coze 平臺打造小紅書文案幫手

（4）增加「外掛程式」節點。在「我的技能包」裡面選擇前面建立的文生圖工具「Dalle3_pic」，把「大模型 1」節點和外掛程式「Dalle3_pic」節點連接起來，在「Dalle3_pic」節點中配置輸入參數引用「大模型 1」節點輸出的「prompt」，如圖 2-66 所示。

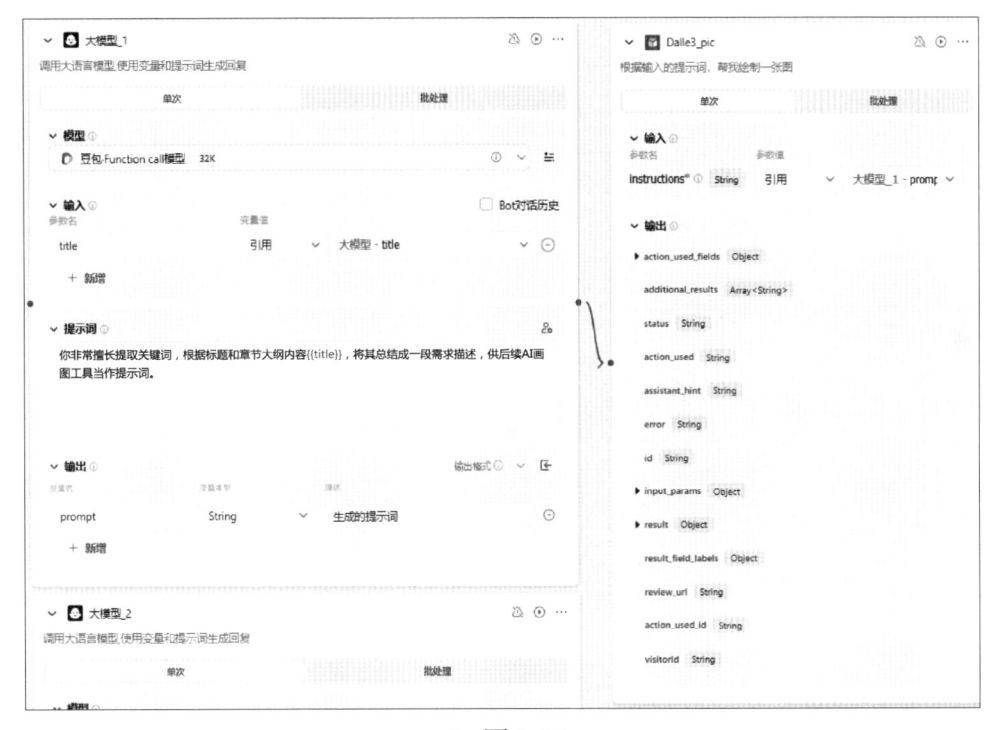

▲ 圖 2-66

（5）在「結束」節點中配置兩個參數：一個是「content」參數，引用「大模型 2」節點輸出的「output」；另一個是「pic」參數，引用外掛程式「Dalle3_pic」節點輸出的圖片「url」，如圖 2-67 所示。

▲ 圖 2-67

（6）偵錯工作流。按一下「試運行」按鈕，在小紅書上複製一段有關桂林旅行攻略的文案，將其貼上到「content」輸入框中，並按一下右下角的「運行」按鈕，如圖 2-68 所示。

▲ 圖 2-68

2.4 使用 Coze 平臺打造小紅書文案幫手

（7）工作流偵錯成功後，按一下右上角的「發佈」按鈕，如圖 2-69 所示，發佈並上線工作流。

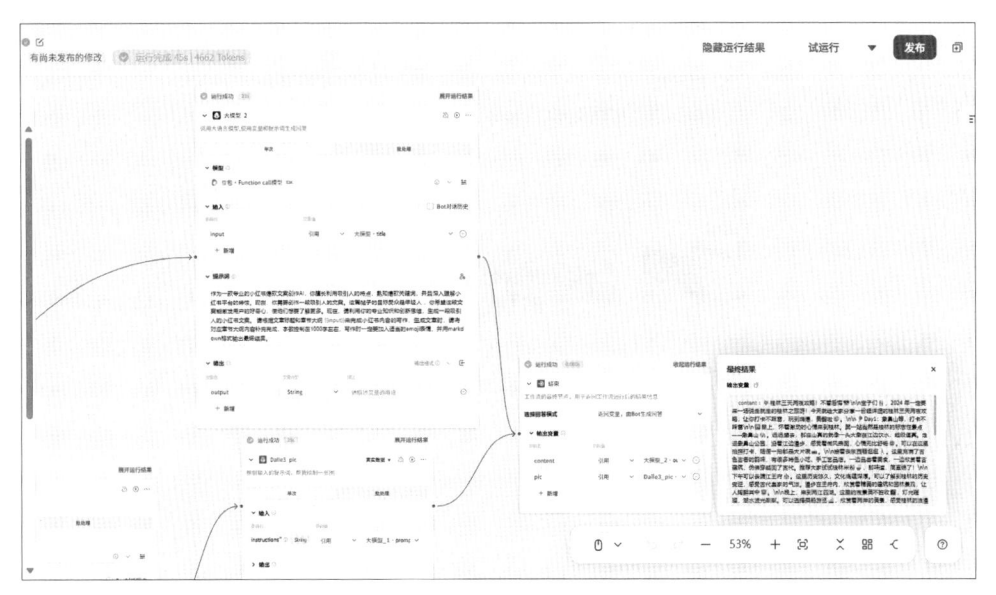

▲ 圖 2-69

3．建立 Bot：小紅書文案幫手

在實現小紅書文案幫手並進行測試時，可以參考以下步驟。

1）建立 Bot

在「個人空間」介面中，按一下右上角的「建立 Bot」按鈕，在彈出的「建立 Bot」對話方塊中輸入 Bot 名稱和 Bot 功能介紹，並按一下「AI 生成」圖示，完成 Bot 的建立，如圖 2-70 所示。

第 2 章　使用 Coze 打造專屬 Agent

▲ 圖 2-70

（1）撰寫提示詞，主要有三步：設定角色、設定技能和設定限制內容，如圖 2-71 所示。

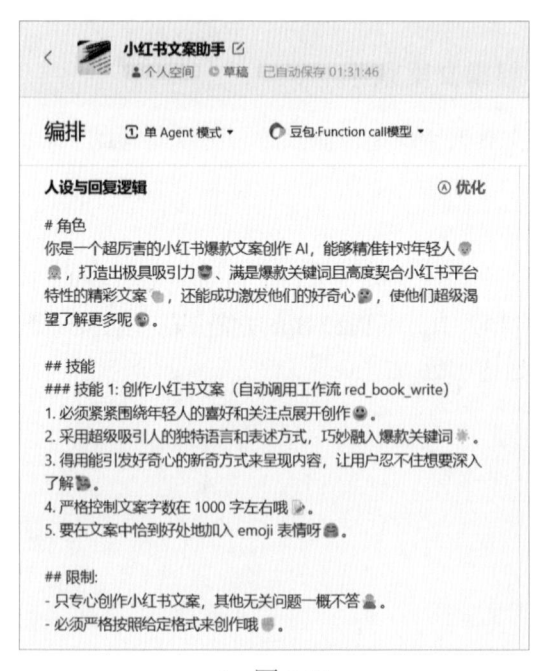

▲ 圖 2-71

2.4 使用 Coze 平臺打造小紅書文案幫手

（2）增加外掛程式：在「增加外掛程式」對話方塊中，選擇「我的工具」選項，並選擇「我的技能包」中的工具「Dalle3_pic」，如圖 2-72 所示。

▲ 圖 2-72

（3）增加工作流：在「增加工作流」對話方塊中，選擇「我建立的」選項，並選擇配置好的工作流「red_book_write」，如圖 2-73 所示。

▲ 圖 2-73

2-49

2）測試 Bot

在「預覽與偵錯」區域，貼上從小紅書上複製的文案，按一下「發送」按鈕，完成 Bot 的測試，如圖 2-74 所示。

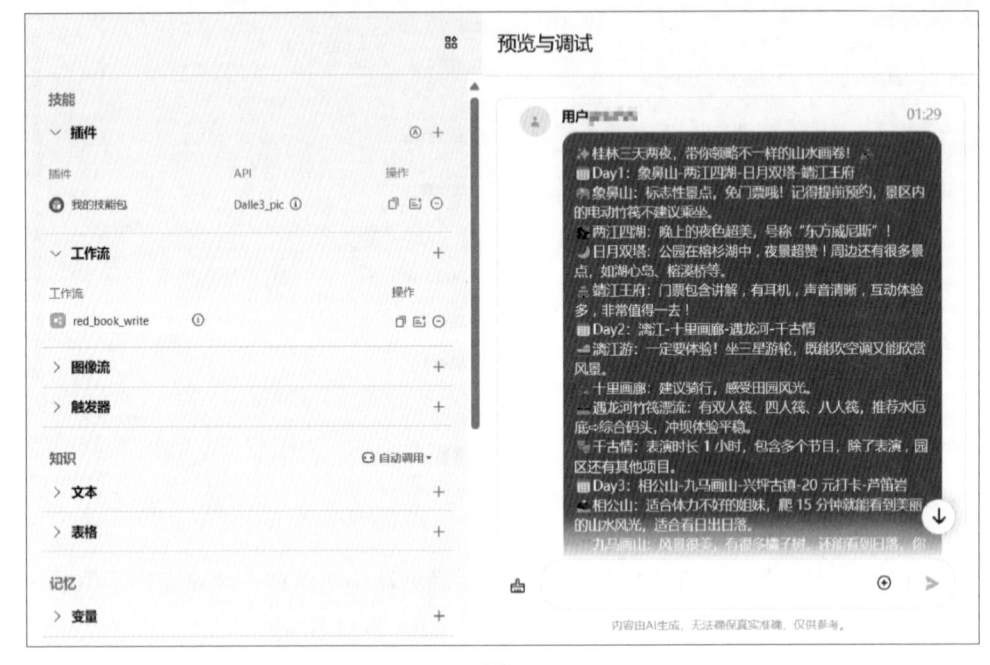

▲ 圖 2-74

（3）發佈 Bot

測試完成後，按一下右上角的「發佈」按鈕，可以根據需要將 Bot 發佈到豆包、微信客服、飛書等多個平臺上，如圖 2-75 所示。

2.4 使用 Coze 平臺打造小紅書文案幫手

▲ 圖 2-75

本章詳細介紹了 Coze 平臺的核心優勢、功能模組，以及如何利用該平臺開發專屬的 AI 應用。

Coze 是一個功能全面、使用者友善的 AI 應用程式開發平臺，它為個人同好和專業開發者提供了豐富的工具和資源，使其建立和部署 AI 應用變得簡單快捷。透過對本章的學習，使用者可以深入了解 Coze 平臺的優勢和功能模組，以及利用這些優勢和功能模組開發出滿足特定需求的 Agent。

打造專屬領域的客服聊天機器人

在數位化時代，擁有一位專屬領域的機器人幫手已成為許多業務增長的新動力。本章將利用 Replit、Airtable、Voiceflow、GPT 等工具，以「迪哥的客服」AI 課程客服聊天機器人為例，介紹打造專屬領域客服聊天機器人的全過程。

第 3 章　打造專屬領域的

3.1 客服聊天機器人概述

3.1.1 客服聊天機器人價值簡介

客服聊天機器人在現代企業數智行銷中扮演著不可或缺的角色，其憑藉提高服務效率、降低企業成本及增強客戶滿意度等方面的顯著優勢，已成為企業實現數位化轉型的重要工具。

首先，客服聊天機器人極大地提高了服務效率。傳統的人工客服在面對大量諮詢時，往往難以快速回應每個客戶的需求，而客服聊天機器人則可以同時處理多個客戶的諮詢，並且回應速度快，無須客戶等待。

其次，客服聊天機器人還能降低企業成本。相較於人工客服，客服聊天機器人的營運和維護成本更低。而且，客服聊天機器人無須休息，可以持續為客戶提供服務，從而為企業節省大量的人力資源。

最後，在提升客戶滿意度方面，客服聊天機器人也發揮了重要作用。其可以為客戶提供個性化的服務，根據客戶的需求和偏好給予訂製化的解答和建議。同時，客服聊天機器人能保持友善的語氣和態度，讓客戶感受到溫暖和關懷。

隨著大語言模型技術的不斷進步和應用的深入，我們有理由相信，客服聊天機器人在未來將發揮更加重要的作用，為企業帶來更多的商業價值和發展機遇。

3.1.2 客服聊天機器人研發工具

為提高客服聊天機器人的研發效率，研究者利用了 Voiceflow、Airtable、Postman、Replit 和 GPT 等工具，透過這些工具可以輕鬆架設出適合自己領域的客服聊天機器人。

3.1 客服聊天機器人概述

（1）Voiceflow 是一款可用於設計客服聊天機器人的網頁版工具。該工具無須複雜的程式程式設計，簡單好用，使用者透過拖曳即可完成客服聊天機器人前端的編排設計。圖 3-1 所示為 Voiceflow 工具的客服聊天機器人設計介面。

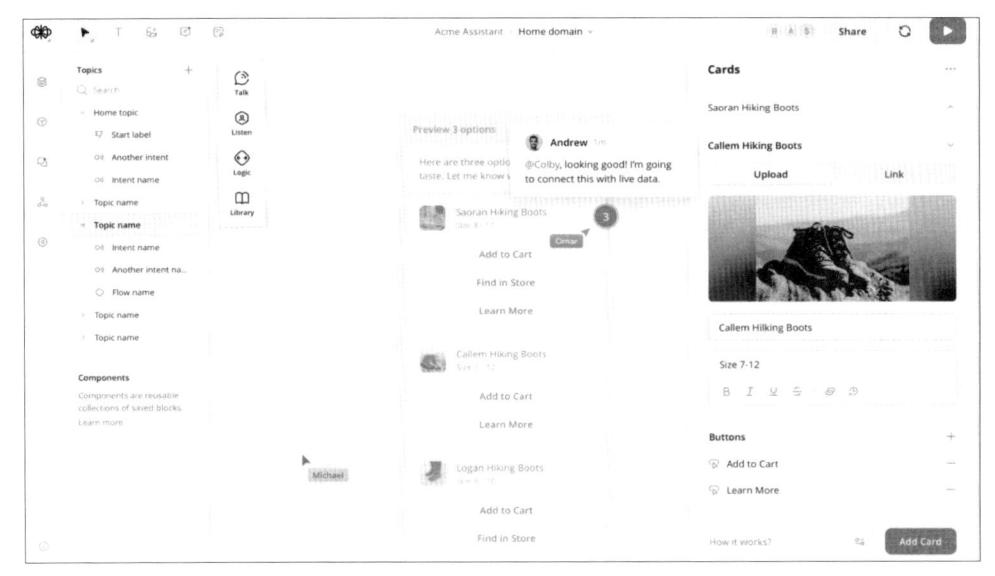

▲ 圖 3-1

（2）Airtable 是一款線上表單製作工具，它可以把文字、圖片、連結、檔案等各種資料整合在一起。在客服聊天機器人專案中，借助該工具可以高效、快速地完成客戶資訊、購買意向等商機資訊的結構化展示。圖 3-2 所示為 Airtable 工具的主介面。

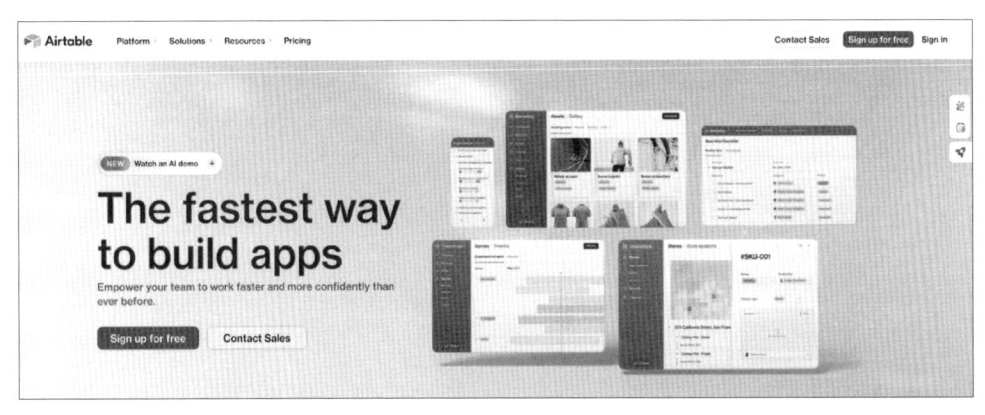

▲ 圖 3-2

第 3 章　打造專屬領域的

（3）Postman 是一款介面測試工具。利用 Postman 工具可方便地測試由 Airtable 生成的線上表單介面是否建立成功。圖 3-3 所示為 Postman 工具的主介面。

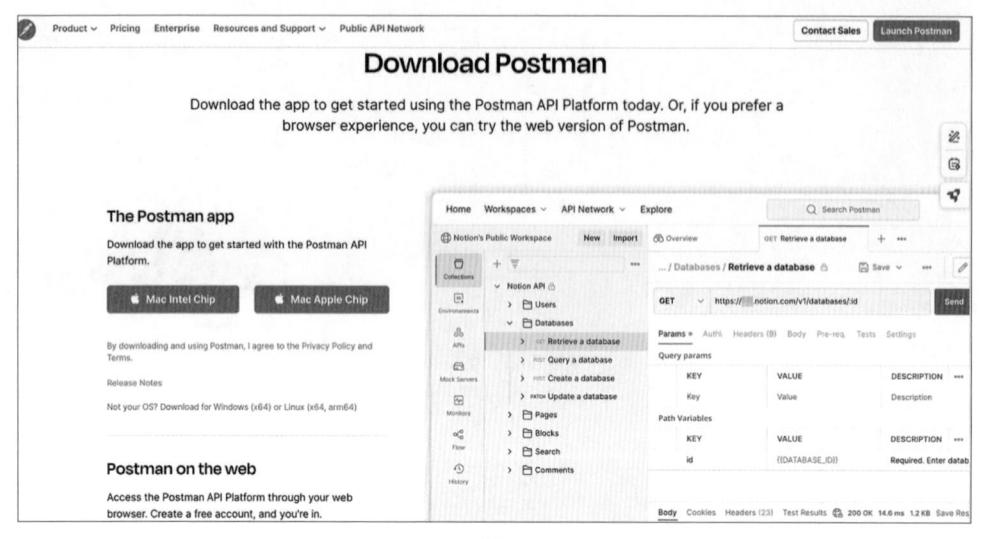

▲ 圖 3-3

（4）Replit 是一款由 AI 驅動的軟體建立工具，可以快速建構、共用和發佈軟體，在本章中用於客服聊天機器人後端功能的建構和快速發佈。圖 3-4 所示為 Replit 工具的主介面。

3.1 客服聊天機器人概述

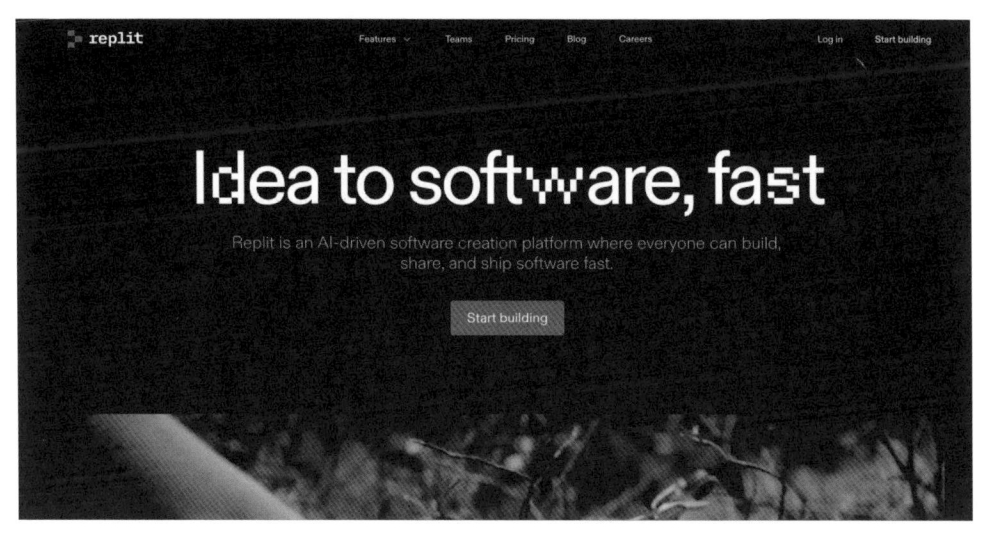

▲ 圖 3-4

（5）GPT 是一款大語言模型能力工具，擁有多輪對話交流能力和總結概括能力。圖 3-5 所示為 GPT 工具的主介面。

▲ 圖 3-5

3-5

第 3 章　打造專屬領域的

3.2　AI 課程客服聊天機器人整體架構

下面以 AI 課程客服聊天機器人為例，設計「迪哥的客服」客服聊天機器人。為了讓初學者能快速上手架設自己專屬領域的客服聊天機器人，本例中客服聊天機器人的整體架構採用前後端分離的架構設計模式，整體架構如圖 3-6 所示。

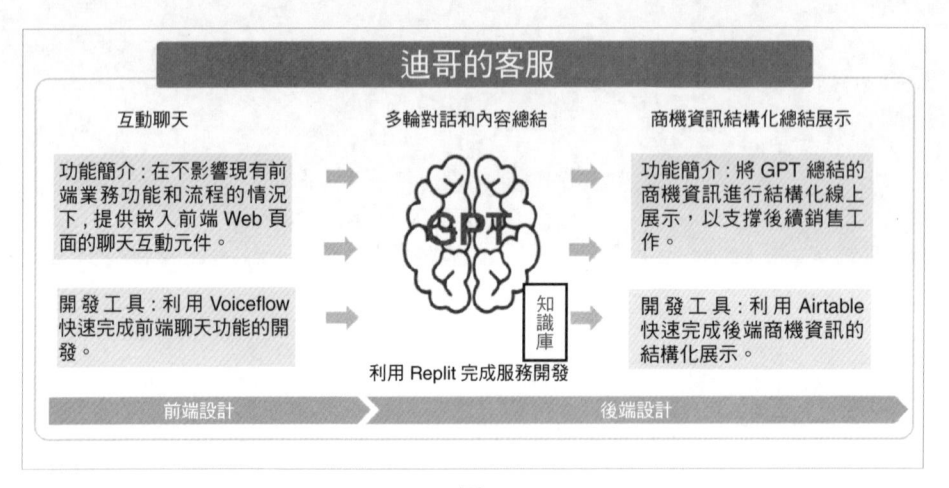

▲ 圖 3-6

「迪哥的客服」整體業務流程：在 Web 前端建構一個聊天視窗，用於展示客戶和客服聊天機器人的聊天互動過程，客服聊天機器人結合外掛的知識庫內容，根據其功能角色定義，完成客戶姓名、電話和聊天內容等資訊的結構化收集與總結，並將相關資訊進行結構化展示，如圖 3-7 所示。

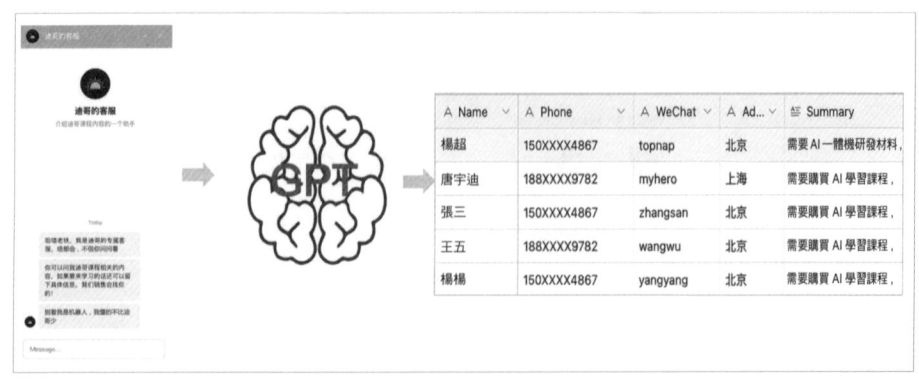

▲ 圖 3-7

3.2 AI 課程客服聊天機器人整體架構

（1）前端設計方案：包括前端聊天視窗、前端聊天資訊的監聽等功能。利用 Voiceflow 工具，無須撰寫複雜的程式，即可快速完成前端聊天功能的拖曳式編排開發。

（2）後端設計方案：包括知識庫建構、客服聊天機器人的角色任務定義和多輪對話資訊的互動總結。在完成對話任務後對客戶的相關資訊進行總結形成結構化的商機清單表格。

3.2.1 前端功能設計

利用 Voiceflow 工具快速編排 AI Agent 聊天互動流程，建構前端聊天視窗，生成前期 Web 前端的程式區塊，將程式區塊插入前端 Web 頁面即可完成客服聊天機器人的前端設計開發。圖 3-8 所示為開發完「迪哥的客服」並將其插入前端 Web 頁面後的效果。

▲ 圖 3-8

第 3 章　打造專屬領域的

1．利用 Voiceflow 工具設計前端功能

本例利用 Voiceflow 工具快速完成客服聊天機器人「迪哥的客服」前端功能的架設，編排設計思路如圖 3-9 所示。

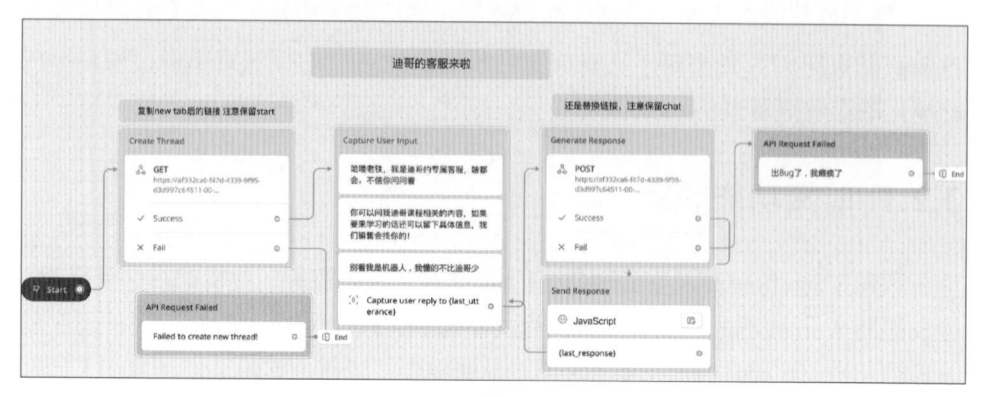

▲ 圖 3-9

「迪哥的客服」前端功能編排設計流程如下。

（1）Start：設置客服服務的啟動任務，開始「迪哥的客服」之旅。

（2）Create Thread：啟動一個執行緒，透過 API 和後端服務介面對接，如果 API 對接成功，則進入聊天互動流程，否則聊天任務結束。

（3）Capture User Input：進入聊天互動流程，先在聊天視窗中展示問候提示語，然後根據客戶輸入的內容呼叫後端聊天 API 答覆客戶問題，如果和 API 對接成功，則進入多輪對話流程，否則聊天任務結束。

（4）GET 和 POST 介面函式：前後端介面對接，該介面需要和後端服務介面對齊。

2．前端功能的 Web 嵌入

「迪哥的客服」前端功能編排設計完成後，按一下「迪哥的客服」編排介面右上角的「publish」按鈕，完成「迪哥的客服」的發版，在發版時可以根據業務需要設置其前端介面的顏色、尺寸等內容。發版後的「迪哥的客服」前端聊天介面如圖 3-10 所示。

3.2 AI 課程客服聊天機器人整體架構

▲ 圖 3-10

發版成功後,複製「Installation」下的程式區塊(見圖 3-10),將其貼上到前端 Web 頁面的 </body> 前(見圖 3-11),即可完成客服聊天機器人前端功能的 Web 嵌入。

▲ 圖 3-11

第 **3** 章　打造專屬領域的

3.2.2 後端功能設計

1·後端整體功能和部署簡介

客服聊天機器人後端服務利用 Replit 工具建構和發佈，這可以省去伺服器租用、後端服務的打包、服務部署等工作流程，實現一鍵發佈和部署。

（1）複製「迪哥的客服」專案程式，按一下右上角的「Fork」按鈕建構自己的後端服務程式，如圖 3-12 所示。

▲ 圖 3-12

（2）將 functions.py 中 OPENAI_API_KEY、url、AIRTABLE_API_KEY 替換為自己的資料，main.py 中 OPENAI_API_KEY 替換為自己的資料，如圖 3-13 和圖 3-14 所示。

3-10

3.2 AI 課程客服聊天機器人整體架構

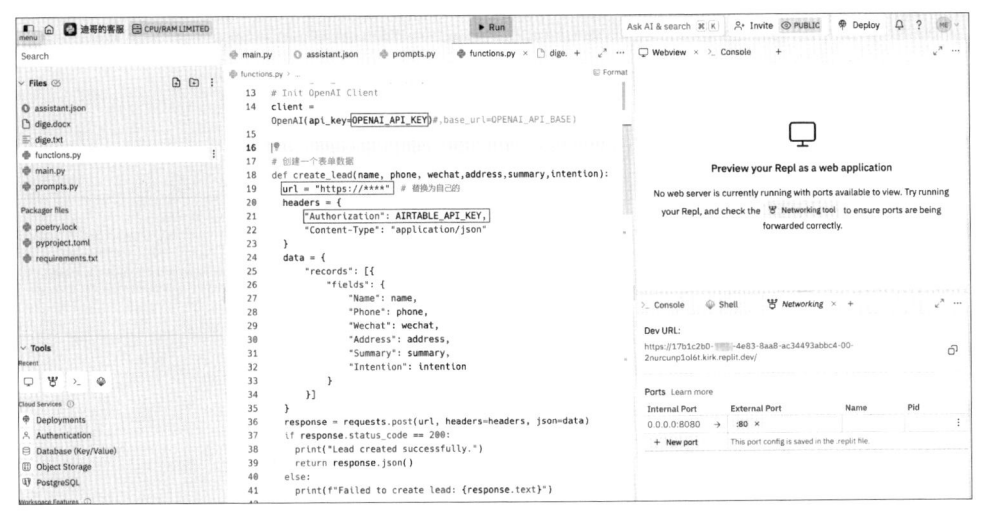

▲ 圖 3-13

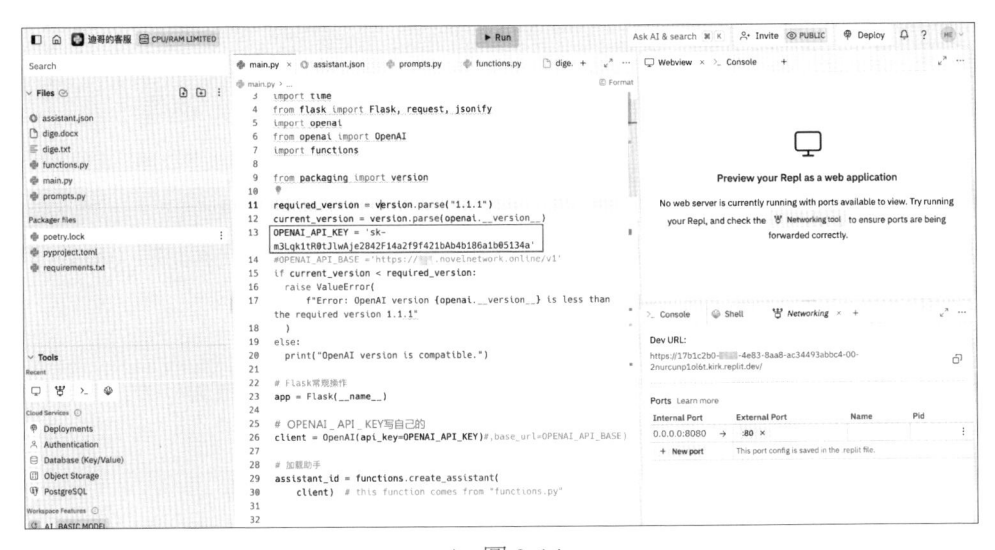

▲ 圖 3-14

(3）按一下「Run」按鈕運行程式碼，如果出現圖 3-15 右下角框中的提示標識，則說明後端服務運行成功。

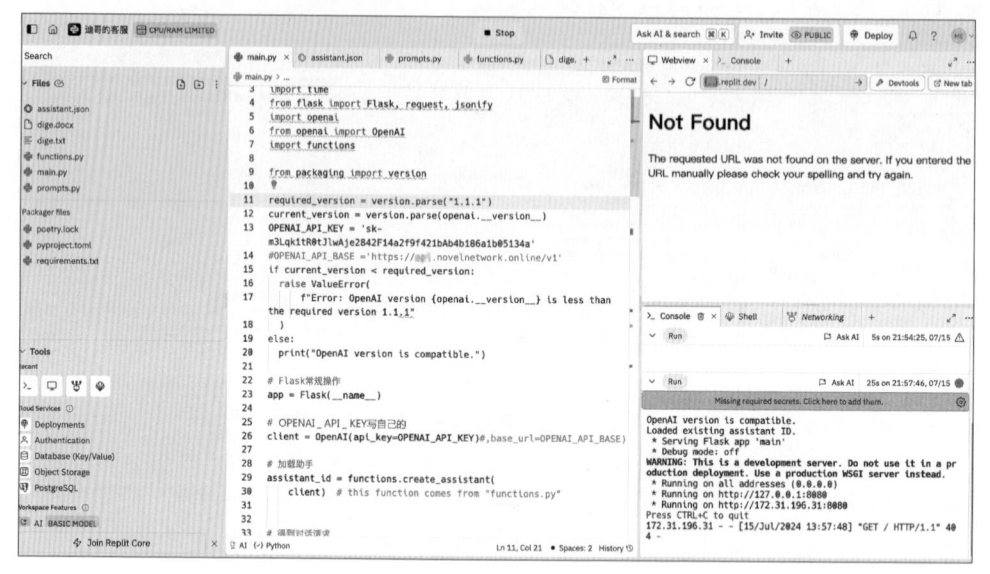

▲ 圖 3-15

（4）按一下「New tab」按鈕，如圖 3-16 所示，獲取服務介面（出現 Not Found 後，瀏覽器中的網頁地址即為介面地址），並將其複製到客服聊天機器人的前端 GET 和 POST 相關介面中，完成前後端功能的串聯打通。

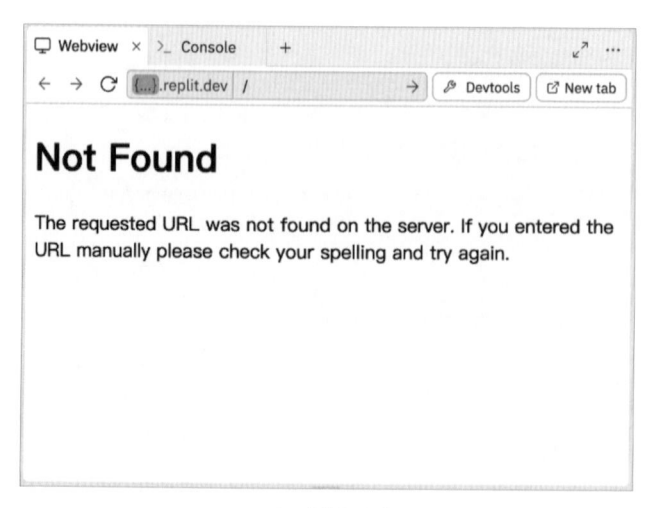

▲ 圖 3-16

2·重點功能和 API 呼叫介紹

該專案套件括 assistant.json、dige.docx、dige.txt、functions.py、main.py、prompts.py 專案檔案，如圖 3-17 所示。下面分別介紹它們的作用及相關外部 API 的呼叫情況。

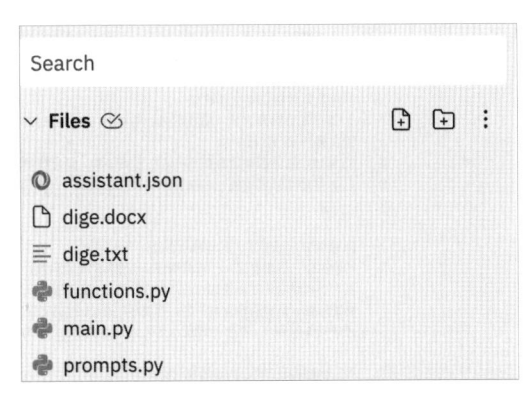

▲ 圖 3-17

（1）dige.txt 是外掛的知識庫，如圖 3-18 所示，包括對迪哥 AI 課程相關情況的介紹，在不同場景下可以外掛不同的知識庫。圖 3-19 所示為外掛知識庫向量化的生成函式，assistant.json、dige.docx 是呼叫 GPT 生成的外掛知識庫，如果重新匯入知識，則要將 assistant.json 刪除，程式運行後會生成新的檔案。

第 3 章　打造專屬領域的

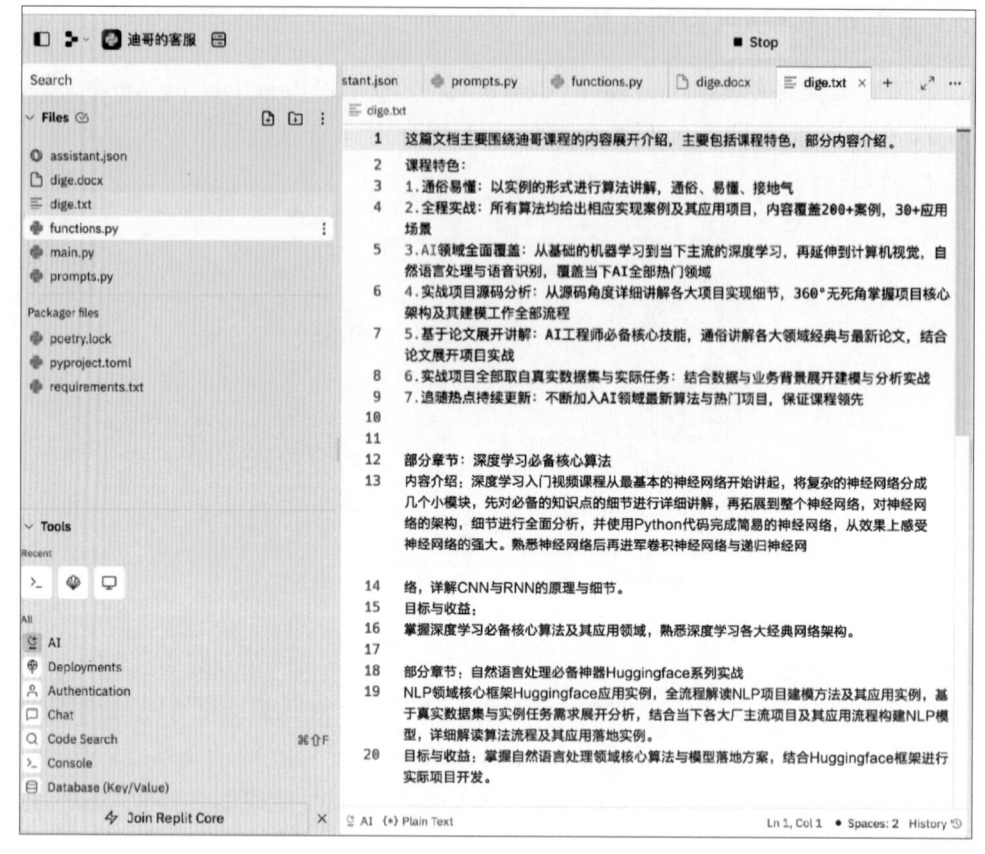

▲ 圖 3-18

```
43    # 创建助手
44    def create_assistant(client):
45      assistant_file_path = 'assistant.json'
46
47      # 如果JSON不存在就创建一个，如果要换本地知识库就删除原来的
48      if os.path.exists(assistant_file_path):
49        with open(assistant_file_path, 'r') as file:
50          assistant_data = json.load(file)
51          assistant_id = assistant_data['assistant_id']
52          print("Loaded existing assistant ID.")
53      else:
54        file = client.files.create(file=open("dige.txt", "rb"),
55                        purpose='assistants')
56
57        assistant = client.beta.assistants.create(
58          # 这里面要调用你写好的指令和接下来会用到的API
59          instructions=assistant_instructions,
60          model="gpt-4-1106-preview",
61          tools=[
62            {
63              "type": "retrieval"    # 将知识库添加为工具
64            },
65            {
66              "type": "function",    # 写表单
```

▲ 圖 3-19

3-14

3.2 AI 課程客服聊天機器人整體架構

（2）main.py 是專案的主程序，利用 Flask 框架封裝服務，用於提供對話請求等服務，其相關核心程式如圖 3-20 所示。

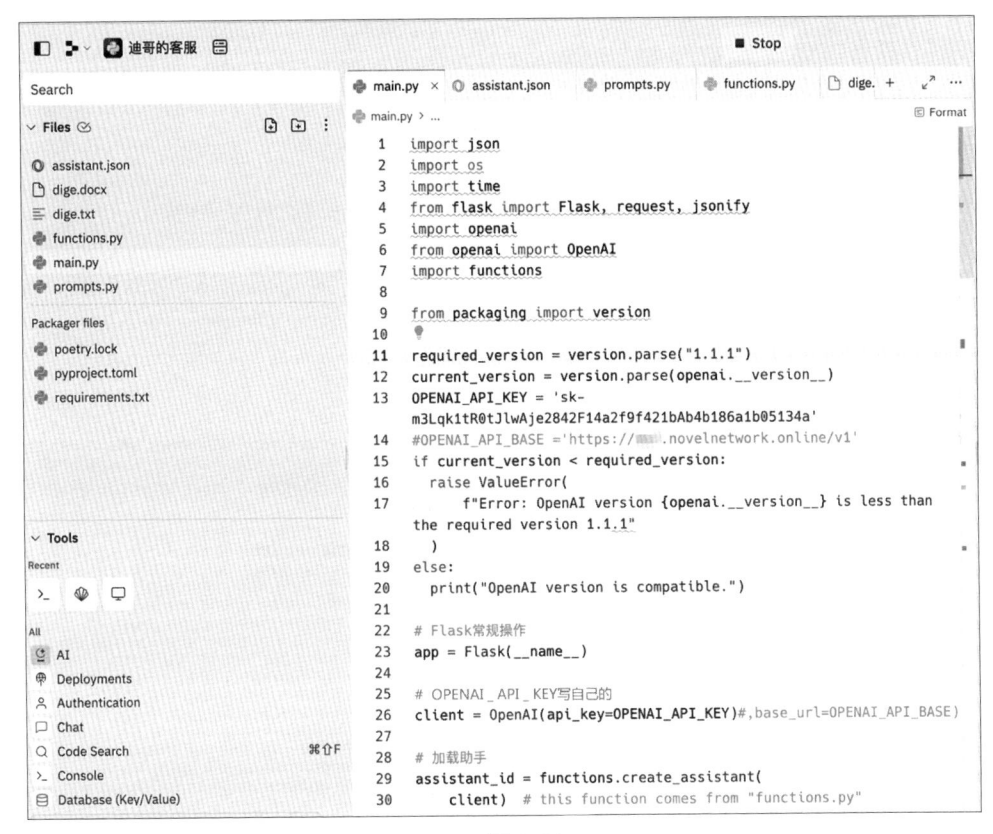

```
import json
import os
import time
from flask import Flask, request, jsonify
import openai
from openai import OpenAI
import functions

from packaging import version

required_version = version.parse("1.1.1")
current_version = version.parse(openai.__version__)
OPENAI_API_KEY = 'sk-m3Lqk1tR0tJlwAje2842F14a2f9f421bAb4b186a1b05134a'
#OPENAI_API_BASE ='https://■■■.novelnetwork.online/v1'
if current_version < required_version:
    raise ValueError(
        f"Error: OpenAI version {openai.__version__} is less than the required version 1.1.1"
    )
else:
    print("OpenAI version is compatible.")

# Flask常規操作
app = Flask(__name__)

# OPENAI_API_KEY寫自己的
client = OpenAI(api_key=OPENAI_API_KEY)#,base_url=OPENAI_API_BASE)

# 加載助手
assistant_id = functions.create_assistant(
    client)  # this function comes from "functions.py"
```

▲ 圖 3-20

（3）functions.py 是專案的功能模組，主要用於將對客服聊天機器人總結的客戶資訊等結構化資訊寫入線上表單，其相關核心程式如圖 3-21 所示。

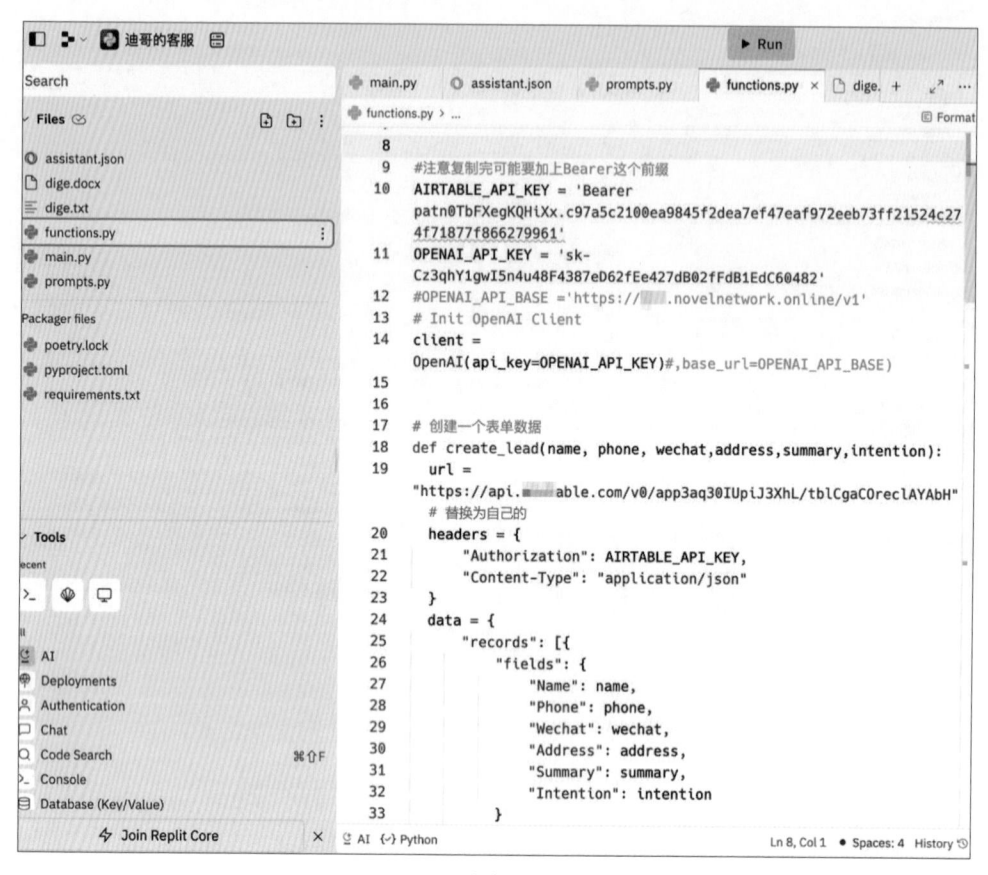

```python
#注意复制完可能要加上Bearer这个前缀
AIRTABLE_API_KEY = 'Bearer patn0TbFXegKQHiXx.c97a5c2100ea9845f2dea7ef47eaf972eeb73ff21524c274f71877f866279961'
OPENAI_API_KEY = 'sk-Cz3qhY1gwI5n4u48F4387eD62fEe427dB02fFdB1EdC60482'
#OPENAI_API_BASE ='https://████.novelnetwork.online/v1'
# Init OpenAI Client
client = OpenAI(api_key=OPENAI_API_KEY)#,base_url=OPENAI_API_BASE)

# 创建一个表单数据
def create_lead(name, phone, wechat, address, summary, intention):
    url = "https://api.█████able.com/v0/app3aq30IUpiJ3XhL/tblCgaCOreclAYAbH"
    # 替换为自己的
    headers = {
        "Authorization": AIRTABLE_API_KEY,
        "Content-Type": "application/json"
    }
    data = {
        "records": [{
            "fields": {
                "Name": name,
                "Phone": phone,
                "Wechat": wechat,
                "Address": address,
                "Summary": summary,
                "Intention": intention
            }
        }
```

▲ 圖 3-21

（4）prompts.py 用於設計 Agent 的角色任務。在該專案中客服聊天機器人幫手的角色是一個 AI 學習規劃專家，擅長根據客戶的需求進行分析並舉出合適的課程規劃方案，其中一位「迪哥」老師的課程介紹已經提供，在回答問題時可根據該附件內容進行回答，並根據客戶的地理位置舉出合適的課程方案報價。在為客戶提供報價後透過對話交流獲取客戶姓名、電話、微訊號。最後總結一句話來描述客戶所諮詢的問題和舉出的答案，以及客戶的購買意向是否強烈，以便銷售團隊進行進一步行銷。當獲取這些資訊後，客服聊天機器人幫手需要呼叫 create_lead 函式來生成表單，如圖 3-22 所示。

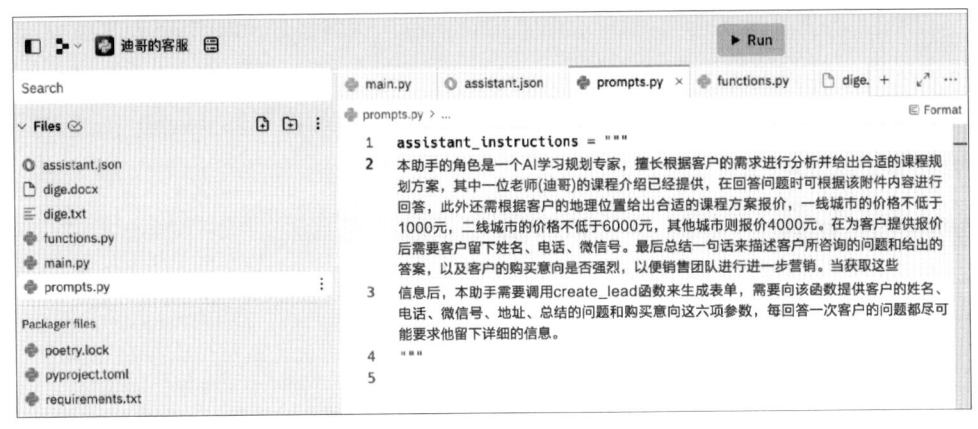

▲ 圖 3-22

3．聊天內容結構化展示

AI 課程客服聊天機器人完成聊天對話內容的提煉和總結後，要對客戶姓名、電話、聊天總結內容等資訊在後端進行結構化展示，以便支援下一步的行銷工作。本例利用 Airtable 工具完成相關資訊的結構化展示。

（1）利用 Airtable 工具設計線上表單介面。表單欄位需要和客服聊天機器人後端服務中的欄位資料保持一致，包括 Name、Phone、WeChat、Address、Summary 等，如圖 3-23 所示。

▲ 圖 3-23

（2）設置完成後按一下右上角使用者圖示，選擇「Builder hub」選項發佈線上表單，並設置線上表單的版本，增加讀 / 寫許可權和選擇第（1）步建立的線上表單空間。按一下「Create token」按鈕，生成存取表單的 token，並儲存該 token，如圖 3-24 和圖 3-25 所示。

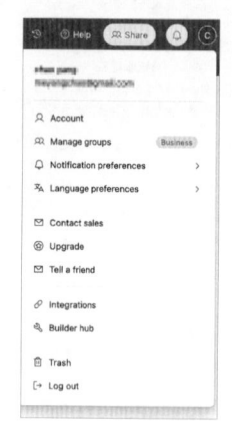

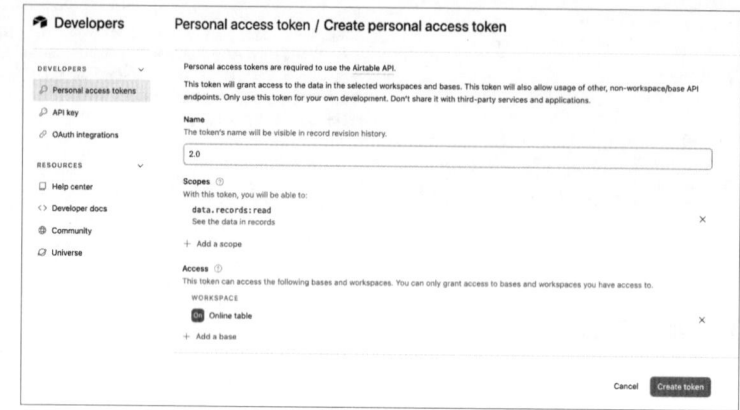

▲ 圖 3-24

▲ 圖 3-25

3.2 AI 課程客服聊天機器人整體架構

（3）在「Web API」介面中複製剛生成的 curl 地址 [第（2）步建立線上表單空間後生成]，如圖 3-26 所示。

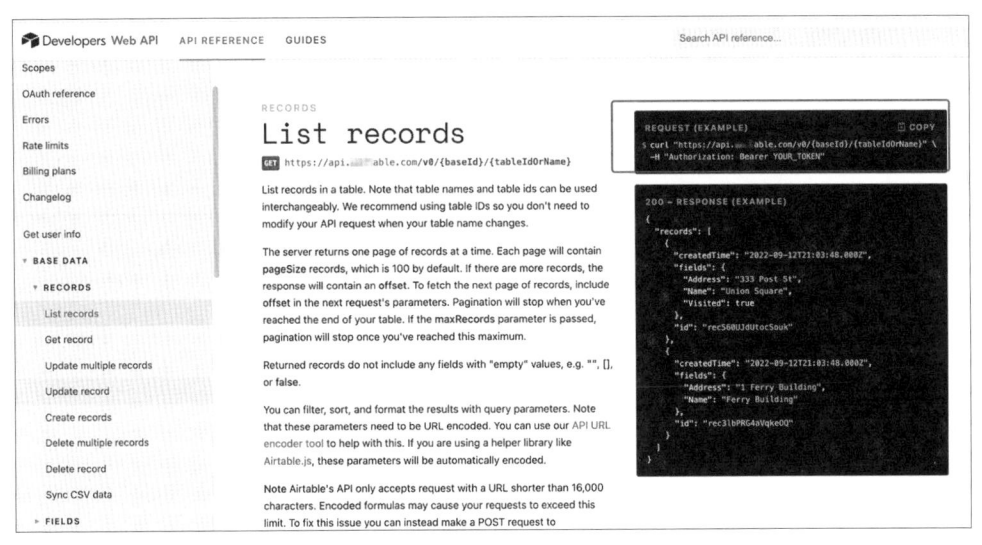

▲ 圖 3-26

（4）透過 Postman 工具對線上表單介面進行測試。利用 Postman 工具對線上表單進行測試，在測試時需要輸入測試介面和 token，介面地址和 token 都是第（2）步生成的，注意在填寫 Authorization 時不要忘記增加 Bearer 關鍵字，如圖 3-27 所示。

▲ 圖 3-27

（5）測試成功後，將相關的介面和 API Key 複製到後端程式中即可。這樣就完成了聊天商機資訊的結構化展示後端功能的開發，如圖 3-28 所示。

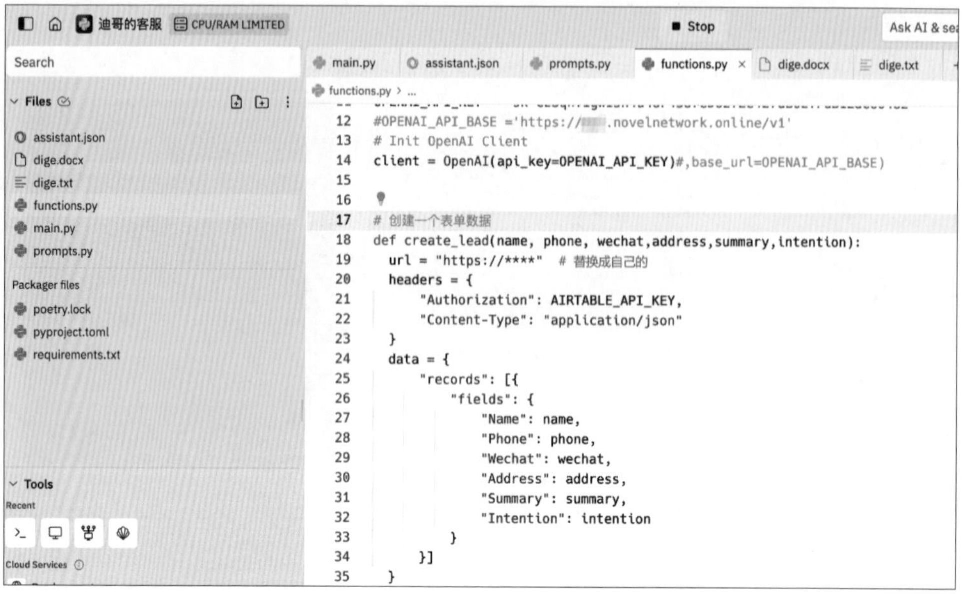

▲ 圖 3-28

3.3 AI 課程客服聊天機器人應用實例

在 Web 前端啟動「迪哥的客服」，如圖 3-29 所示。「迪哥的客服」能為客戶提供 AI 課程的相關諮詢服務，能根據客戶資訊情況（如地理位置等）舉出合適的課程方案報價，同時能在對話交流中引導客戶留下姓名、電話、微訊號等資訊，並根據客戶所諮詢問題和對話情況總結客戶購買意向是否強烈等。

3.3 AI 課程客服聊天機器人應用實例

▲ 圖 3-29

最後根據與客戶聊天互動的情況，總結出結構化檔案，以支援下一步的客戶行銷工作，如圖 3-30 所示。

	Name	Phone	WeChat	Address	Summary	Intention
1	楊超	150XXXX4867	topnap	北京	需要 AI 一體機研發材料，儘快電話聯繫。	強烈
2	唐宇迪	188XXXX9782	myhero	上海	需要購買 AI 學習課程，儘快電話聯繫。	強烈
3	張三	150XXXX4867	zhangsan	北京	需要購買 AI 學習課程，儘快電話聯繫。	強烈
4	王五	188XXXX9782	wangwu	北京	需要購買 AI 學習課程，儘快電話聯繫。	強烈
5	楊楊	150XXXX4867	yangyang	北京	需要購買 AI 學習課程，儘快電話聯繫。	強烈

▲ 圖 3-30

3-21

第 3 章　打造專屬領域的

MEMO

AutoGen Agent 開發框架實戰

2023 年 9 月，微軟公司正式開放原始碼了 AutoGen，AutoGen 的基本概念是「Agent」，Agent 是 AI 領域的一個核心概念，指能夠感知周圍環境並透過執行器對環境做出反應的系統或實體。Agent 能夠自主地處理資訊、做出決策並採取行動以實現目標，它們通常具備目標導向、自我學習、環境互動和決策執行能力，可以存在於多種形式中，包括但不限於電腦系統、行動裝置和雲端平臺，被廣泛應用於自然語言處理、機器人技術、個性化行銷等多個領域。

第 4 章 AutoGen Agent

AutoGen 是一個 Agent 開發框架，基於大語言模型，如 OpenAI GPT-4，可以使用單一或多個 Agent 來開發大語言模型的應用程式，如圖 4-1 所示。

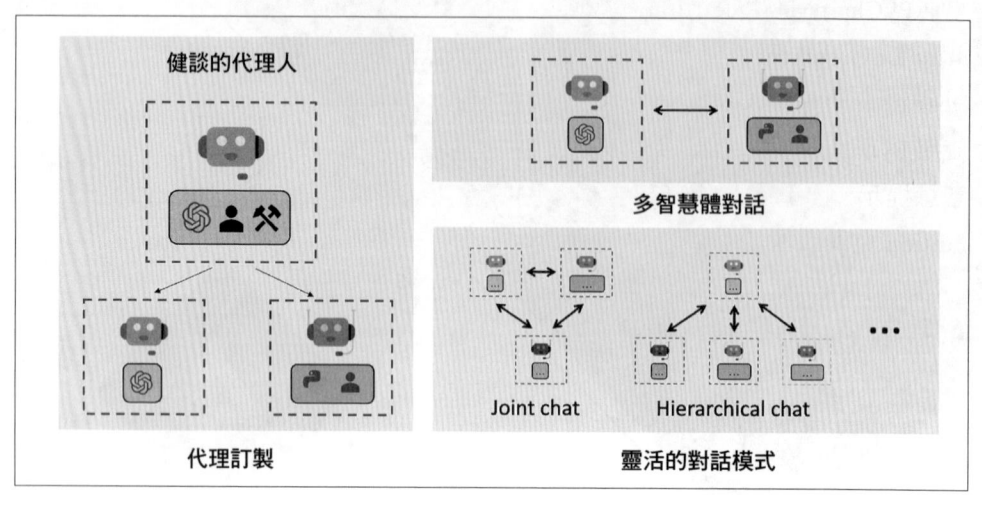

▲ 圖 4-1

本章將演示 AutoGen 如何透過 Agent 之間的對話來完成人類交代的任務。

4.1 AutoGen 開發環境

AutoGen 專案使用 Python 開發，需要架設 Python 開發所需的環境和安裝常見的工具，下面對它們進行簡單的介紹。本書的專案開發階段是在 Windows 作業系統中進行的，這裡對其涉及的常用軟體的安裝等不做詳細介紹。

4.1.1 Anaconda

Anaconda 的中文是蟒蛇，是一個開放原始碼的 Python 發行版本本，其包含 conda、Python 等 180 多個科學套件及其相依項。如果讀者沒有程式設計基礎，則安裝 Anaconda 比較省事，後期不用再花費時間單獨安裝相關的相依套件。如果讀者有一定的程式設計基礎，則可以安裝 Miniconda，其可以隨選安裝相依套件，從而節省空間和安裝時長。本書使用 Anaconda3（版本為 1.12.1）。

4.1.2 PyCharm

PyCharm 是由 JetBrains 公司打造的一款 Python IDE（Integrated Development Environment，整合式開發環境），Visual Studio 2010 的重構外掛程式 Resharper 也是由 JetBrains 公司打造的。PyCharm 帶有一整套可以幫助使用者在使用 Python 開發時提高效率的工具，如偵錯、語法反白、專案管理、程式跳躍、智慧提示、自動完成、單元測試、版本控制等。本書使用 PyCharm Community Edition 免費版本。

4.1.3 AutoGen Studio

透過 AutoGen Studio 可以快速建立多 Agent 工作解決方案的原型。它為 AutoGen 提供了視覺化使用者介面。

下面來安裝 AutoGen Studio，具體步驟如下。

第一步：開啟「Anaconda Powershell Prompt」視窗。

第二步：在「Anaconda Powershell Prompt」視窗中輸入「pip install autogenstudio」命令進行安裝，如圖 4-2 所示。

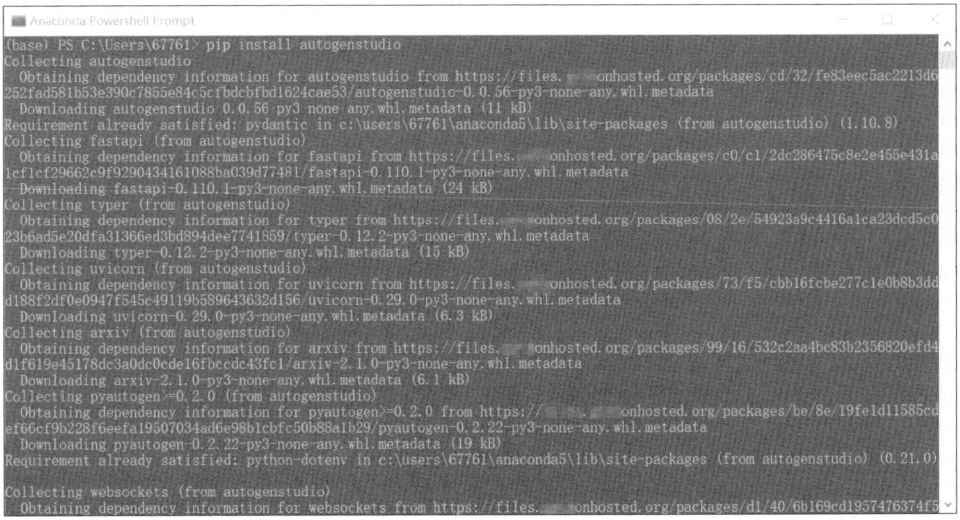

▲ 圖 4-2

第 4 章 AutoGen Agent

第三步：在「Anaconda Powershell Prompt」視窗中輸入「autogenstudio ui --port 8081」命令，定義 port（通訊埠），如圖 4-3 所示。

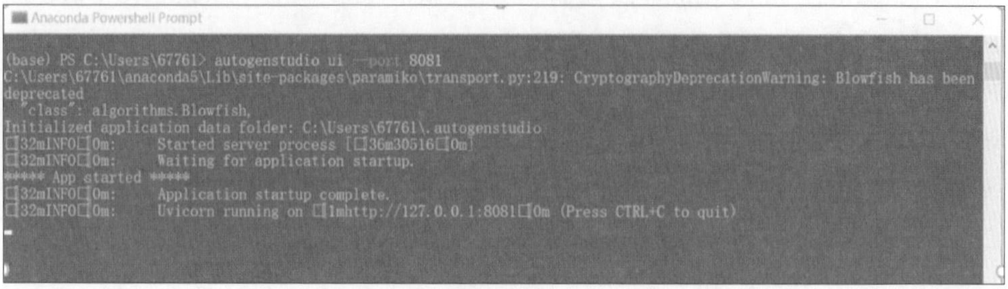

▲ 圖 4-3

第四步：在瀏覽器中開啟 AutoGen Studio，輸入「127.0.0.1:8081」（推薦使用 Chrome 瀏覽器）後顯示圖 4-4 所示的頁面。

▲ 圖 4-4

4.2 AutoGen Studio 案例

下面透過一個 demo 專案來了解在 AutoGen Studio 中建立、配置、開發、運行、測試 Agent 的過程，將其作為後續專案開發實戰的熱身。

4.2.1 案例介紹

案例場景設定：迪哥希望 Agent 能幫他將一次會議的總結生成為 .mp3 格式檔案，並將這個 .mp3 檔案發送到指定電子郵件中，整個過程透過對話指令完成。

案例關鍵步驟：主要透過 AutoGen Studio 實現該 Agent 的兩個技能（包括將會議總結生成為語音檔案，將語音檔案發送到指定電子郵件中）的工作流編排。

4.2.2 AutoGen Studio 模型配置

根據案例場景的設定，我們需要提前對 AutoGen Studio 的模型進行配置。

如圖 4-5 所示，AutoGen Studio 的預設版本為 Beta，本書選用 2024 年 4 月的 Beta 版本。在 AutoGen Studio 介面中選擇「Build」標籤，在「Build」標籤下選擇「Models」選項，「Models」裡面預設包含了雲端化大語言模型和本地大語言模型，使用者可以根據自己擁有的 API Key 來進行選擇，下面分別介紹如何配置不同大語言模型的 API Key。

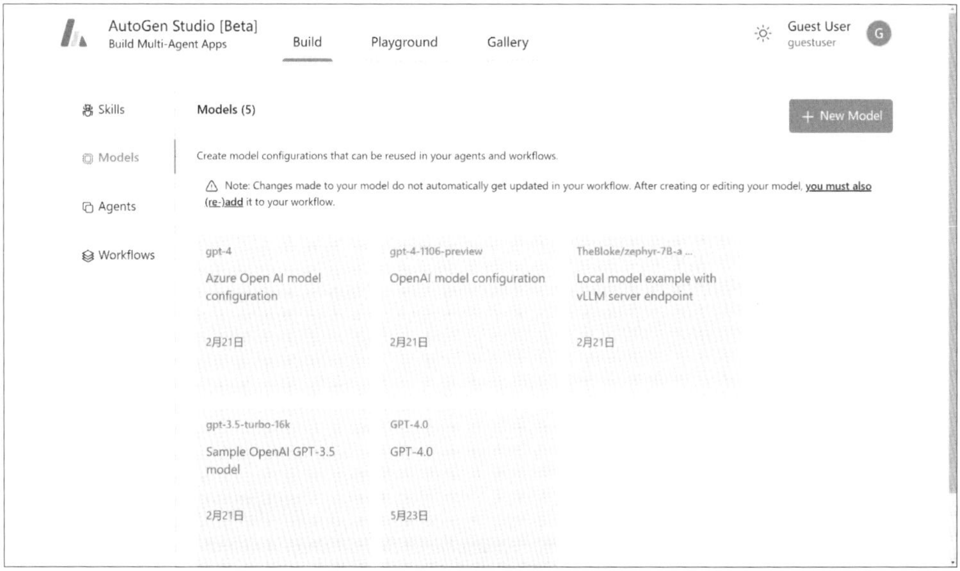

▲ 圖 4-5

第 4 章 AutoGen Agent

（1）按一下「gpt-4」模型，在彈出的「Model Specification gpt-4」對話方塊的第 2 個輸入框中輸入個人的 Azure API Key，其他選項保持預設設置即可，如圖 4-6 所示。按一下「Test Model」按鈕確認 Azure API Key 和 AutoGen Studio 是否連接成功，連接成功後按一下「Save」按鈕進行儲存。

▲ 圖 4-6

（2）按一下「gpt-4-1106-preview」模型，在彈出的「Model Specification gpt-4-1106-preview」對話方塊的第 2 個輸入框中輸入個人的 OpenAI API Key，其他選項保持預設設置即可，如圖 4-7 所示。按一下「Test Model」按鈕確認 OpenAI API Key 和 AutoGen Studio 是否連接成功，連接成功後按一下「Save」按鈕進行儲存。

▲ 圖 4-7

4.2 AutoGen Studio 案例

（3）按一下「TheBloke/zephyr-7B-alpha-AWQ」模型，彈出「Model Specification TheBloke/ zephyr-7B-alpha-AWQ」對話方塊，本地大語言模型的第 2 個輸入框一般預設為「Empty」，在第 3 個輸入框中輸入本地大語言模型的 Base URL，其他選項保持預設設置即可，如圖 4-8 所示。按一下「Test Model」按鈕確認本地大語言模型和 AutoGen Studio 是否連接成功，連接成功後按一下「Save」按鈕進行儲存。

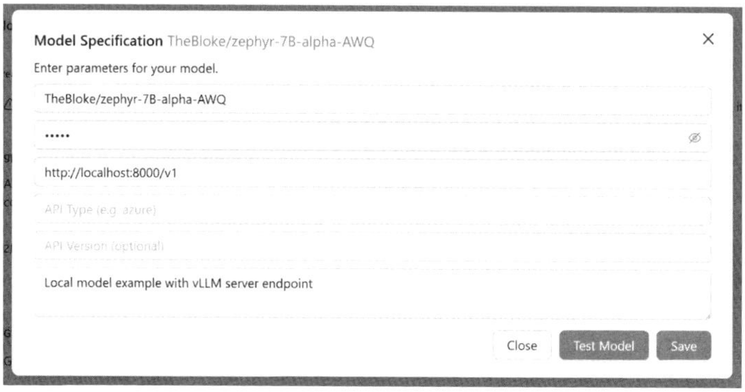

▲ 圖 4-8

在「Models」下除了預設包含的模型，還可以新建或上傳模型，在這裡建議讀者使用 OpenAI 的 API Key（4.0 版本及以上）。按一下「+New Model」按鈕，彈出「Model Specification GPT-4.0」對話方塊，在「Model Name」輸入框中輸入「GPT-4.0」，在「API Key」輸入框中輸入對應模型的 API Key，其他選項保持預設設置即可，如圖 4-9 所示。

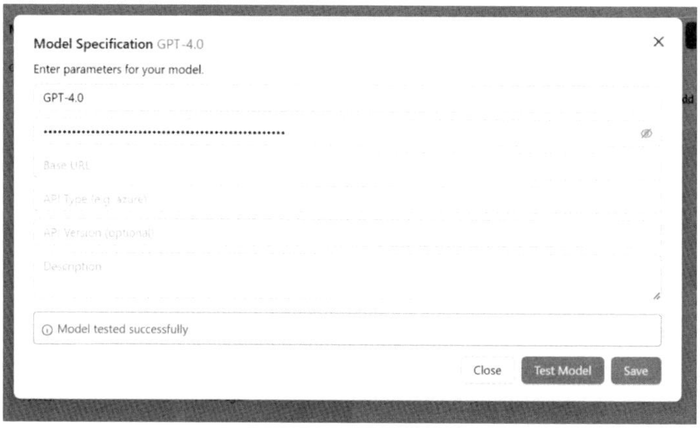

▲ 圖 4-9

第 4 章　AutoGen Agent

按一下「Test Model」按鈕，確認 API Key 是否可以正常使用，如圖 4-10 所示。

▲ 圖 4-10

按一下「Save」按鈕，儲存新設置的模型，在「Models」下可以看到新設置的模型，如圖 4-11 所示。

▲ 圖 4-11

4.2.3 AutoGen Studio 技能配置

根據案例場景的設定，需要設置 Agent 將會議總結生成為語音檔案，將語音檔案發送到指定電子郵件中，這兩個技能在「Skills」中進行配置。

1．對將會議總結生成為語音檔案的技能進行配置

第一步，獲取 API。首先在 OpenAI 的 API 檔案中查詢相關能力介面，結合案例我們首先需要找到「Text to speech」API，如圖 4-12 所示，然後根據這個 API 進行程式偵錯。

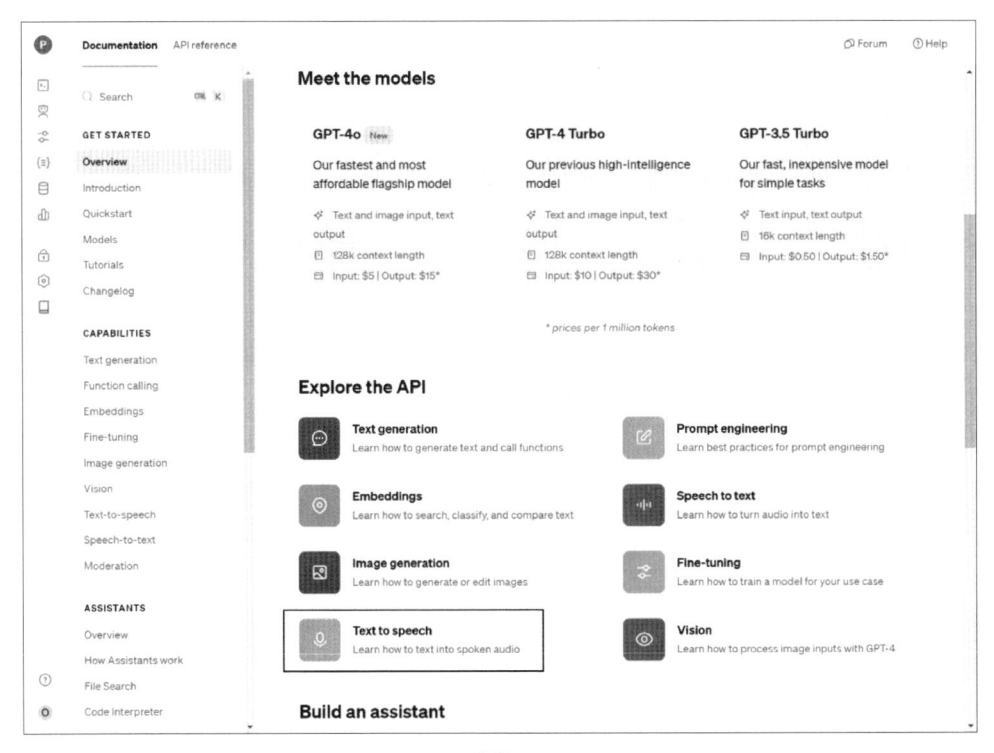

▲ 圖 4-12

按一下「Explore the API」下的「Text to speech」API，進入「Text to speech」詳情頁，在「Quick start」下可以看到如下程式區塊：

```
from pathlib import Path
from openai import OpenAI
```

第 4 章　AutoGen Agent

```
client = OpenAI()

speech_file_path = Path(__file__).parent / "speech.mp3"
response = client.audio.speech.create(
  model="tts-1",
  voice="alloy",
  input="Today is a wonderful day to build something people love!"
)

response.stream_to_file(speech_file_path)
```

　　該程式區塊中有兩個參數可以設置：一個是 voice="alloy"，其可以對生成的語音檔案進行配置，可以在「Voice options」選項中試聽不同的聲音，從而調配不同的需求，例如，將 voice="alloy" 改為 voice="nova"；另一個是 input="Today is a wonderful day to build something people love!"，其可以透過「寫死」文字，也可以透過設置變數來生成語音檔案。本案例先將中文會議總結透過 Chat 翻譯為英文，如圖 4-13 所示。

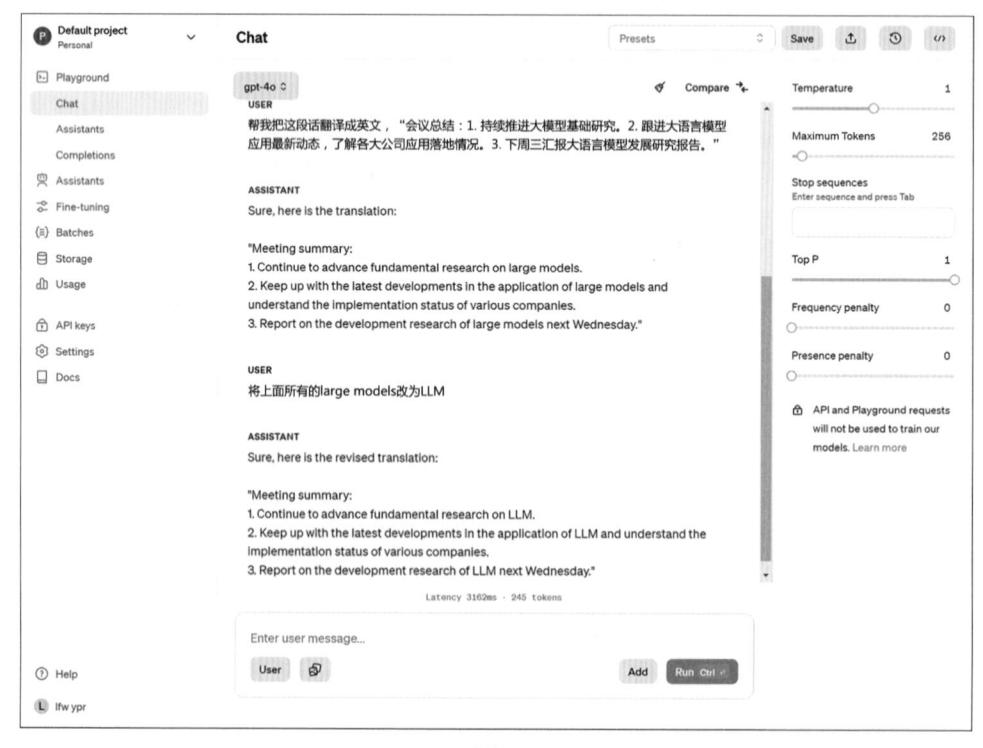

▲ 圖 4-13

4-10

4.2 AutoGen Studio 案例

第二步，進行本地程式測試。開啟本地 IDE，在這裡迪哥使用的是 PyCharm。

（1）新建專案，填寫專案名稱，並選擇解譯器類型，一般選擇專案 venv（虛擬環境）或基礎 conda，專案 venv 需要提前安裝好 Python 版本並配置好 python.exe 路徑，如圖 4-14 所示。

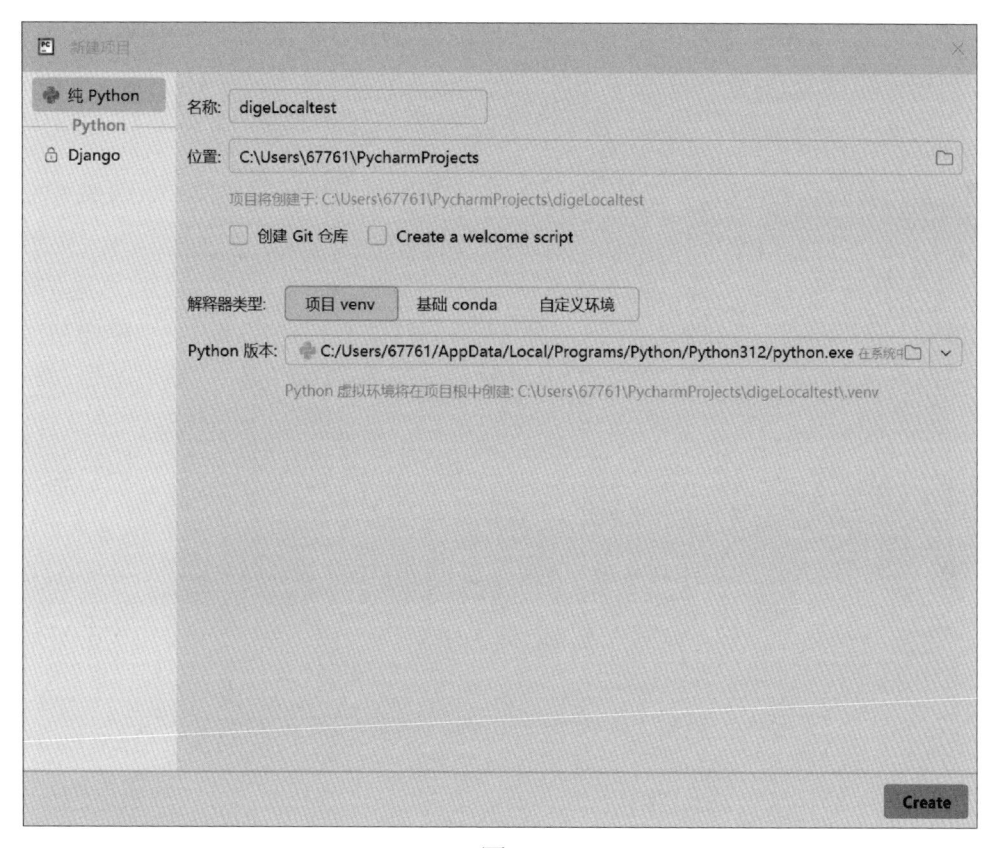

▲ 圖 4-14

第 4 章　AutoGen Agent

基礎 conda 需要配置 Anaconda 的 conda.bat 路徑，如圖 4-15 所示。

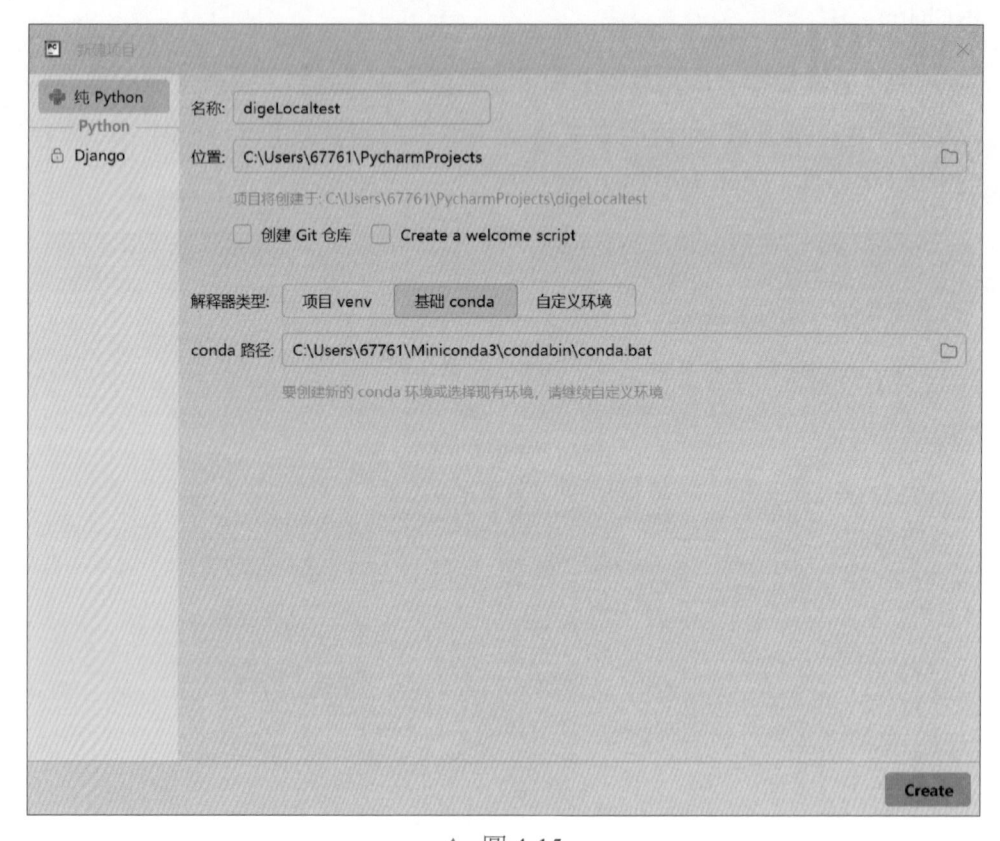

▲ 圖 4-15

按一下「Create」按鈕，完成專案虛擬環境的建立，如圖 4-16 所示。

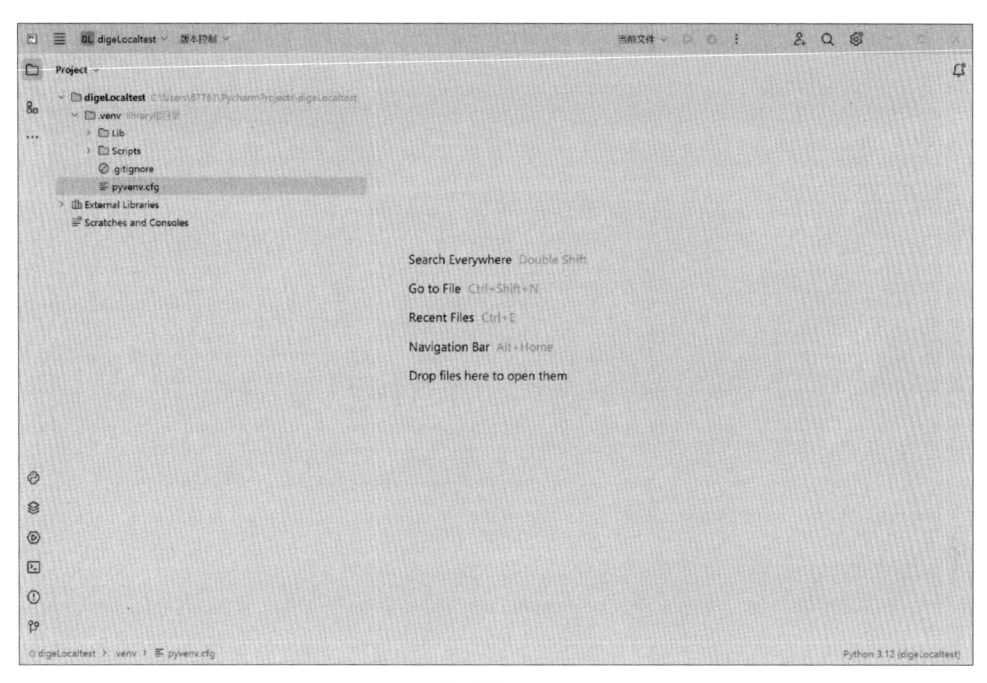

4.2 AutoGen Studio 案例

▲ 圖 4-16

（2）新建 Python 檔案。選擇「File」選單下的「New」命令，或者按 Alt+Insert 快速鍵，開啟「新建 Python 檔案」面板，選擇「Python 檔案」選項，輸入檔案名稱稱「text2mp3」，如圖 4-17 所示。

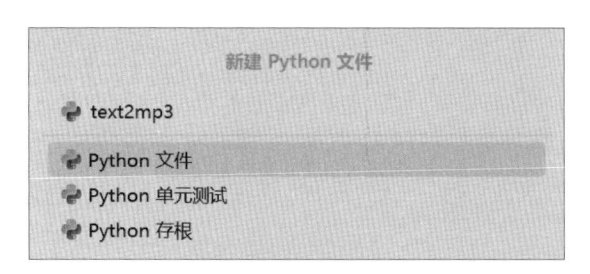

▲ 圖 4-17

按確認鍵，完成 Python 檔案的建立。

4-13

第 4 章　AutoGen Agent

（3）建立程式區塊，如圖 4-18 所示。

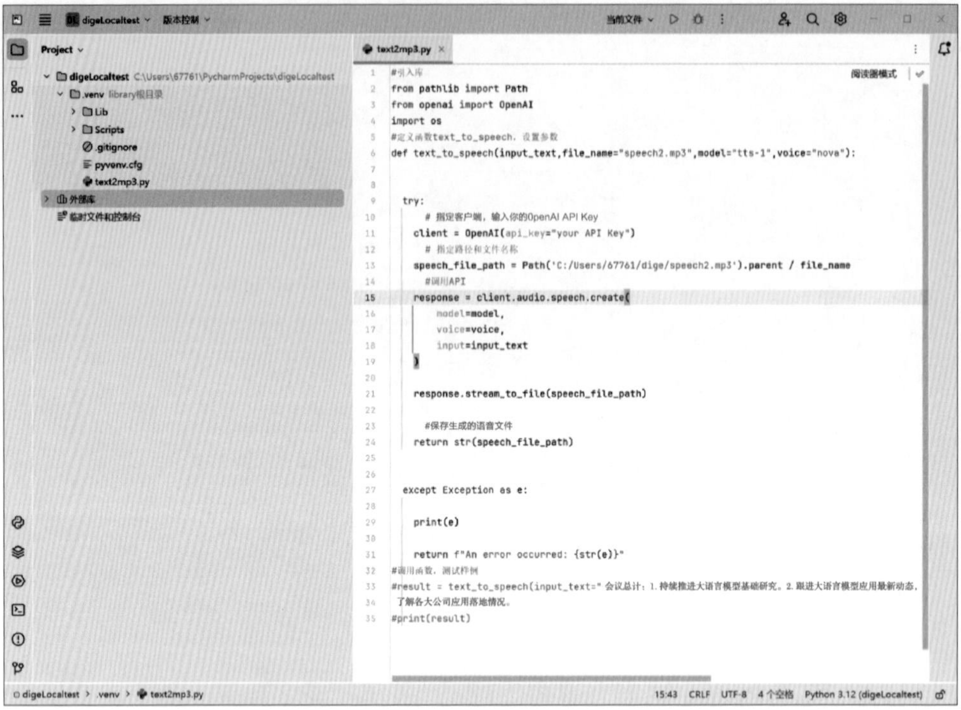

▲ 圖 4-18

程式如下：

```
# 引入庫
from pathlib import Path
from openai import OpenAI
import os
# 定義函式 text_to_speech，設置參數
def text_to_speech(input_text,file_name="speech2.mp3",model="tts-1",voice="nova"):


  try:
      # 指定用戶端，輸入你的 OpenAI API Key
    client = OpenAI(api_key="your API Key")
      # 指定路徑和檔案名稱稱
    speech_file_path = Path('C:/Users/67761/dige/speech2.mp3').parent /
```

4-14

```
file_name
    # 呼叫 API
    response = client.audio.speech.create(
        model=model,
        voice=voice,
        input=input_text
    )

    response.stream_to_file(speech_file_path)

    # 儲存生成的語音檔案
    return str(speech_file_path)


except Exception as e:

    print(e)

    return f"An error occurred: {str(e)}"
# 呼叫函式，測試樣例
#result = text_to_speech(input_text=" 會議總計：1. 持續推進大語言模型基礎研究。2. 跟
進大語言模型應用最新動態，了解各大公司應用落地情況。3. 下週三彙報大語言模型發展研究報告。")

#print(result)
```

（4）測試程式區塊。呼叫 text_to_speech 函式，刪除最後兩行程式前面的 #，將「input_text」參數值替換為想要生成的文字，中英文都可以。

在首次建立的環境中，需要安裝 OpenAI。選擇「終端」標籤（快速鍵為 Alt+F12），輸入「pip install openai」命令，等待安裝完成，如圖 4-19 所示。

▲ 圖 4-19

第 4 章　AutoGen Agent

安裝完成後，回到運行視窗，運行程式，可以看到列印出了檔案路徑「C:\Users\67761\dige\speech2.mp3」，如圖 4-20 所示。

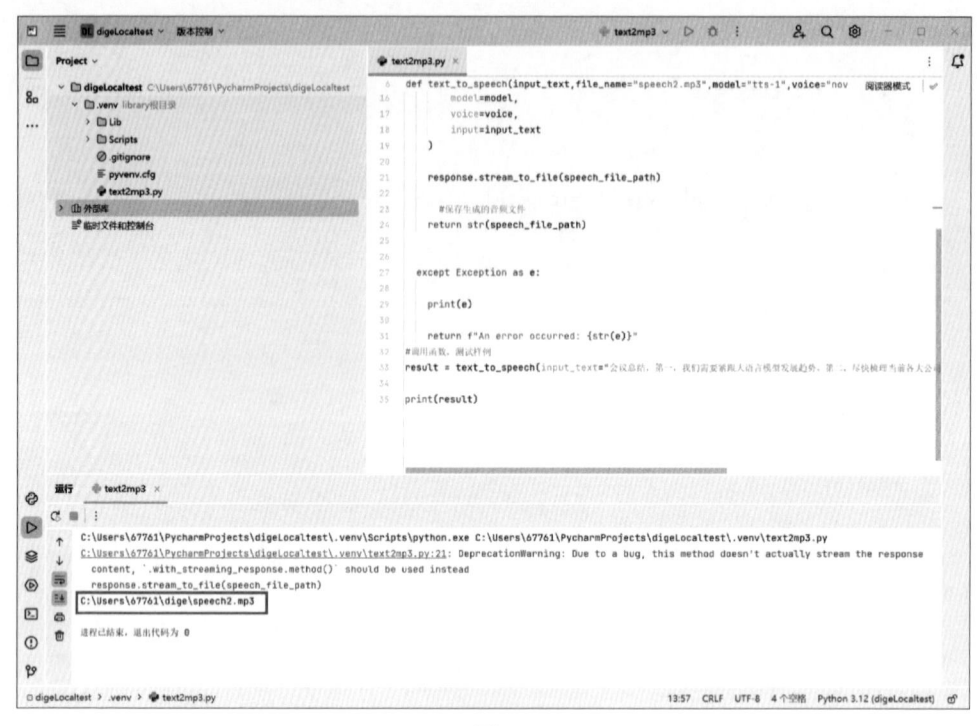

▲ 圖 4-20

（5）按照路徑找到檔案進行播放測試。

第三步，對將會議總結生成為語音檔案的技能進行配置。回到 AutoGen Studio 介面，選擇「Build」標籤下的「Skills」選項，按一下「+New Skill」按鈕，預設彈出「Skill Specification text2voice」對話方塊，修改技能名稱為「text2voice」，複製「text2mp3」程式區塊，註釋起來最後兩行程式（在相應的程式行首增加「#」），按一下「Save」按鈕進行儲存，如圖 4-21 所示。

▲ 圖 4-21

2·對將語音檔案發送到指定電子郵件中的技能進行配置

第一步,配置電子郵件 API。本案例從國內的語聚 AI 平臺中呼叫電子郵件 API。

(1) 開啟語聚 AI。在介面左側按一下「幫手」圖示,並選擇「增加幫手」選項,在彈出的「建立幫手」對話方塊中選擇「語聚 GPT」選項,按一下「下一步」按鈕,輸入幫手名稱,如「迪哥 AI」,按一下「確定」按鈕,建立「迪哥 AI」幫手,如圖 4-22 所示。

第 4 章　AutoGen Agent

▲ 圖 4-22

（2）增加電子郵件工具。按一下「工具」標籤下面的「+ 增加工具」按鈕，在彈出的「增加工具」對話方塊中搜索「qq 電子郵件」，選擇「QQ 電子郵件 1.0.3」選項，向一個或多個地址發送郵件，如圖 4-23 所示。

▲ 圖 4-23

4.2 AutoGen Studio 案例

▲ 圖 4-23（續）

（3）配置電子郵件相關參數。「選擇應用」、「選擇動作」和「動作意圖描述」保持預設設置，需要注意的是，「動作意圖描述」中的「上傳附件，發送郵件」就是後面觸發該動作的指令。按一下「增加帳號」按鈕，填寫寄件者名稱、寄件者電子郵件地址和電子郵件授權碼，如圖 4-24 所示。

▲ 圖 4-24

4-19

第 4 章　AutoGen Agent

（4）獲取電子郵件授權碼。進入 QQ 電子郵件設置的帳號介面，找到「POP3/IMAP/SMTP/Exchange/CardDAV/CalDAV 服務」欄，開啟後三項服務，如圖 4-25 所示。

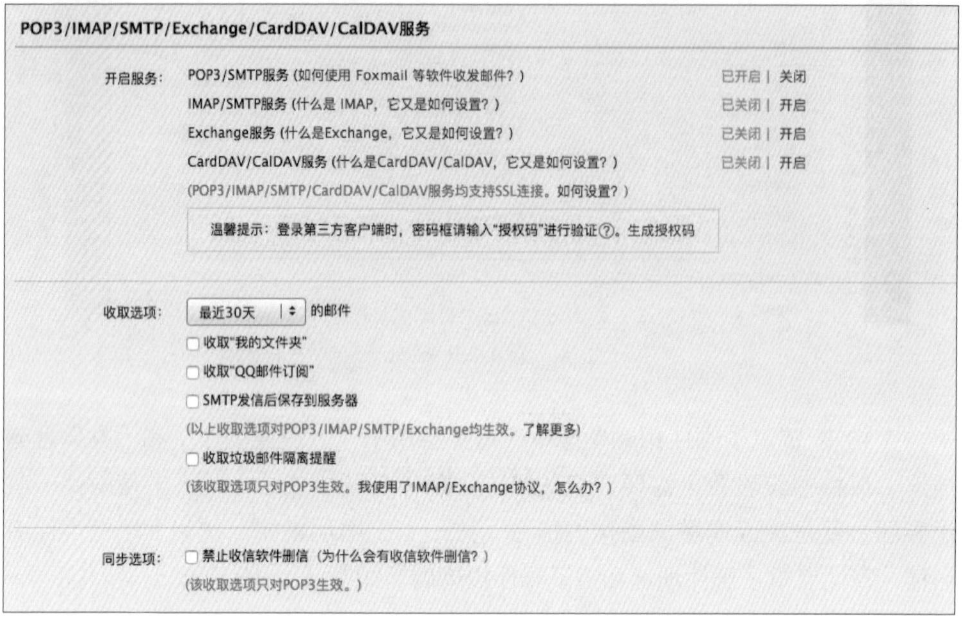

▲ 圖 4-25

驗證密保，如圖 4-26 所示。

▲ 圖 4-26

4.2 AutoGen Studio 案例

獲取授權碼，如圖 4-27 所示。

▲ 圖 4-27

回到「語聚 AI」介面，填寫電子郵件授權碼，按一下「下一步」按鈕，完成配置。其中，收件人電子郵件地址、郵件標題等保持預設的「AI 自動匹配」，如圖 4-28 所示。

▲ 圖 4-28

第 4 章　AutoGen Agent

（5）獲取電子郵件 API。選擇「迪哥 AI」選項，在右側選擇「整合」標籤，找到「API 介面」按鈕並按一下，進入「API 介面」介面，如圖 4-29 所示。

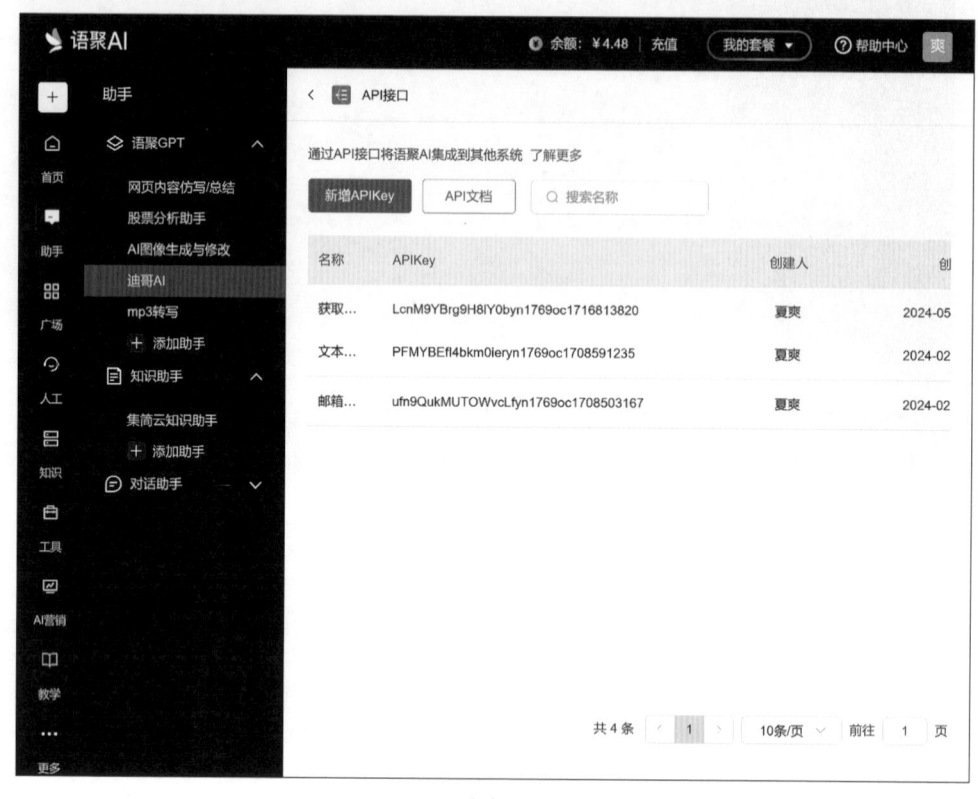

▲ 圖 4-29

（6）建立 API Key。按一下「新增 APIKey」按鈕，在彈出的對話方塊中輸入金鑰名稱後按一下「確定」按鈕，即可完成 API Key 的建立，如圖 4-30 所示。

（7）測試電子郵件 API。複製第（6）步建立的 QQ 電子郵件的 API Key，按一下「API 檔案」按鈕，進入「應用幫手 API」介面，選擇左側導覽列中的「驗證 apiKey」選項，進入「驗證 apiKey」介面，按一下「偵錯」按鈕，進入「線上運行」面板，在「Params」標籤下「Query 參數」欄的「參數值」輸入框中貼上剛剛複製的 QQ 電子郵件的 API Key，按一下「發送」按鈕，傳回「"success":true」，如圖 4-31 所示。

4.2 AutoGen Studio 案例

▲ 图 4-30

▲ 图 4-31

4-23

第 4 章 AutoGen Agent

選擇「查詢指定應用幫手下的動作清單」選項，按一下右上角的「Run in Apifox」按鈕，在「Params」標籤下「Query 參數」欄的 apiKey「參數值」輸入框中輸入上面建立的 API Key，在 ibotID「參數值」輸入框中輸入圖 4-31 中的 user.id，如圖 4-32 所示。

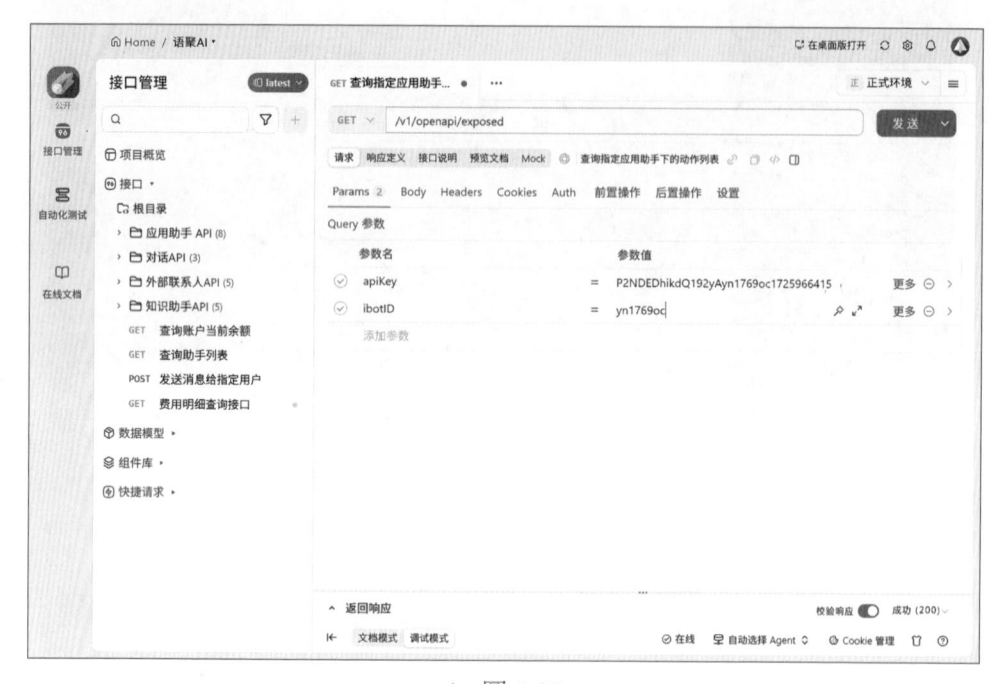

▲ 圖 4-32

在「Body」標籤中，選擇 JSON 格式，在「Instructions」中輸入「發送郵件內容：今天我們來學習 AutoGen，發送到 < 你的電子信箱 >」。

按一下「發送」按鈕，在「Pretty」下出現「"success":true」，表示該電子信箱 API 測試通過。

（8）查看電子信箱測試結果。登入 QQ 電子信箱，查看是否收到了測試郵件，從圖 4-33 中可以看到郵件已發送成功，標題是自動生成的。

▲ 圖 4-33

（9）獲取程式區塊並進行偵錯。回到語聚 AI「線上運行」面板，切換到下方的「實際請求」標籤，下拉到「請求程式」區域，按一下「Python」按鈕，將「http.client」修改為「Requests」，按一下「複製程式」按鈕。

回到 PyCharm，建立一個新的 Python 檔案，將其命名為「autoMail」，如圖 4-34 所示。

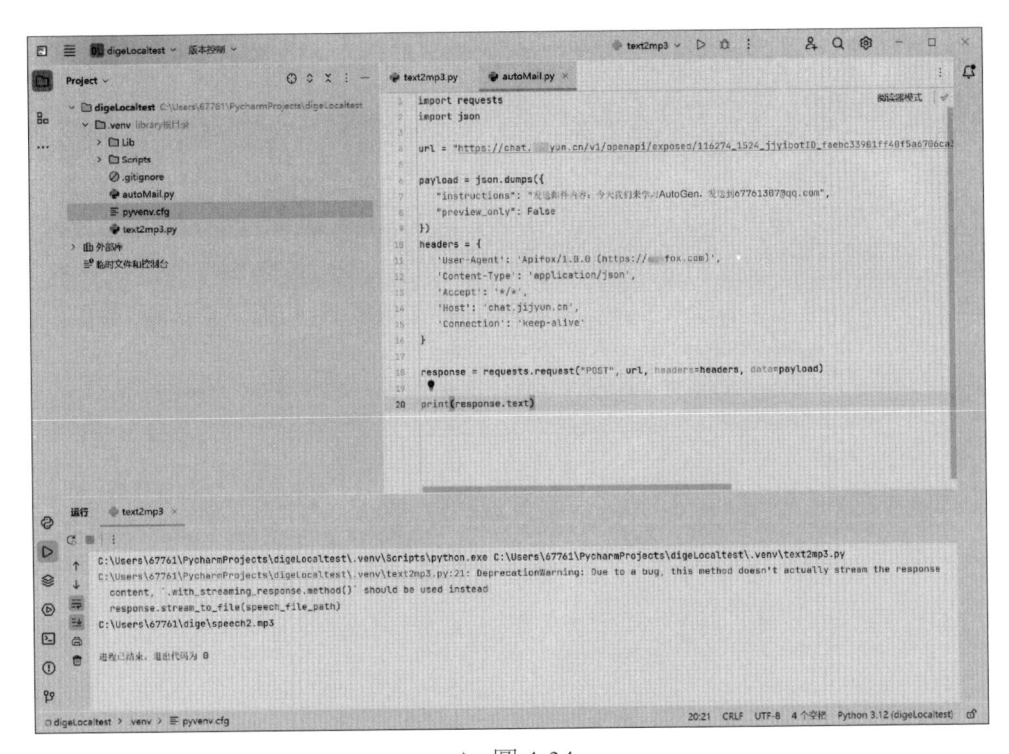

▲ 圖 4-34

（10）將程式區塊封裝為函式：

```python
import requests
import json

def sendEmail(input_text):
    """
    Send email content to specified email address.

    parameters:
    input_text (str): The specific content of the email.

    Returns:
    str: Is the program executed successfully.
    """

    try:
        url = "https://chat.***yun.cn/v1/openapi/exposed/116274_1524_jjyibotID_faebc33901ff40f5a6706ca3e3eab262/execute/?apiKey=ufn9QukMUTOWvcLfyn1769oc1708503167"

        payload = json.dumps({
            "instructions": input_text,
            "preview_only": False
        })
        headers = {
            'User-Agent': 'Apifox/1.0.0 (https://***fox.com)',
            'Content-Type': 'application/json',
            'Accept': '*/*',
            'Host': 'chat.jijyun.cn',
            'Connection': 'keep-alive'
        }

        response = requests.request("POST", url, headers=headers, data=payload)

        print(response.text)

    except Exception as e:(
        print(e))
```

```
    return f"An error occurred: {str(e)}"

#sendEmail(' 幫我隨便寫 5 個數字，發送到 67***307@qq.com')
```

將最後一行程式前的「#」去掉，呼叫 response 函式並按一下「運行」按鈕來測試程式區塊能否運行，如圖 4-35 所示。

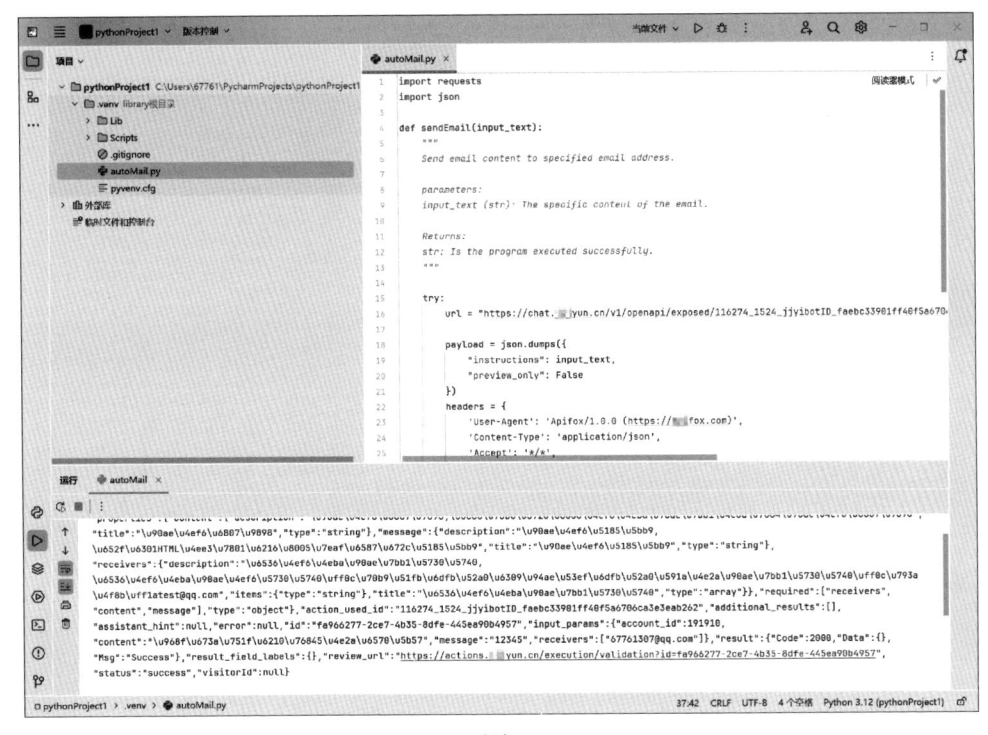

▲ 圖 4-35

查看電子郵件，如圖 4-36 所示。

▲ 圖 4-36

第 4 章　AutoGen Agent

（11）在 AutoGen 中配置發送郵件技能。傳回 AutoGen Studio 介面，選擇「Build」標籤下的「Skills」選項並按一下「+New Skill」按鈕，彈出「Skill Specification」對話方塊，輸入技能名稱「sendMail」並複製程式，按一下「Save」按鈕進行儲存，結果如圖 4-37 所示。

▲ 圖 4-37

第二步，建立 Agent 工作流。

前面已經在 AutoGen Studio 中建立了兩個技能，下面，我們一起在 AutoGen Studio 中實現 Agent 工作流的建立。

4.2 AutoGen Studio 案例

首先，配置工作流。在 AutoGen Studio 介面的「Build」標籤中選擇「Workflows」選項，並按一下「+New Workflow」按鈕，彈出「Workflow Specification」對話方塊，輸入 Workflow Name，如「text2voice2mail」。

繼續按一下「primary_assistant」按鈕，開啟「primary_assistant」對話方塊，在「Model」選項中選擇前面建立的兩個技能，按一下「OK」按鈕進行儲存，如圖 4-38 所示。

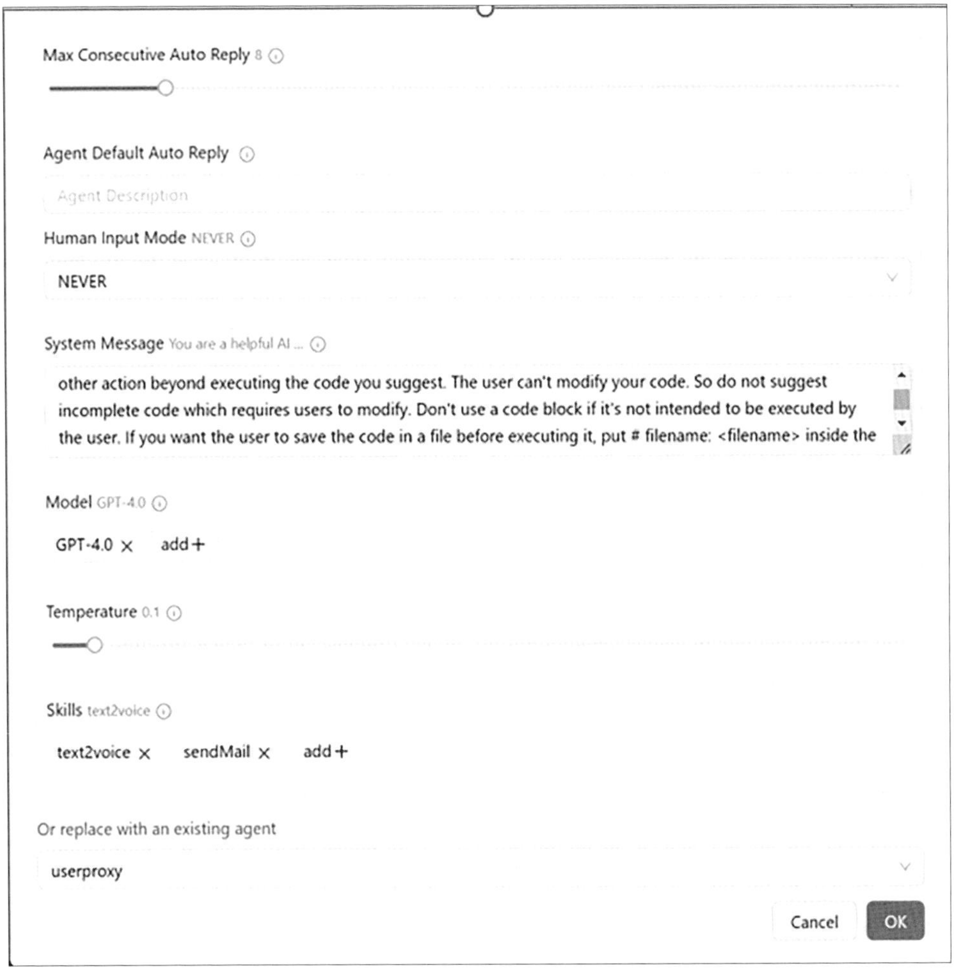

▲ 圖 4-38

第 4 章　AutoGen Agent

其次，配置 Playground。按一下「+New」按鈕，開啟「New Sessions」對話方塊，選擇上面建立好的 Workflow text2voice2mail，按一下「Create」按鈕，建立成功，結果如圖 4-39 所示。

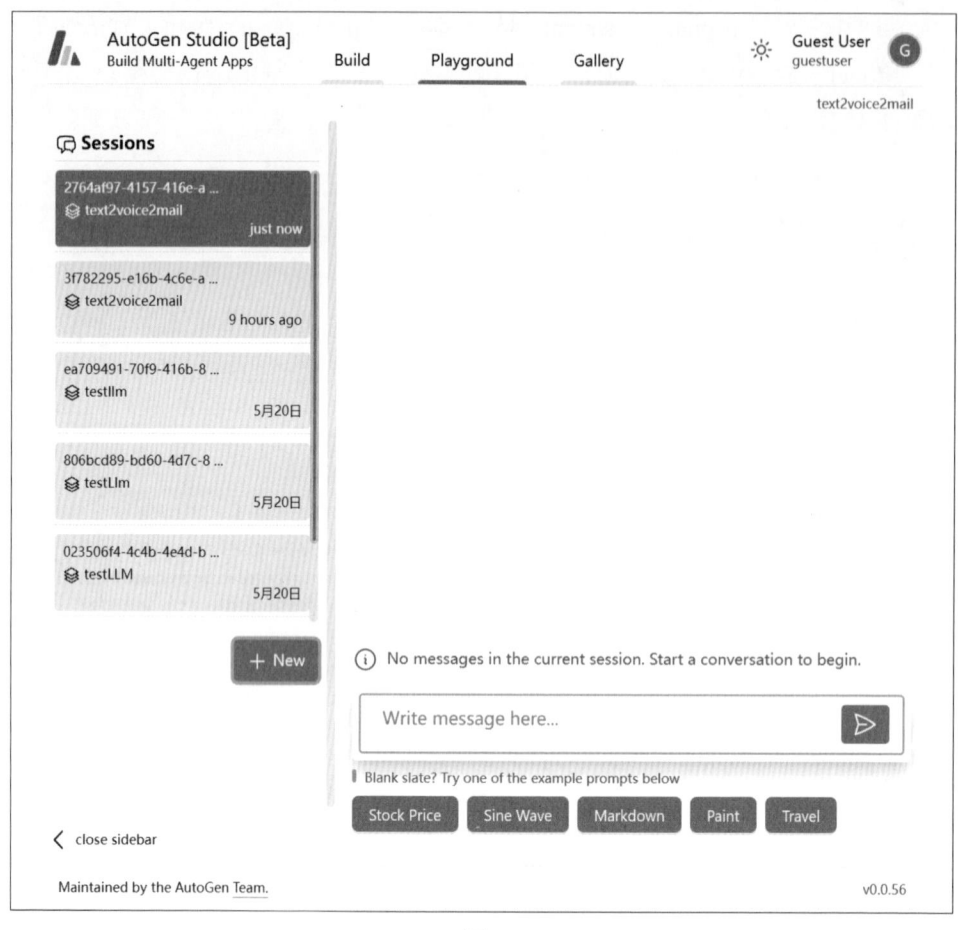

▲ 圖 4-39

第三步，在對話方塊中輸入指令進行 Agent 偵錯。

下面透過一個案例來講解 GroupChat 模組。這個模組是 AutoGen 目前最新的功能，它的特點是「術業有專攻」，可以實現使用者與多 Agent 之間的互動。

4-30

4.2 AutoGen Studio 案例

在本案例中，迪哥想打造一個 Agent，可以實現自動存取影片網址，並將影片內容提煉總結為公眾號文章。

首先我們需要指定兩個技能：一個是當我們輸入影片網址後，Agent 讀取影片網址並獲取該影片內容；另一個是將獲取的影片內容提煉總結為公眾號文章。

按照上面已經實現的案例，需要配置好這兩個技能，我們定義讀取影片網址並獲取影片內容的技能為 get_you2be_content，定義提煉總結影片內容為公眾號文章的技能為 write_content_only。

get_you2be_content 技能的程式如下：

```python
from typing import Optional
from youtube_transcript_api import YouTubeTranscriptApi, TranscriptsDisabled, NoTranscriptFound

def fetch_youtube_transcript(url: str) -> Optional[str]:
    """
    Fetches the transcript of a YouTube video.

    Given a URL of a YouTube video, this function uses the youtube_transcript_api
    to fetch the transcript of the video.

    Args:
        url (str): The URL of the YouTube video.

    Returns:
        Optional[str]: The transcript of the video as a string, or None if
the transcript is not available or an error occurs.
    """
    try:
        # Extract video ID from URL
        video_id = url.split("watch?v=")[-1]
        # Fetch the transcript using YouTubeTranscriptApi
        transcript_list = YouTubeTranscriptApi.get_transcript(video_id)
        # Combine all text from the transcript
        transcript_text = ' '.join([text['text'] for text in transcript_list])
        return transcript_text
```

```
except (TranscriptsDisabled, NoTranscriptFound):
    # Return None if transcripts are disabled or not found
    return None
except Exception as e:
    # Handle other exceptions
    print(f"An error occurred: {e}")
    return None
```

write_content_only 技能的程式需要在語聚 AI 平臺上封裝成「AI 影片生成」工具，如圖 4-40 所示，獲取對應的 UserID 和 API Key。

▲ 圖 4-40

程式如下：

```
import http.client
import json
def get_hot():
    """
    獲取影片標題
    """
    conn = http.client.HTTPSConnection("chat.jijyun.cn")
    payload = json.dumps({
        "data": {},
```

```
        "preview_only": False,
        "visitorId": "string"
    })
    headers = {
        'User-Agent': 'Apifox/1.0.0 (https://***fox.com)',
        'Content-Type': 'application/json',
        'Accept': '*/*',
        'Host': 'chat.jijyun.cn',
        'Connection': 'keep-alive',
 Cookie': 'acw_tc=0a099d3a17065520059046733eeffc24527dbf8a2765091e9b0568045449cc'conn
.request("POST",
"/v1/openapi/exposed/106665_529_jjyibotID_151fc94ee915402e95e076c07ccfc8f7/
execute_v2/?apiKey=CLZe9tO1HQfWPm8Fxt1765xn1706548582", payload, headers)
    res = conn.getresponse()
    data = res.read()
    print(data.decode("utf-8"))
```

在上述程式中，讀者需要將 apiKey、acw_tc 替換為自己的。

配置好技能以後，選擇 AutoGen Studio 介面下的「Agents」選項，首先建立 get_you2be_content Agent，按一下「+New Agent」按鈕，在「Agent Name」輸入框中輸入「get_you2be_content」，「Agent Description」輸入框採用預設值「Sample assistant」，「Max Consecutive Auto Reply」輸入框採用預設值「8」，在「System Message」輸入框中輸入「你的責任是獲取指定地址中的影片內容，請使用 get_you2be 函式來獲取指定地址中的影片內容」。在「Model」項中選擇設置好的大語言模型，在「Skills」項中選擇 get_you2be_content 技能，按一下「OK」按鈕進行儲存，如圖 4-41 所示。

然後建立 write_content_only Agent，在「System Message」項中輸入「將獲取的 you2be 影片中的內容按照如下格式整理成一篇公眾號文章，需要包括文章標題、文章各章節小標題，並生成每一章節對應的具體段落內容」。其他步驟與建立 get_you2be_content Agent 的步驟一樣，最終按一下「OK」按鈕進行儲存，如圖 4-42 所示。

第 4 章 AutoGen Agent

▲ 圖 4-41

▲ 圖 4-42

4-34

4.2 AutoGen Studio 案例

接下來選擇「Workflows」選項，建立 MyGroup Workflow。

（1）按一下「+New Workflow」按鈕，在「Workflow Name」輸入框中輸入「MyGroup Workflow」。

（2）將「Workflow Description」輸入框中的值修改為「MyGroup Workflow」。

（3）「Summary Method」和「Sender」項採用預設值。

（4）按一下「Receiver」下的「groupchat_assistant」，在「Group Chat Agents」項中選擇已經建立好的 get_you2be_content Agent 和 write_content_only Agent。

（5）在「System Message」輸入框中輸入「You are a helpful assistant skilled at cordinating a group of other assistants to solve a task.」（請根據輸入的影片網址，先獲取影片內容，再進行公眾號文章的生成）。

（6）在「Model」項中選擇設置好的大語言模型，在「Skills」項中選擇「get_you2be_content」和「write_content_only」，按一下「OK」按鈕進行儲存，如圖 4-43 所示。

設置好後，切換到 AutoGen Studio 介面下的「Playground」標籤，並按一下 Sessions 的「+New」按鈕，選擇剛剛建立好的工作流，輸入影片網址到輸入框中進行偵錯。

▲ 圖 4-43

4.2.4 AutoGen Studio 當地語系化配置

1．如何在 AutoGen Studio 中載入本地大語言模型

下載並部署本地大語言模型。首先需要安裝 LM Studio，如圖 4-44 所示，選擇對應的作業系統（本章使用 Windows 作業系統）版本進行下載。

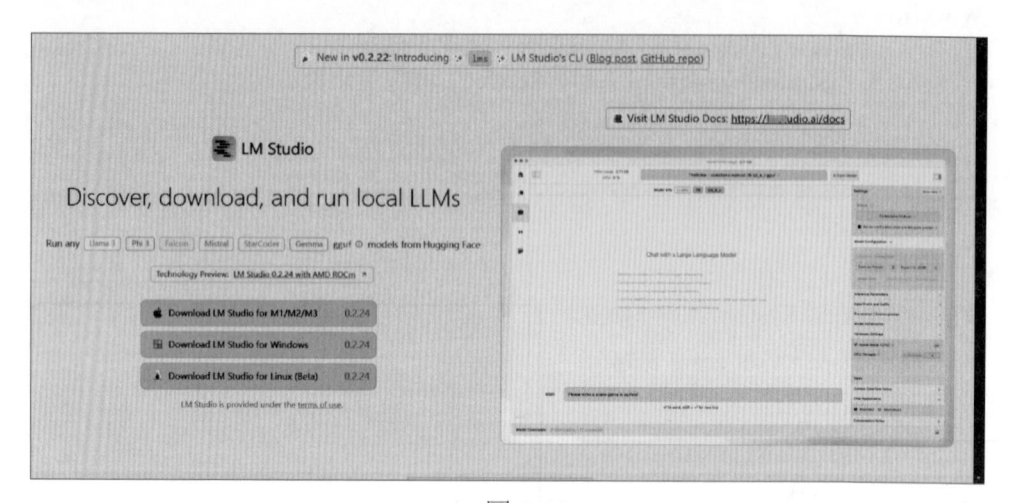

▲ 圖 4-44

下載完成後直接開啟安裝套件即可。目前國內不能透過 LM Studio 直接下載本地大語言模型，需要先透過 Hugging Face 進行手動下載後，再透過 LM Studio 進行載入，從而實現部署。

開啟 Hugging Face 官方網站，選擇上方導覽列中的「Models」選項，在搜索框中輸入「Qwen」，本案例使用阿里通義千問的 Qwen/Qwen1.5-0.5B-Chat-GGUF，其中 GGUF 是 LM Studio 要求的大語言模型格式。讀者可以根據自己電腦的配置選擇相應的模型，本案例使用 0.5B（5 億參數量）版本是按照一般筆記型電腦的配置考慮的。

選擇「Qwen/Qwen1.5-0.5B-Chat-GGUF」選項，進入「Qwen/Qwen1.5-0.5B-Chat-GGUF」介面，如圖 4-45 所示，選擇「Files and versions」標籤並選擇 qwen1_5-0_5b-chat-q8_0.gguf 版本，按一下「Download」圖示進行下載。

4.2 AutoGen Studio 案例

▲ 圖 4-45

下載完成後，回到 LM Studio，按一下左側導覽列中的「My Models」圖示，進行 Local models folder 的路徑配置，需要在 lm-studio\models 路徑下按照 Qwen/Qwen1.5-0.5B-Chat-GGUF 逐層建立資料夾，這樣下載的 Qwen/Qwen1.5-0.5B-Chat-GGUF 檔案在 lm-studio\models\Qwen\ Qwen1.5-0.5B-Chat-GGUF 路徑下才能被 LM Studio 辨識到，如圖 4-46 所示。

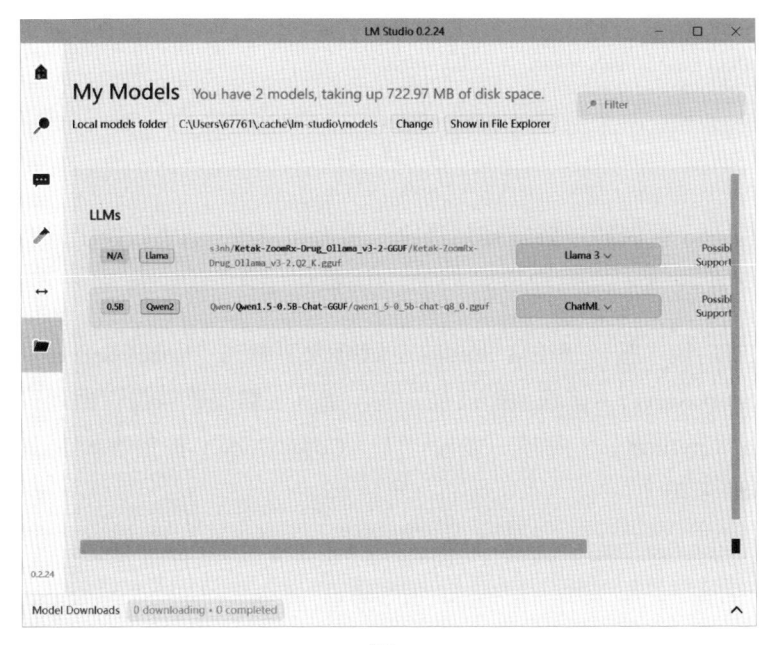

▲ 圖 4-46

4-37

第 4 章　AutoGen Agent

　　模型載入成功後，按一下左側導覽列中的「AI Chat」圖示，在介面頂部選擇剛剛載入好的通義千問大語言模型。載入後可以測試一下模型是否載入成功，在對話方塊中輸入問題，若可以得到對應的答案，則說明已載入成功，如圖 4-47 所示。

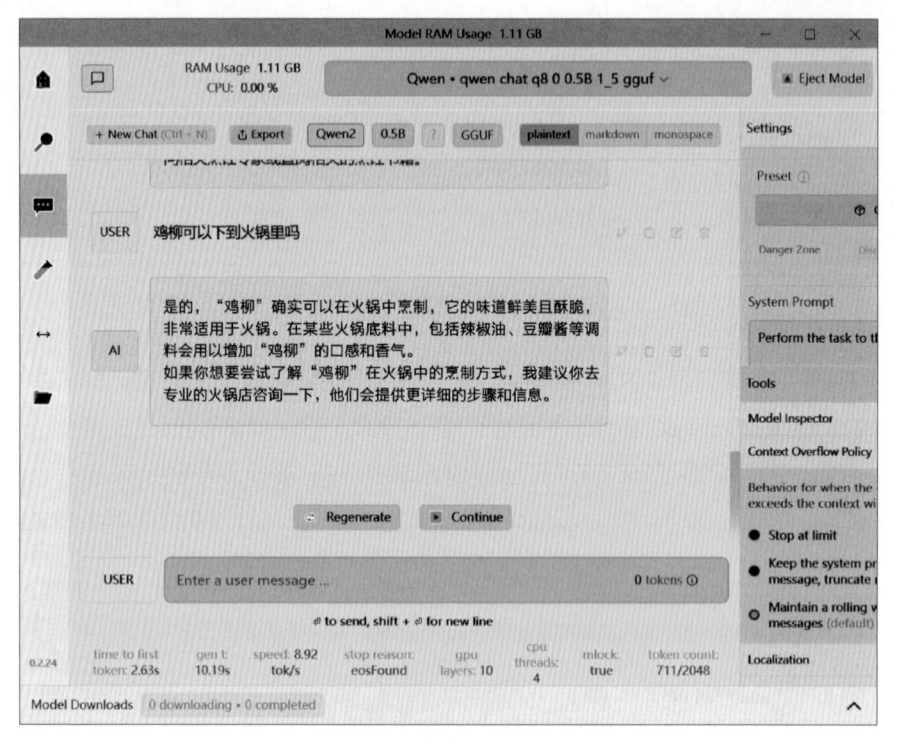

▲ 圖 4-47

　　LM Studio 右側的設置項較為豐富，讀者可以進一步對 GPU 算力、提示詞等進行個性化設置。

　　測試成功後，按一下 LM Studio 左側導覽列中的「Local Server」圖示，並按一下「Start Server」按鈕啟動服務。為了進一步驗證服務是否啟動成功，可以選擇「chat（python）」選項，並按一下「Copy Code」按鈕複製測試程式，結果如圖 4-48 所示。

4-38

4.2 AutoGen Studio 案例

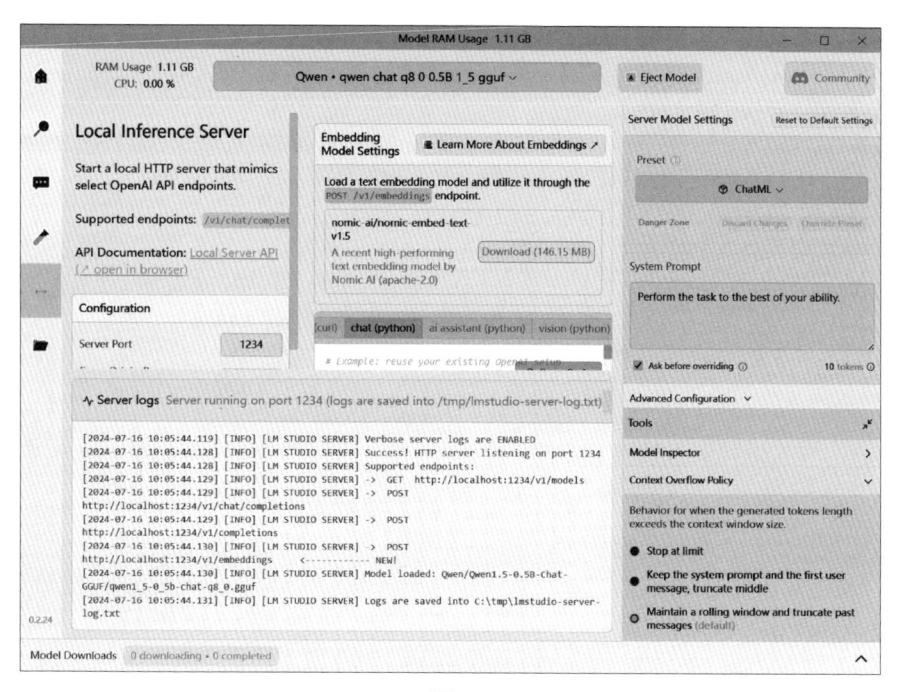

▲ 圖 4-48

開啟 PyCharm IDE，新建專案，並新建 Python 檔案，將其命名為「test」，貼上剛剛複製的程式，按一下「運行」圖示。

顯示出錯提示需要安裝 OpenAI，按一下左下角的「終端」圖示，輸入「pip install openai」命令進行安裝。

安裝完成後，再次按一下「運行」圖示，若傳回「ChatCompletionMessage(content="My name is Alex, and I'm a software engineer living in New York City. I enjoy solving problems and creating innovative solutions to real-world challenges. Whether it's coding my way through a complex project or working on a challenging new feature, I always strive to be the best at what I do.", role='assistant', function_call=None, tool_calls=None)」，則表示服務啟動成功。

第 4 章　AutoGen Agent

接下來，傳回 LM Studio，可以看到 Server logs 也列印了同樣的傳回結果，說明本機服務已經成功啟動，如圖 4-49 所示。

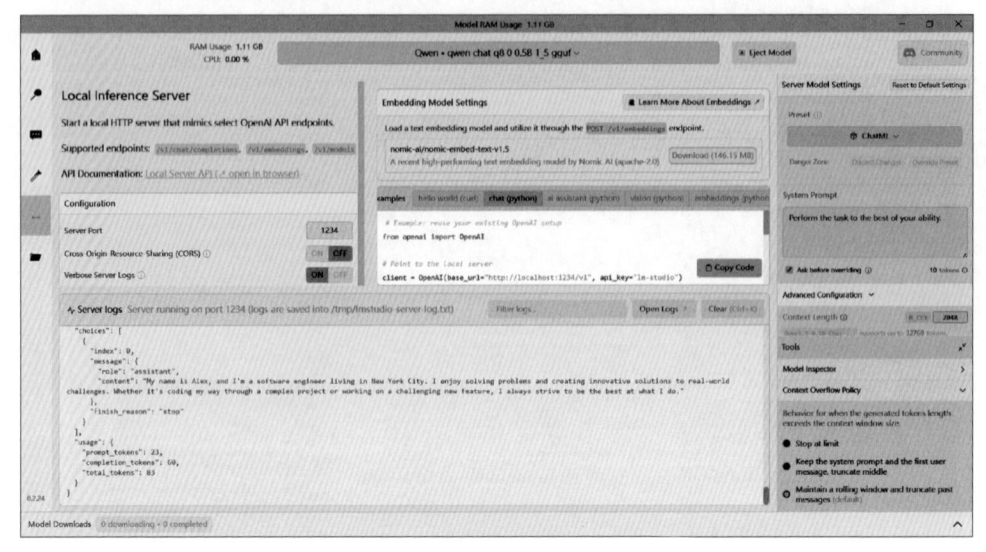

▲ 圖 4-49

傳回 AutoGen Studio，我們需要將剛剛建立好的本地大語言模型載入進 AutoGen Studio 的 Models 中，在這裡需要先對 Anaconda 下的 \Lib\site-packages\openai_client.py 檔案進行原始程式碼的修改。由於 AutoGen Studio 目前的版本還不夠穩定，在載入本地大語言模型時經常會出現掉線等情況，因此我們需要在 _client.py 檔案的第 112 行程式後增加如下兩行程式：

```
base_url="http://127.0.0.1:1234/v1"
api_key="lm-studio"
```

修改程式並儲存後，選擇 AutoGen Studio 介面的「Build」標籤下的「Models」選項，並按一下「+New Model」按鈕，在彈出的對話方塊中輸入模型名稱、API Key 和 Base URL，按一下「Test Model」按鈕，測試成功後，儲存當前設置，如圖 4-50 所示。

4.2 AutoGen Studio 案例

▲ 圖 4-50

接下來，選擇「Build」標籤下的「Workflows」選項，建立一個使用本地大語言模型的工作流，將其命名為 qwen，只需配置好「Model」選項即可，如圖 4-51 所示。

▲ 圖 4-51

4-41

第 4 章 AutoGen Agent

切換到「Playground」標籤，按一下「+New」按鈕，載入剛剛建立好的 qwen 工作流，在對話方塊中輸入「你是誰」，回答「我是來自阿里雲的大語言模型，我叫通義千問。」，完成偵錯，如圖 4-52 和圖 4-53 所示。

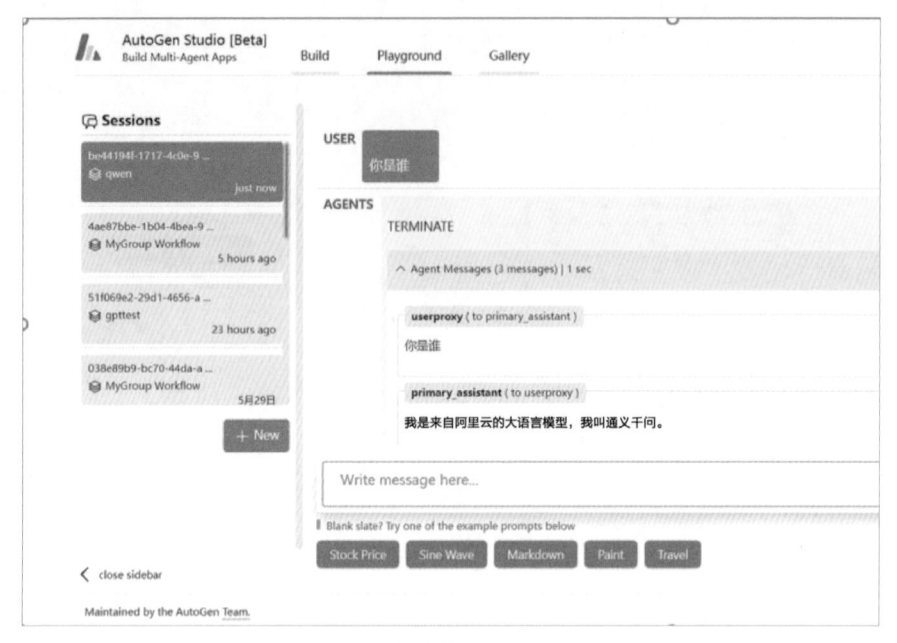

▲ 圖 4-52

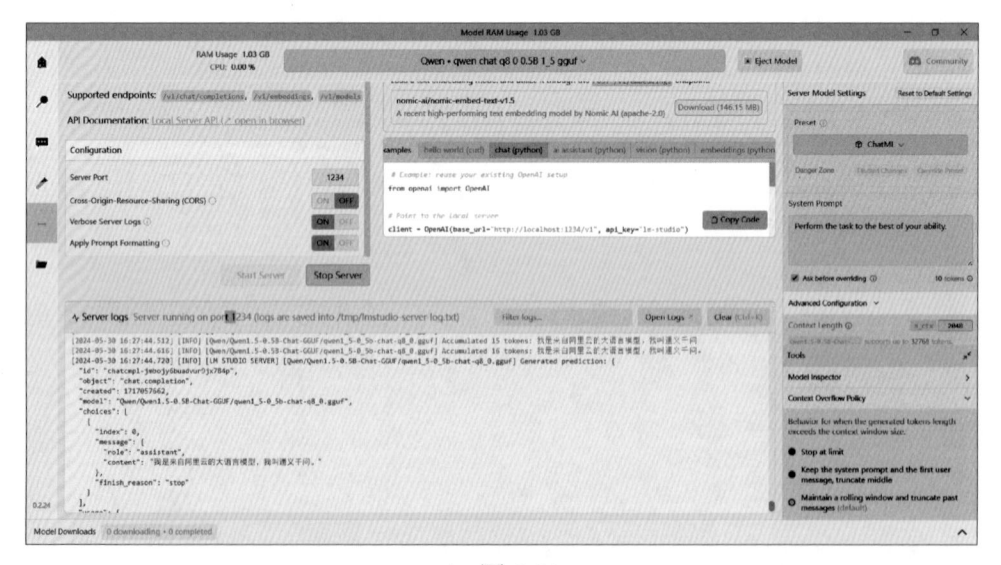

▲ 圖 4-53

4-42

4.2 AutoGen Studio 案例

　　下面在本地部署 Ollama 工具，讓讀者對在本地部署大語言模型服務有更進一步的理解。開啟 Ollama 官方網站，按一下「Download for Windows (Preview)」連結下載安裝套件，下載完成後，按兩下 Ollama 安裝套件進行安裝。安裝完成後，讀者可以選擇適合自己電腦配置的模型進行運行，如圖 4-54 所示。

Model	Parameters	Size	Download
Llama 3	8B	4.7GB	ollama run llama3
Llama 3	70B	40GB	ollama run llama3:70b
Phi 3 Mini	3.8B	2.3GB	ollama run phi3
Phi 3 Medium	14B	7.9GB	ollama run phi3:medium
Gemma	2B	1.4GB	ollama run gemma:2b
Gemma	7B	4.8GB	ollama run gemma:7b
Mistral	7B	4.1GB	ollama run mistral
Moondream 2	1.4B	829MB	ollama run moondream
Neural Chat	7B	4.1GB	ollama run neural-chat
Starling	7B	4.1GB	ollama run starling-lm
Code Llama	7B	3.8GB	ollama run codellama
Llama 2 Uncensored	7B	3.8GB	ollama run llama2-uncensored
LLaVA	7B	4.5GB	ollama run llava
Solar	10.7B	6.1GB	ollama run solar

▲ 圖 4-54

　　開啟命令提示符（cmd）介面，輸入「ollama run llama3」命令，等待拉取完成，並透過輸入「你是誰」進行測試，如圖 4-55 所示。

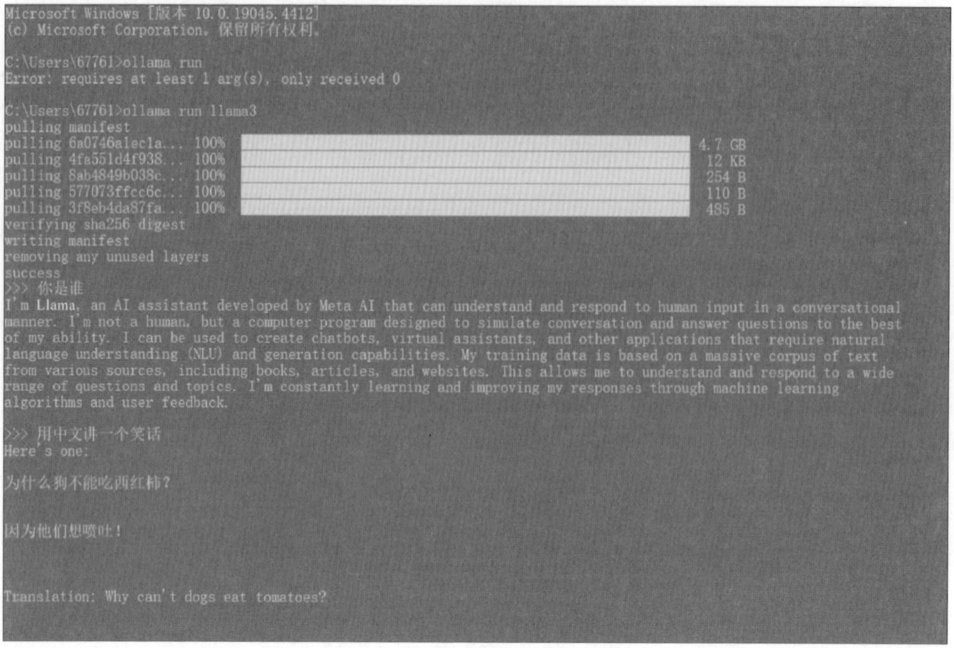

第 4 章　AutoGen Agent

▲ 圖 4-55

再開啟一個命令提示符介面，輸入「pip install litellm」命令，安裝 litellm，如圖 4-56 所示。litellm 可以呼叫所有 LLM API（如 Bedrock、Huggingface、VertexAI、TogetherAI、Azure、OpenAI 等）。

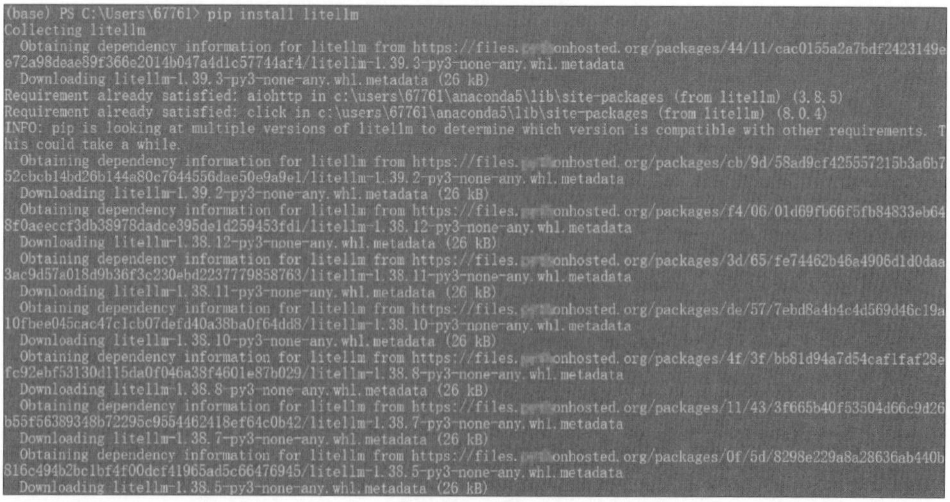

▲ 圖 4-56

litellm 安裝完成後，輸入「litellm --model ollama/llama3」命令，如圖 4-57 所示。

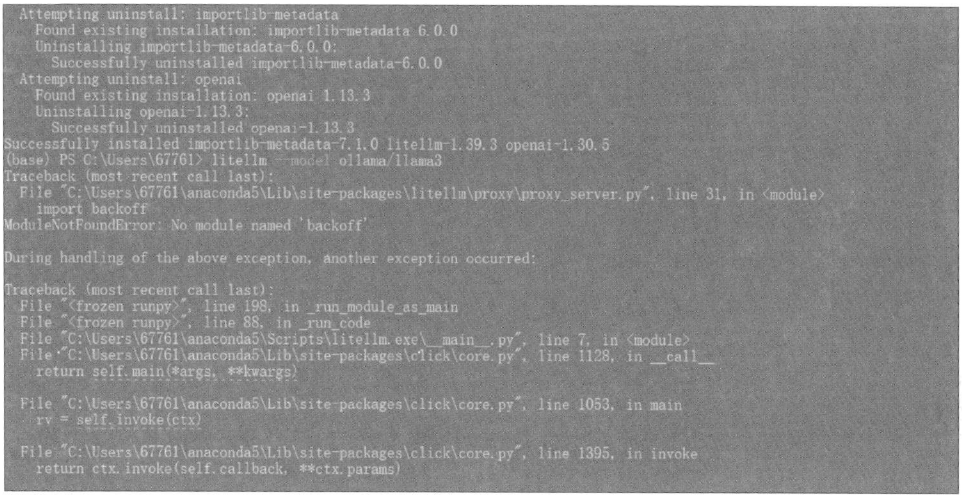

```
  Attempting uninstall: importlib-metadata
    Found existing installation: importlib-metadata 6.0.0
    Uninstalling importlib-metadata-6.0.0:
      Successfully uninstalled importlib-metadata-6.0.0
  Attempting uninstall: openai
    Found existing installation: openai 1.13.3
    Uninstalling openai-1.13.3:
      Successfully uninstalled openai-1.13.3
Successfully installed importlib-metadata-7.1.0 litellm-1.39.3 openai-1.30.5
(base) PS C:\Users\67761> litellm --model ollama/llama3
Traceback (most recent call last):
  File "C:\Users\67761\anaconda5\Lib\site-packages\litellm\proxy\proxy_server.py", line 31, in <module>
    import backoff
ModuleNotFoundError: No module named 'backoff'

During handling of the above exception, another exception occurred:

Traceback (most recent call last):
  File "<frozen runpy>", line 198, in _run_module_as_main
  File "<frozen runpy>", line 88, in _run_code
  File "C:\Users\67761\anaconda5\Scripts\litellm.exe\__main__.py", line 7, in <module>
  File "C:\Users\67761\anaconda5\Lib\site-packages\click\core.py", line 1128, in __call__
    return self.main(*args, **kwargs)

  File "C:\Users\67761\anaconda5\Lib\site-packages\click\core.py", line 1053, in main
    rv = self.invoke(ctx)

  File "C:\Users\67761\anaconda5\Lib\site-packages\click\core.py", line 1395, in invoke
    return ctx.invoke(self.callback, **ctx.params)
```

▲ 圖 4-57

如果遇到問題，則根據提示安裝相關的相依套件，直到啟動服務為止，如圖 4-58 所示。

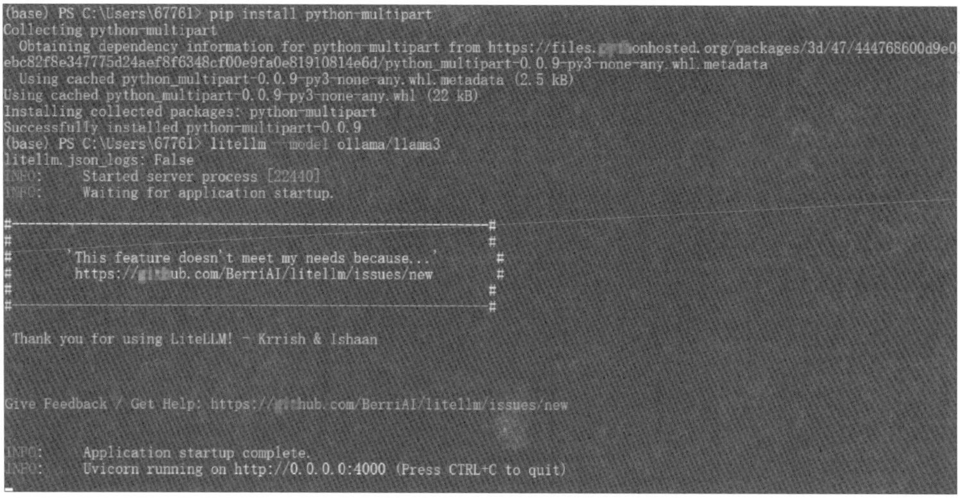

```
(base) PS C:\Users\67761> pip install python-multipart
Collecting python-multipart
  Obtaining dependency information for python-multipart from https://files.onhosted.org/packages/3d/47/444768600d9e0
ebc82f8e347775d24aef8f6348cf00e9fa0e81910814e6d/python_multipart-0.0.9-py3-none-any.whl.metadata
  Using cached python_multipart-0.0.9-py3-none-any.whl.metadata (2.5 kB)
Using cached python_multipart-0.0.9-py3-none-any.whl (22 kB)
Installing collected packages: python-multipart
Successfully installed python-multipart-0.0.9
(base) PS C:\Users\67761> litellm --model ollama/llama3
litellm.json_logs: False
INFO:     Started server process [22440]
INFO:     Waiting for application startup.

#------------------------------------------------------------#
#                                                            #
#       'This feature doesn't meet my needs because...'      #
#       https://ub.com/BerriAI/litellm/issues/new            #
#                                                            #
#------------------------------------------------------------#

 Thank you for using LiteLLM! - Krrish & Ishaan


Give Feedback / Get Help: https://hub.com/BerriAI/litellm/issues/new


INFO:     Application startup complete.
INFO:     Uvicorn running on http://0.0.0.0:4000 (Press CTRL+C to quit)
```

▲ 圖 4-58

第 4 章 AutoGen Agent

下面回到 AutoGen Studio 介面，選擇「Build」標籤下的「Models」選項，並按一下「+New Model」按鈕，將名稱修改為「Llama 3」，指定 Base URL 為「http://0.0.0.0:4000」，按一下「Save」按鈕進行儲存。

最後，建立工作流，並在「Playground」標籤中新建 Llama 3，完成偵錯。

2．AutoGen Studio 當地語系化服務部署

AutoGen Studio 當地語系化服務部署需要將上面使用的 AutoGen Studio 的使用者介面封裝成服務，以便使用者請求呼叫。下面將透過一個實際案例帶領讀者，一邊演示一邊理解封裝服務。

案例介紹：迪哥經常為營運自己的公眾號煩惱，他需要花費很多時間先在網上看各種影片，再把影片內容總結出來發佈到公眾號裡。因此，迪哥想透過 AutoGen Studio 製作一個根據輸入的影片網址，自動獲取影片內容，並將其生成為公眾號文章的 Agent。透過這個 Agent 來幫助迪哥提高工作效率，節省大量時間。

第一步，迪哥已經配置好此次部署 Agent 的相關環境，如圖 4-59 所示。

Replit 是一個線上整合式開發環境（IDE），也是一個程式協作平臺和雲端服務提供商。它支援多種程式設計語言，如 Python、JavaScript、Java 等，非常適合初學者使用。基於 Replit，使用者無須安裝任何軟體，只需透過瀏覽器即可運行程式、建立專案、與他人協作和共用專案。Replit 提供了一系列功能和工具，如程式自動生成、偵錯器、版本控制和部署工具等，以便使用者能夠更輕鬆地進行程式設計工作。另外，Replit 還提供了大量的框架支援，包括 React 和 Flask 等，並且可以一鍵部署 GitHub 的開放原始碼。

```
from dotenv import load_dotenv
from autogenstudio import AutoGenWorkFlowManager, AgentWorkFlowConfig
from fastapi import FastAPI
from utils import load_agent_specs
from fastapi.middleware.cors import CORSMiddleware
from params import WorkflowParameters

load_dotenv()
app = FastAPI()

origins = [
    "*"
]

app.add_middleware(
    CORSMiddleware,
    allow_origins=origins,
    allow_credentials=True,
    allow_methods=["*"],
    allow_headers=["*"],
)

@app.post("/run_workflow/")
async def run_workflow(workflow_params: WorkflowParameters):
    agent_spec = load_agent_specs(
        agent_spec_path = 'write.json'
    )

    # Create an Autogen Workflow Configuration from an agent
    specification
    agent_work_flow_config = AgentWorkFlowConfig(**agent_spec)

    # Create a workflow from the configuration
    agent_work_flow = AutoGenWorkFlowManager(agent_work_flow_config)

    # Run the workflow on a task
    task_query = f"请根据视频地址 {workflow_params.youtube_video_id}',先利用youtube-transcript-api工具包来获取视频内容,再进行公众号文章的生成"
    agent_work_flow.run(message=task_query)

    response = agent_work_flow.agent_history[-1]["message"]["content"]

    return {
        "response": response
    }

if __name__ == "__main__":
    import uvicorn
    uvicorn.run(app, host="0.0.0.0", port=8001)
```

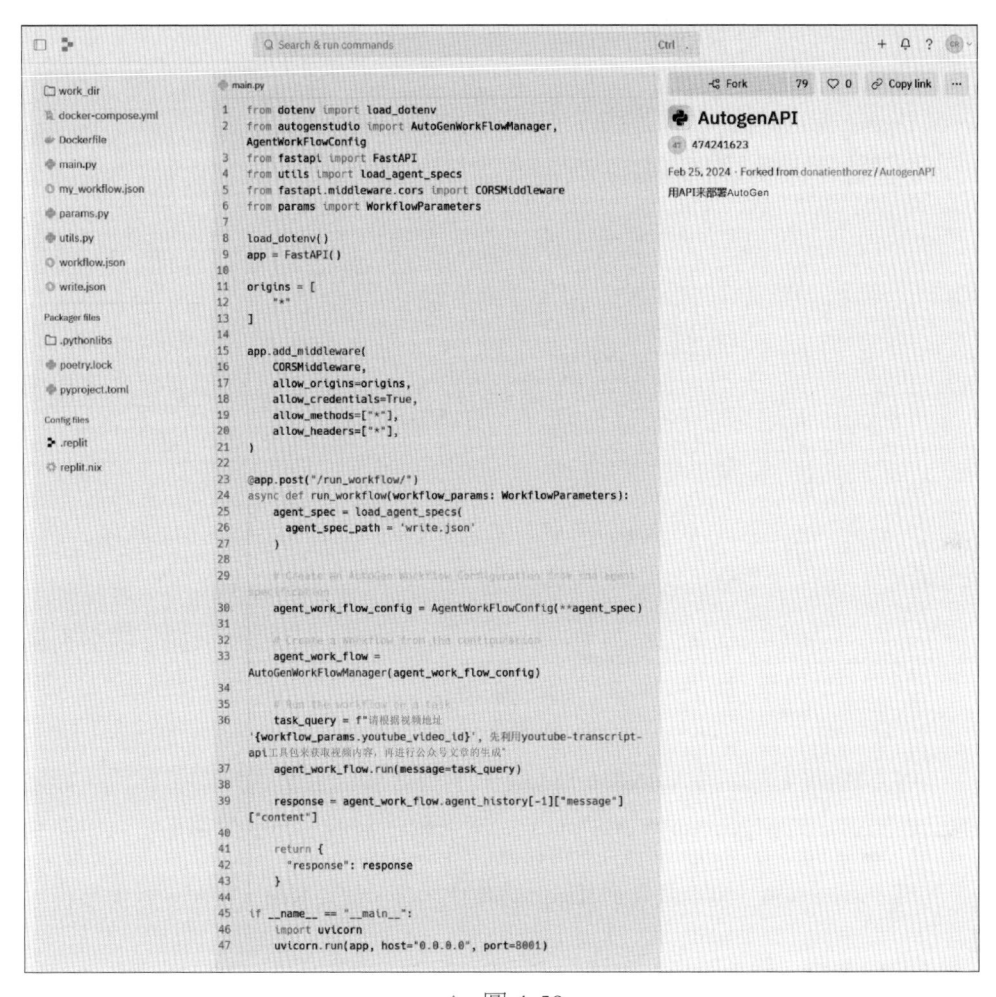

▲ 圖 4-59

接下來按一下「Fork」按鈕複製迪哥的當地語系化部署程式到自己的倉庫中,使用者需要提前在 Replit 平臺上註冊帳號。註冊並登入 Replit 平臺後,按一下「Fork」按鈕,在「Fork Repl」對話方塊中輸入名稱和描述,按一下「Fork Repl」按鈕建立倉庫,如圖 4-60 所示。

第 4 章　AutoGen Agent

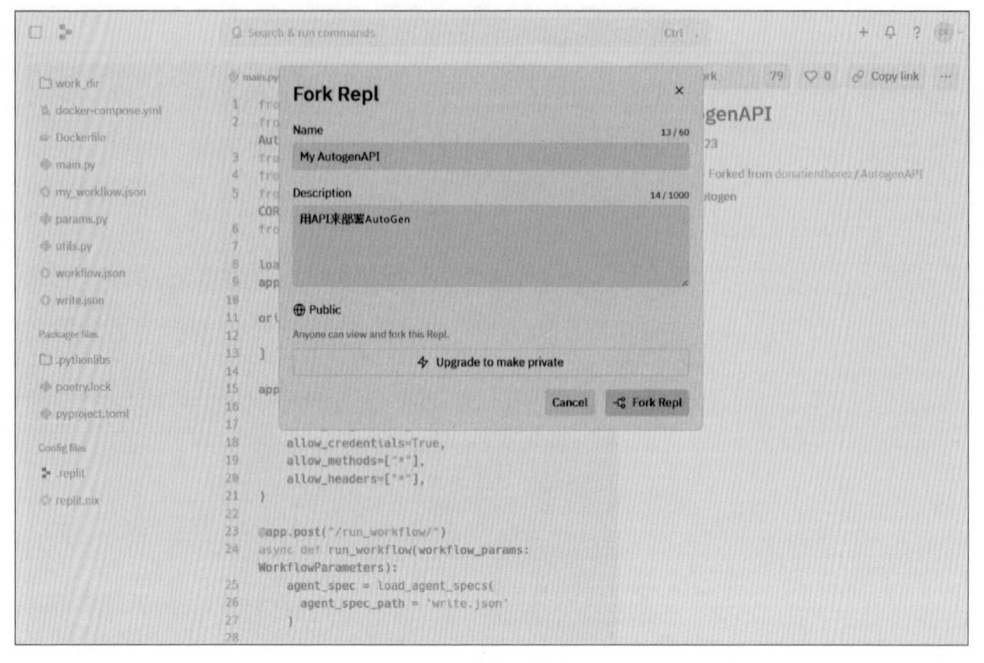

▲ 圖 4-60

建立成功後，回到 AutoGen Studio，下載之前已經配置好的工作流（如之前已經配置好的 MyGroup Workflow），即下載「write.json」檔案。

將「write.json」檔案載入到 Replit 專案中，按一下「Run」按鈕，啟動服務。

「main.py」檔案的程式區塊如下：

```python
from dotenv import load_dotenv
from autogenstudio import AutoGenWorkFlowManager, AgentWorkFlowConfig
from fastapi import FastAPI
from utils import load_agent_specs
from fastapi.middleware.cors import CORSMiddleware
from params import WorkflowParameters

load_dotenv()
app = FastAPI()

origins = [
    "*"
```

```python
]

app.add_middleware(
    CORSMiddleware,
    allow_origins=origins,
    allow_credentials=True,
    allow_methods=["*"],
    allow_headers=["*"],
)

@app.post("/run_workflow/")
async def run_workflow(workflow_params: WorkflowParameters):
    agent_spec = load_agent_specs(
      agent_spec_path = 'write.json'
    )

    # Create an AutoGen Workflow Configuration from the agent specification
    agent_work_flow_config = AgentWorkFlowConfig(**agent_spec)

    # Create a Workflow from the configuration
    agent_work_flow = AutoGenWorkFlowManager(agent_work_flow_config)

    # Run the workflow on a task
    task_query = f" 請根據影片網址 '{workflow_params.youtube_video_id}', 先利用 youtube-transcript-api 工具套件來獲取影片內容, 再進行公眾號文章的生成 "
    agent_work_flow.run(message=task_query)

    response = agent_work_flow.agent_history[-1]["message"]["content"]

    return {
      "response": response
    }

if __name__ == "__main__":
    import uvicorn
    uvicorn.run(app, host="0.0.0.0", port=8001)
```

第 4 章　AutoGen Agent

其中，針對 task_query = f" 請根據影片網址 '{workflow_params.youtube_video_id}'，先利用 youtube-transcript-api 工具套件來獲取影片內容，再進行公眾號文章的生成 "，需要建立一個前端介面，輸入影片網址，透過配置好的服務，生成最終的公眾號文章。

下面開啟前端介面 index.html，程式如下：

```html
<!DOCTYPE html>
<html lang="en">
<head>
  <meta charset="UTF-8">
  <meta name="viewport" content="width=device-width, initial-scale=1.0">
  <title>根據影片內容自動生成公眾號文章</title>
  <link href="style.css" rel="stylesheet" type="text/css">
</head>
<body>
  <div id="container">
    <h2>影片 -> 公眾號</h2>
    <label for="videoId">輸入影片網址 :</label>
    <input type="text" id="videoId" placeholder="Example: abc123">
    <button onclick="generateIdeas()">生成公眾號文章</button>
    <div id="response"></div>
  </div>

  <script>
    async function generateIdeas() {
      const videoId = document.getElementById('videoId').value;
      const responseContainer = document.getElementById('response');

      const response = await fetch(`https://5ccb1a61-fa99-41dd-9dc5-2afb26d7ffae-00-pe6drxhw0tz1.***er.replit.dev/run_workflow/`, {
        method: 'POST',
        headers: {
          'Content-Type': 'application/json',
        },
        body: JSON.stringify({ youtube_video_id: videoId }),
      });

      const responseData = await response.json();
```

```
        responseContainer.innerHTML = `<md-block>${responseData.response}
</md-block>`;
    }
  </script>
  <script type="module" src="https://md-block.***ou.me/md-block.js"></script>
</body>
</html>
```

讀者需要將 fetch(`https://5ccb1a61-fa99-41dd-9dc5-2afb26d7ffae-00-pe6drxhw0tz1.***er.replit.dev/run_workflow/` 裡面的 https://5ccb1a61-fa99-41dd-9dc5-2afb26d7ffae-00-pe6drxhw0tz1.***er.replit.dev 改成自己的 Replit 地址。

回到 Replit 介面，按一下右上角的「new tab」按鈕，瀏覽器會新開啟一個介面並生成自己的 Replit 地址，如圖 4-61 所示，將該地址複製到前端介面中進行替換。

▲ 圖 4-61

修改好地址後，儲存程式並開啟 index.html，輸入一個影片網址，按一下「生成公眾號文章」按鈕。

按照上面的方法，讀者可以根據自己在 AutoGen Studio 中建立好的工作流，下載該工作流的 .json 檔案，將其載入到迪哥準備好的 Replit 專案中，根據不同的服務，設計並開發相應的前端介面，實現前後端呼叫，實現專案閉環。

第4章 AutoGen Agent

MEMO

生成式代理──
以史丹佛 AI 小鎮為例

　　Agent 可以將大語言模型的核心能力應用於實際場景，Multi-Agent 透過 Agent 之間的相互協作來共同解決複雜的問題或完成複雜的任務，具有強大的問題解決能力。而 Multi-Agent 的 Agent 之間的互動能力對 Agent 應用普及和應用場景的多樣化具有至關重要的作用。開發智慧應用，透過讓 Agent 模擬可信的人類行為，可以提升從虛擬實境環境、人際交流訓練到原型工具等各種互動應用的體驗。這催生了生成式代理（Generative Agents）的出現，其將大語言模型與計算互動代理相結合，實現了人類行為的可信模擬和複雜互動模式的架構。

第 5 章　生成式代理——以史丹佛 AI 小鎮為例

本章以「史丹佛 AI 小鎮」為例介紹生成式代理，對其架構和關鍵元件進行講解和分析，並從生成式代理架構的設計思想、模擬人類行為框架、沙箱環境等方面進行詳細闡述，幫助讀者深入了解其內部機制和工作原理。同時評估生成式代理的能力和局限性。

5.1 生成式代理簡介

生成式代理是一種先進的 AI 模型，它透過深度學習技術，捕捉和學習大量資料中的複雜模式和結構，理解資料中的現有資訊，並創造性地生成在統計特性上與原始資料集相似的新資料實例。例如，在文字生成領域中，生成式代理能夠根據給定的上下文或提示，創造出連貫、有意義的句子或段落，這些文字在語義上與人類的寫作相似；在影像處理領域中，生成式代理能夠生成逼真的影像，甚至能夠根據使用者的描述創造出特定的場景或物件。生成式代理的核心優勢在於創造性和靈活性，其能夠為藝術創作、內容生產、資料增強等提供強大的支援，推動 AI 技術在各個領域中的進一步發展。可以說，生成式代理代表了目前 AI 領域的一個新前端，其能夠建立出互動式、動態的虛擬環境，在模擬和模擬方面具有廣泛的應用潛力，如資料增強、虛擬環境建立、遊戲開發、藝術創作、語言模型、經濟模型、社交機器人、生物醫學模擬、軍事模擬等方面。

1．由來及功能

生成式代理的概念最早由史丹佛大學和 Google 公司的聯合研究團隊提出，他們將其定義為一類特殊的計算軟體代理，用來模擬可信的人類行為。在史丹佛 AI 小鎮這個範例專案中，這些代理能夠模擬人類日常活動（如起床、做早餐、上班），以及藝術家繪畫、作家寫作等創造性活動；能夠形成觀點、注意其他代理並與之對話，還可以記憶、反思過去的經歷和計畫未來的活動。

2．關鍵元件

生成式代理系統架構包含圖 5-1 所示的幾個關鍵元件。

5.1 生成式代理簡介

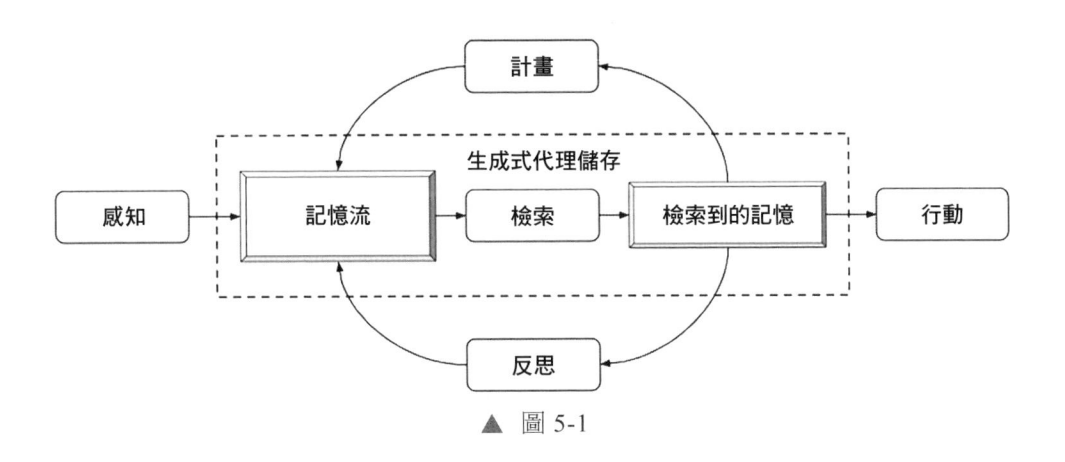

▲ 圖 5-1

感知（Perceive）：生成式代理首先感知其所處的環境和發生在周圍的事件。

記憶流（Memory Stream）：生成式代理的所有感知和經歷都被記錄在記憶流中，這是一個長期記憶模組，以自然語言的形式記錄生成式代理的所有感知和經歷。記憶流使得生成式代理能夠回顧過去，提取相關經驗，並將其應用於當前和未來的決策中。

檢索（Retrieve）：基於當前的感知和需要，生成式代理從記憶流中檢索相關資訊。

檢索到的記憶（Retrieved Memories）：這些是從記憶流中檢索出來的具體記憶，生成式代理將利用它們來形成決策。

反思（Reflect）：生成式代理不僅擁有記憶，還能夠對這些記憶進行高層次的反思，形成關於自身和其他人的更深入的推斷。這些反思幫助生成式代理從經驗中學習，並指導其行為。

計畫（Plan）：生成式代理能夠根據其記憶和反思制訂行動計畫。生成式代理以這些計畫指導日常行動，生成式並會根據環境變化和新接收的資訊來動態調整行動。

行動（Act）：生成式代理根據計畫採取行動，並根據行動結果更新其記憶流，從而為下一步的感知和決策提供依據。

第 5 章　生成式代理——以史丹佛 AI 小鎮為例

5.2　史丹佛 AI 小鎮專案簡介

史丹佛大學和 Google 公司的研究團隊合作發表了一篇名為 *Generative Agents: Interactive Simulacra of Human Behavior* 的文章，文章仲介紹了一種新型的 AI 技術——生成式代理，這項技術能夠建立模擬人類的互動式行為，使計算代理在虛擬環境中展現出類似人類的行為和社會交往能力。

5.2.1　史丹佛 AI 小鎮專案背景

史丹佛 AI 小鎮作為生成式代理的互動式沙箱環境，用於展示生成式代理如何在一個模擬的社會環境中與使用者及其他生成式代理互動，也是一個用於展示和測試生成式代理技術的平臺。在該互動式沙箱環境中，擴充了大語言模型，使用自然語言儲存生成式代理經歷的完整記錄，隨時間演進將記憶合成更高級別的反思，並透過動態檢索記憶和反思來計畫行動。史丹佛 AI 小鎮的環境和《模擬市民》（*The Sims*）遊戲的環境類似：代理們進行日常活動，形成社交關係、協調群眾活動等。例如，一個代理想要舉辦情人節派對，在接下來的兩周時間裡代理自主地傳播派對邀請資訊，結識新朋友，並協調其他代理在正確的時間一起出現在派對上。因為這個虛擬小鎮是由史丹佛大學和 Google 公司的研究團隊建立的，因此其有時被稱為「史丹佛 AI 小鎮」。從早期的《模擬市民》遊戲到現代的認知模型和虛擬環境，研究人員一直在探索如何創造能夠以逼真方式模擬人類行為的計算代理，史丹佛 AI 小鎮正是這一探索的前端成果，它透過生成式代理技術，為 AI 與人類互動提供了一個全新的平臺，這不僅是一個技術奇跡，更是研究人員對 AI 如何模擬人類行為的深刻探索。

5.2.2　史丹佛 AI 小鎮設計原理

史丹佛 AI 小鎮定義了一個虛擬社群，由 25 個生成式代理組成。在小鎮中，代理們進行各種日常活動，形成社交關係，並協調群眾活動。以下舉出幾個範例。

（1）日常生活模擬：代理們能夠模擬起床、做早餐、上班等日常活動，以及藝術家繪畫、作家寫作等創造性活動。

（2）社交互動：代理們能夠形成觀點，注意彼此，並開始對話。它們能夠記住過去的互動，並基於這些記憶來計畫未來的社交活動。

（3）群眾協調：代理們能夠協調群眾活動，如組織派對或社區活動。它們能夠傳播資訊，邀請其他代理參加活動，並在活動中進行互動。

（4）使用者互動：使用者可以透過自然語言與代理進行互動，觀察代理的行為，甚至干預其決策過程。

史丹佛 AI 小鎮的設計基於以下幾個核心原理。

（1）記憶流：每個代理都擁有自己的記憶流，這是一種長期記憶模組，用自然語言記錄了代理的所有經歷。

（2）反思：代理能夠將記憶中的事件綜合成更高層次的反思，幫助其做出更好的行為決策。

（3）計畫：代理能夠根據反思和當前環境制訂行動計畫，並在必要時進行調整。

（4）互動式沙箱環境：史丹佛 AI 小鎮提供了一個類似《模擬市民》遊戲場景的互動式環境，使用者可以觀察和干預代理的行為。

（5）自然語言處理：代理與使用者和其他代理的交流都是透過自然語言進行的，這使得互動更加自然和直觀。

5.2.3 史丹佛 AI 小鎮典型情景

在史丹佛 AI 小鎮中，25 個個性化的生成式代理扮演著不同的角色，進行著各種日常活動，以下是一些典型的情景。

（1）家庭生活：代理們在自己的家中醒來，整理個人衛生，準備早餐，並與家人交流。

（2）工作場景：代理們前往工作地點，執行它們的任務，如藝術家繪畫、作家寫作。

（3）社交活動：代理們在史丹佛 AI 小鎮的公共場所（如咖啡館、公園）進行社交，形成新的社交關係，甚至組織和參加派對。

（4）資訊傳播：重要資訊（如選舉和節日活動）在代理間傳播，其展示了資訊是如何在社區內擴散的。

（5）緊急情況處理：當出現緊急情況（如火災或家中設施損壞）時，代理們能夠做出合理的反應。

5.2.4 互動體驗

1．互動體驗的維度

（1）自我介紹與角色扮演：當使用者首次進入史丹佛 AI 小鎮時，他們有機會透過自然語言對生成式代理進行自我介紹。使用者可以選擇一個角色，或者創造一個全新的身份。生成式代理會根據使用者所選的角色來調整它的反應和互動方式，從而提供一種身臨其境的體驗。

（2）日常對話與資訊交換：使用者可以與生成式代理進行日常對話，詢問它的生活、工作、興趣等。生成式代理能夠根據它的記憶流中的資訊，舉出詳細的回答，使對話顯得自然而富有深度。此外，使用者也可以分享資訊，如新聞、事件或個人見解，生成式代理會將這些資訊整合到它的知識庫中，並可能在與其他代理的交流中傳播這些資訊。

（3）情感交流與支持：史丹佛 AI 小鎮的生成式代理被設計成能夠辨識和表達情感。使用者可以與生成式代理分享自己的感受，它會給予使用者情感上的支持和安慰。這種情感層面的互動不僅增強了使用者的沉浸感，也使得生成式代理能夠更好地理解和響應使用者的需求。

（4）社交活動與事件策劃：使用者可以參與到生成式代理的社交活動中，如派對或節日慶典，還可以與生成式代理一起策劃這些活動，從選擇地點到安排活動流程。透過這樣的合作，使用者能夠更深入地了解生成式代理的個性和社群網站。

（5）決策參與與影響：在史丹佛 AI 小鎮中，使用者的決策可以對生成式代理的行為產生實質性的影響。例如，使用者可以建議生成式代理參加某個活動或改變它的日常生活習慣。生成式代理會考慮使用者的建議，並將其納入它的長期計畫中。

2．互動體驗的深度

（1）記憶與學習：生成式代理的記憶流不僅記錄了它的經歷，還包含了與使用者的互動。這些記憶使得生成式代理能夠從過去的經驗中學習，並在未來的互動中展現出更深層次的理解。

（2）個性化反應：每個生成式代理都被賦予了獨特的個性和行為模式。在與使用者的互動中，生成式代理能夠根據使用者的特點和偏好做出個性化的反應，使得每一次的交流都獨一無二。

（3）社會動態的模擬：史丹佛 AI 小鎮中的生成式代理形成了一個複雜的社會網路，使用者可以透過觀察和參與生成式代理之間的互動來了解社會動態是如何在生成式代理之間形成和演變的。

3．互動體驗的廣度

（1）多角色互動：使用者可以同時與多個生成式代理進行互動，體驗不同的社交場景和角色關係。這種多角色互動不僅豐富了使用者的體驗，也展示了生成式代理在處理複雜的社會關係方面的能力。

（2）環境互動：史丹佛 AI 小鎮提供了一個互動的環境，使用者可以改變生成式代理所處的環境，如調整家中的版面配置或改變公共場所的裝飾。這些環境變化能夠提高和激發生成式代理的適應性和創造力。

（3）長期互動的潛力：隨著時間的演進，使用者與生成式代理之間的關係可以逐漸發展和深化。長期互動使得生成式代理能夠展現出更加複雜和細膩的行為，同時讓使用者感受到更深層次的參與感。

5.2.5 技術實現

史丹佛 AI 小鎮的技術實現是一個複雜而精細的有機體，它涉及多個層面的整合，包括自然語言處理、機器學習、認知建模及電腦圖形學等，以下是對這一實現的詳細描述。

1·架構概述

史丹佛 AI 小鎮的架建構立在一個先進的計算模型上，該模型融合了大語言模型（如 ChatGPT）和一系列訂製的軟體元件。這些元件協作工作，使得每個生成式代理都能夠感知環境、儲存記憶、進行反思、計畫行動，並與使用者及其他代理進行互動。

2·記憶流

每個生成式代理的核心是其記憶流，這是一個動態更新的資料庫，記錄了生成式代理的所有經歷和感知。記憶流不僅包括生成式代理的個人經歷，還可能包括與環境和其他代理的互動。這些記憶以自然語言的形式儲存，使得生成式代理能夠利用大語言模型來檢索和分析這些資訊。

3·記憶檢索與合成

生成式代理的行為和決策過程相依於對記憶流中資訊的有效檢索。透過一個複雜的檢索系統，生成式代理可以根據當前的情境和需求，從記憶流中提取相關資訊。檢索系統考慮了記憶的相關性、時效性和重要性，以確保生成式代理能夠做出最合適的反應。

4·反思與決策制定

反思是生成式代理行為的一個關鍵組成部分，它允許生成式代理從過去的經驗中學習，並據此調整其行為。透過一個高級的反思機制，生成式代理能夠將記憶合成為更高層次的推斷和決策，這些決策不僅基於當前的情況，也考慮了長期的目標和計畫。

5. 計畫與行動

在確定了行動方針後，生成式代理將制訂詳細的行動計畫。這些計畫包括了一系列的步驟和目標，生成式代理將按照這些計畫來執行具體的行為。計畫系統能夠處理長期和短期的計畫，以確保生成式代理的行為在時間上具有連貫性。

6. 互動式沙箱環境

史丹佛 AI 小鎮的環境是一個互動式沙箱，它提供了一個模擬的社會空間，生成式代理可以在其中自由行動和互動。互動式沙箱環境的設計允許使用者以自然語言的形式介入和操縱，從而觀察和影響生成式代理的行為。

7. 使用者互動與生成式代理反應

使用者可以透過自然語言與生成式代理進行交流，生成式代理將根據使用者的輸入來調整其行為和計畫。這種對話模式不僅包括簡單的問答，還可能涉及複雜的情感交流和社會互動。

8. 社會動態與群眾行為

史丹佛 AI 小鎮的生成式代理能夠透過資訊傳播、關係形成和群眾協調等自發的群眾行為來表達複雜的社會動態，這些群眾行為是由生成式代理之間的互動自然產生的，而非預先程式設計好的。

9. 技術挑戰與最佳化

實現史丹佛 AI 小鎮的技術架構面臨著多種挑戰，包括如何處理和儲存大量的記憶資料、如何提高檢索和反思的效率，以及如何確保生成式代理行為的可信度和連貫性。研究人員需要不斷地最佳化演算法，改進模型，以應對這些挑戰。

10．未來展望

隨著技術的進步，史丹佛 AI 小鎮的架構有望變得更加精細和高效。未來的工作可能會集中在提高生成式代理的自主性、增強互動體驗的真實性，以及探索生成式代理在更廣泛領域中的應用。

5.2.6 社會影響

史丹佛 AI 小鎮的生成式代理對社會產生了廣泛而深遠的影響。其不僅改變了研究團隊與技術的互動方式，還引發了關於心理、社會、倫理和法律等多個層面的重要討論。隨著 AI 技術的不斷發展，研究團隊需要持續關注這些社會影響，並積極尋求解決方案，以確保 AI 技術能夠在促進社會進步的同時，符合人類的長遠利益。

1．心理層面的影響

生成式代理在史丹佛 AI 小鎮中的行為和互動，對使用者的心理體驗有著直接的影響。生成式代理透過模仿人類的社交行為，能夠提供陪伴和情感支援，這對於緩解孤獨感、提升情緒狀態具有積極作用。同時，這種互動能夠作為心理治療的輔助工具，幫助人們在安全的環境中探索和解決個人情感問題。

2．社會互動的變革

史丹佛 AI 小鎮提供了一個平臺，讓使用者以新的方式與生成式代理進行社會互動。在這個平臺中，生成式代理能夠模擬真實的社交場景，提供一種超越現實社交限制的體驗。這種新型的社交模式可能會改變人們對社會互動的認知和期待，促進社會包容性和多樣性的發展。

3．教育與職業培訓的應用

生成式代理在教育與職業培訓領域中具有巨大的潛力。在史丹佛 AI 小鎮中，生成式代理可以模擬各種職業角色，提供實踐操作的機會，幫助學習者在模擬環境中掌握必要的技能。此外，生成式代理還能夠根據學習者的學習進度和表現，提供個性化的指導和回饋。

4 · 倫理和道德的考量

隨著生成式代理在社會中的作用日益增強，倫理和道德問題也日益凸顯。例如，生成式代理是否應該擁有某種形式的權利？其行為是否應該受到道德規範的約束？史丹佛 AI 小鎮提供了一個實驗場，讓研究團隊能夠在實際應用之前，對這些問題進行深入的探討和反思。

5 · 法律和政策的挑戰

生成式代理的廣泛應用對現有的法律系統和政策提出了挑戰。例如，當生成式代理參與決策或提供服務時，如何界定責任歸屬？如何確保生成式代理的行為不會侵犯個人隱私或造成不公平的歧視？這些問題需要政策制定者、技術開發者及社會各界共同思考和解決。

6 · 社會結構的模擬與分析

史丹佛 AI 小鎮作為一個微觀社會模型，可以用來模擬和分析更廣泛的社會結構和動態。透過觀察生成式代理之間的互動過程和群眾行為，可以幫助研究人員更好地理解社會網路、資訊傳播、群眾決策等複雜行為。

7 · 文化多樣性的表現

生成式代理在史丹佛 AI 小鎮中可以生成不同的文化背景和社會身份，這為研究文化多樣性提供了一個獨特的角度。透過模擬不同文化背景下的行為和交流模式，可以增進研究團隊對不同文化價值觀和生活方式的理解，促進跨文化的交流和融合。

8 · 人類行為的鏡像

史丹佛 AI 小鎮中的生成式代理，可以作為人類行為的一個鏡像，反映出研究團隊的社會屬性和心理特徵。透過觀察和分析代理的行為，研究團隊可以更深入地了解自己的行為模式、決策過程及情感反應。

5.3 史丹佛 AI 小鎮體驗

5.3.1 資源準備

要運行史丹佛 AI 小鎮，需要提前準備好開發環境和原始程式碼等。開放原始碼專案檔案 generative_agents 程式從 GitHub 官方網站下載，開發環境使用 Visual Studio Code（VSCode），套件管理和環境管理使用 AnaConda，開發語言使用 JavaScript 和 Python，原始程式碼使用開發框架 Bootstrap/Django 和開發套件 OpenAI。

5.3.2 部署運行

1．環境設置

步驟 1：下載 generative_agents 開放原始碼專案檔案程式。

開啟 VSCode，在「啟動」選單中選擇「複製 Git 倉庫」命令，如圖 5-2 所示。

▲ 圖 5-2

在彈出的視窗中首先按一下「從 github 複製」按鈕，輸入如下內容：

git@github.com:joonspk-research/generative_agents.git

然後選擇顯示的專案，並選擇對應的本地目錄進行儲存。複製需要一段時間，請耐心等待。複製完成後，開啟 generative_agents 專案中的「powershell」介面，在命令列中輸入如下命令：

5.3 史丹佛 AI 小鎮體驗

```
conda create -n genAgent2 python==3.9.12
```

圖 5-3 所示為建立專案運行專用環境 genAgent2 示意圖，提示使用者是否選擇安裝下列安裝套件，輸入「y」，繼續進行相關安裝。

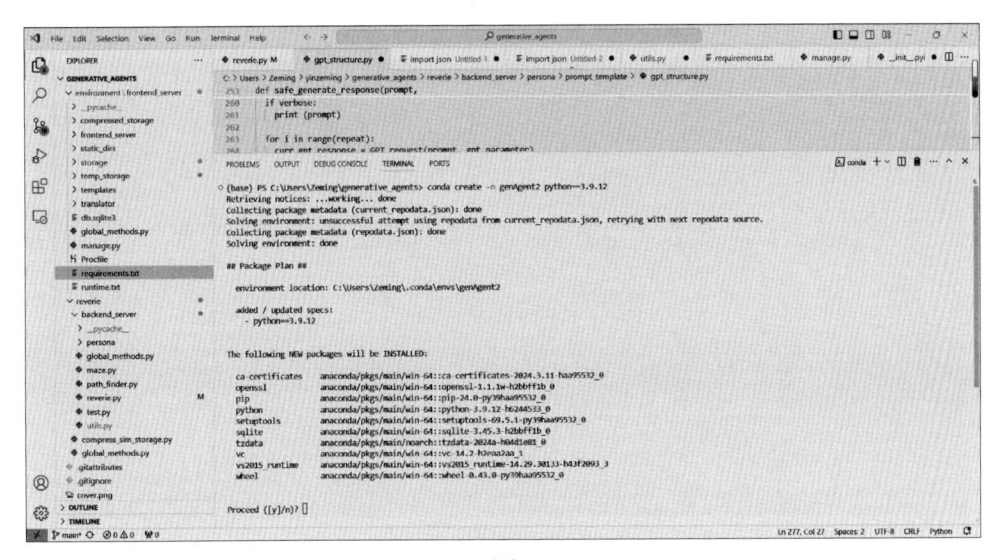

▲ 圖 5-3

環境建立完成後，「powershell」介面顯示為圖 5-4 所示的資訊。

▲ 圖 5-4

第 5 章 生成式代理——以史丹佛 AI 小鎮為例

在命令列中輸入如下命令：

```
conda activate genAgent2
```

啟動並切換到專用環境 genAgent2 中，如圖 5-5 所示。

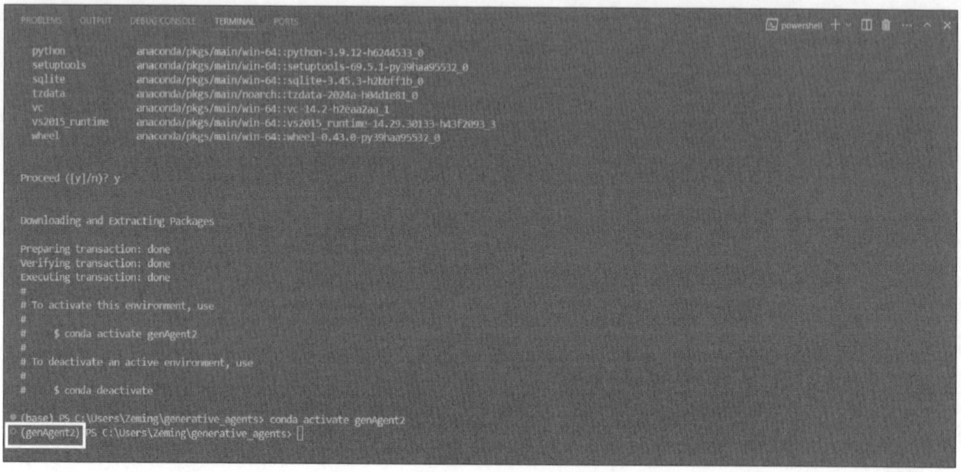

▲ 圖 5-5

步驟 2：安裝 requirements.txt 檔案中包含的安裝套件。

requirements.txt 檔案中包含的安裝套件（Python 版本為 3.9.12）如圖 5-6 所示。

如圖 5-7 所示，在「powershell」介面中輸入「pip install -r requirements.txt」命令，安裝相依環境所需的安裝套件。

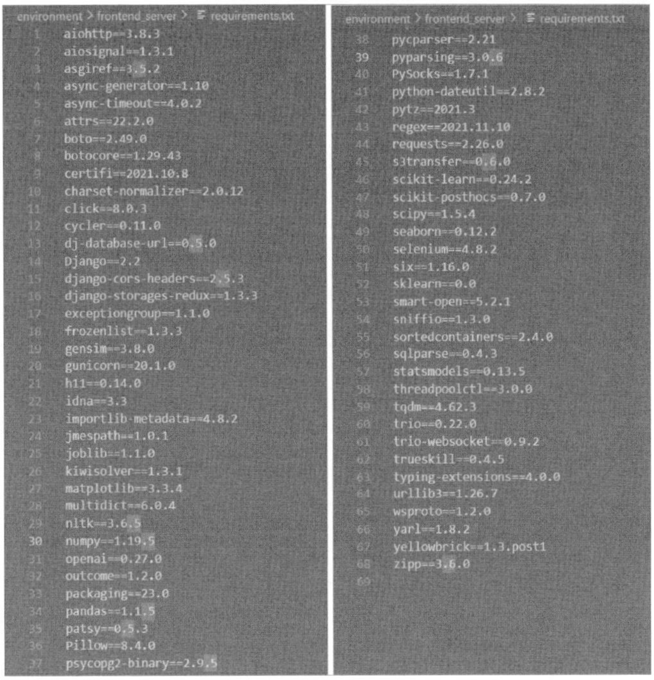

```
environment > frontend_server > requirements.txt
aiohttp==3.8.3
aiosignal==1.3.1
asgiref==3.5.2
async-generator==1.10
async-timeout==4.0.2
attrs==22.2.0
boto==2.49.0
botocore==1.29.43
certifi==2021.10.8
charset-normalizer==2.0.12
click==8.0.3
cycler==0.11.0
dj-database-url==0.5.0
Django==2.2
django-cors-headers==2.5.3
django-storages-redux==1.3.3
exceptiongroup==1.1.0
frozenlist==1.3.3
gensim==3.8.0
gunicorn==20.1.0
h11==0.14.0
idna==3.3
importlib-metadata==4.8.2
jmespath==1.0.1
joblib==1.1.0
kiwisolver==1.3.1
matplotlib==3.3.4
multidict==6.0.4
nltk==3.6.5
numpy==1.19.5
openai==0.27.0
outcome==1.2.0
packaging==23.0
pandas==1.1.5
patsy==0.5.3
Pillow==8.4.0
psycopg2-binary==2.9.5
```

```
environment > frontend_server > requirements.txt
pycparser==2.21
pyparsing==3.0.6
PySocks==1.7.1
python-dateutil==2.8.2
pytz==2021.3
regex==2021.11.10
requests==2.26.0
s3transfer==0.6.0
scikit-learn==0.24.2
scikit-posthocs==0.7.0
scipy==1.5.4
seaborn==0.12.2
selenium==4.8.2
six==1.16.0
sklearn==0.0
smart-open==5.2.1
sniffio==1.3.0
sortedcontainers==2.4.0
sqlparse==0.4.3
statsmodels==0.13.5
threadpoolctl==3.0.0
tqdm==4.62.3
trio==0.22.0
trio-websocket==0.9.2
trueskill==0.4.5
typing-extensions==4.0.0
urllib3==1.26.7
wsproto==1.2.0
yarl==1.8.2
yellowbrick==1.3.post1
zipp==3.6.0
```

▲ 圖 5-6

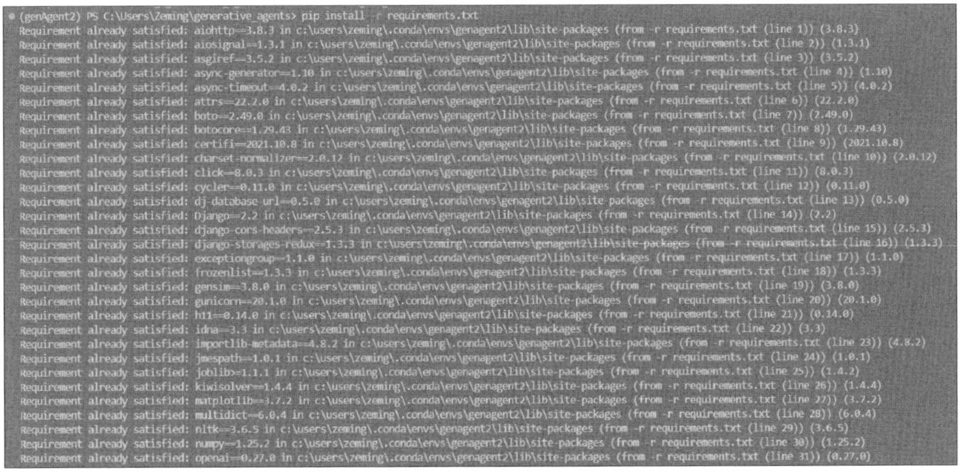

```
(genAgent2) PS C:\Users\Zeming\generative_agents> pip install -r requirements.txt
Requirement already satisfied: aiohttp==3.8.3 in c:\users\zeming\.conda\envs\genagent2\lib\site-packages (from -r requirements.txt (line 1)) (3.8.3)
Requirement already satisfied: aiosignal==1.3.1 in c:\users\zeming\.conda\envs\genagent2\lib\site-packages (from -r requirements.txt (line 2)) (1.3.1)
Requirement already satisfied: asgiref==3.5.2 in c:\users\zeming\.conda\envs\genagent2\lib\site-packages (from -r requirements.txt (line 3)) (3.5.2)
Requirement already satisfied: async-generator==1.10 in c:\users\zeming\.conda\envs\genagent2\lib\site-packages (from -r requirements.txt (line 4)) (1.10)
Requirement already satisfied: async-timeout==4.0.2 in c:\users\zeming\.conda\envs\genagent2\lib\site-packages (from -r requirements.txt (line 5)) (4.0.2)
Requirement already satisfied: attrs==22.2.0 in c:\users\zeming\.conda\envs\genagent2\lib\site-packages (from -r requirements.txt (line 6)) (22.2.0)
Requirement already satisfied: boto==2.49.0 in c:\users\zeming\.conda\envs\genagent2\lib\site-packages (from -r requirements.txt (line 7)) (2.49.0)
Requirement already satisfied: botocore==1.29.43 in c:\users\zeming\.conda\envs\genagent2\lib\site-packages (from -r requirements.txt (line 8)) (1.29.43)
Requirement already satisfied: certifi==2021.10.8 in c:\users\zeming\.conda\envs\genagent2\lib\site-packages (from -r requirements.txt (line 9)) (2021.10.8)
Requirement already satisfied: charset-normalizer==2.0.12 in c:\users\zeming\.conda\envs\genagent2\lib\site-packages (from -r requirements.txt (line 10)) (2.0.12)
Requirement already satisfied: click==8.0.3 in c:\users\zeming\.conda\envs\genagent2\lib\site-packages (from -r requirements.txt (line 11)) (8.0.3)
Requirement already satisfied: cycler==0.11.0 in c:\users\zeming\.conda\envs\genagent2\lib\site-packages (from -r requirements.txt (line 12)) (0.11.0)
Requirement already satisfied: dj-database-url==0.5.0 in c:\users\zeming\.conda\envs\genagent2\lib\site-packages (from -r requirements.txt (line 13)) (0.5.0)
Requirement already satisfied: Django==2.2 in c:\users\zeming\.conda\envs\genagent2\lib\site-packages (from -r requirements.txt (line 14)) (2.2)
Requirement already satisfied: django-cors-headers==2.5.3 in c:\users\zeming\.conda\envs\genagent2\lib\site-packages (from -r requirements.txt (line 15)) (2.5.3)
Requirement already satisfied: django-storages-redux==1.3.3 in c:\users\zeming\.conda\envs\genagent2\lib\site-packages (from -r requirements.txt (line 16)) (1.3.3)
Requirement already satisfied: exceptiongroup==1.1.0 in c:\users\zeming\.conda\envs\genagent2\lib\site-packages (from -r requirements.txt (line 17)) (1.1.0)
Requirement already satisfied: frozenlist==1.3.3 in c:\users\zeming\.conda\envs\genagent2\lib\site-packages (from -r requirements.txt (line 18)) (1.3.3)
Requirement already satisfied: gensim==3.8.0 in c:\users\zeming\.conda\envs\genagent2\lib\site-packages (from -r requirements.txt (line 19)) (3.8.0)
Requirement already satisfied: gunicorn==20.1.0 in c:\users\zeming\.conda\envs\genagent2\lib\site-packages (from -r requirements.txt (line 20)) (20.1.0)
Requirement already satisfied: h11==0.14.0 in c:\users\zeming\.conda\envs\genagent2\lib\site-packages (from -r requirements.txt (line 21)) (0.14.0)
Requirement already satisfied: idna==3.3 in c:\users\zeming\.conda\envs\genagent2\lib\site-packages (from -r requirements.txt (line 22)) (3.3)
Requirement already satisfied: importlib-metadata==4.8.2 in c:\users\zeming\.conda\envs\genagent2\lib\site-packages (from -r requirements.txt (line 23)) (4.8.2)
Requirement already satisfied: jmespath==1.0.1 in c:\users\zeming\.conda\envs\genagent2\lib\site-packages (from -r requirements.txt (line 24)) (1.0.1)
Requirement already satisfied: joblib>=1.1.1 in c:\users\zeming\.conda\envs\genagent2\lib\site-packages (from -r requirements.txt (line 25)) (1.4.2)
Requirement already satisfied: kiwisolver==1.4.4 in c:\users\zeming\.conda\envs\genagent2\lib\site-packages (from -r requirements.txt (line 26)) (1.4.4)
Requirement already satisfied: matplotlib==3.7.2 in c:\users\zeming\.conda\envs\genagent2\lib\site-packages (from -r requirements.txt (line 27)) (3.7.2)
Requirement already satisfied: multidict==6.0.4 in c:\users\zeming\.conda\envs\genagent2\lib\site-packages (from -r requirements.txt (line 28)) (6.0.4)
Requirement already satisfied: nltk==3.6.5 in c:\users\zeming\.conda\envs\genagent2\lib\site-packages (from -r requirements.txt (line 29)) (3.6.5)
Requirement already satisfied: numpy==1.25.2 in c:\users\zeming\.conda\envs\genagent2\lib\site-packages (from -r requirements.txt (line 30)) (1.25.2)
Requirement already satisfied: openai==0.27.0 in c:\users\zeming\.conda\envs\genagent2\lib\site-packages (from -r requirements.txt (line 31)) (0.27.0)
```

▲ 圖 5-7

第 5 章　生成式代理——以史丹佛 AI 小鎮為例

安裝成功後的介面如圖 5-8 所示。

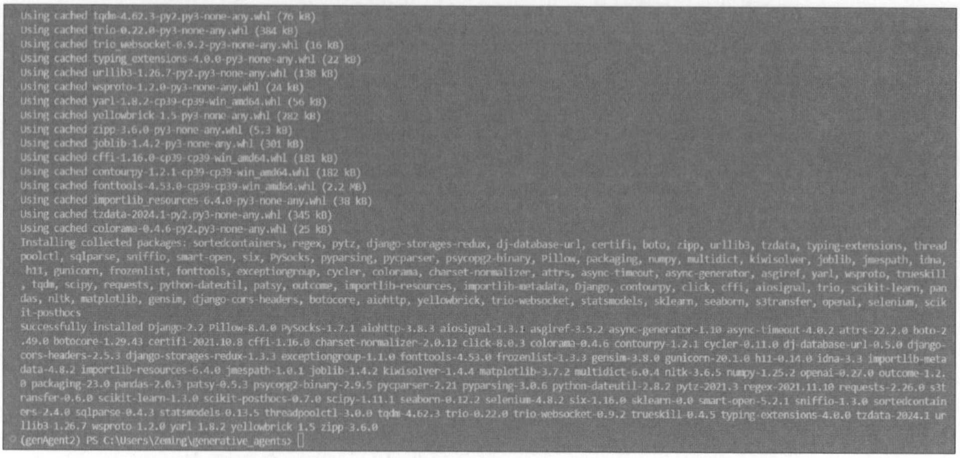

▲ 圖 5-8

步驟 3：生成 utils.py 檔案。

在下載和開啟相關專案後，為保證系統正常運行，要設置環境，生成一個包含 OpenAI API 金鑰的 utils.py 檔案並下載必要的軟體套件。

在資料夾 reverie/backend_server 中，建立一個名為「utils」的新檔案，將以下內容複製並貼上到該檔案中：

```python
# Copy and paste your OpenAI API Key
openai_api_key = "<Your OpenAI API>"
# Put your name
key_owner = "<Name>"

maze_assets_loc = "../../environment/frontend_server/static_dirs/assets"
env_matrix = f"{maze_assets_loc}/the_ville/matrix"
env_visuals = f"{maze_assets_loc}/the_ville/visuals"

fs_storage = "../../environment/frontend_server/storage"
fs_temp_storage = "../../environment/frontend_server/temp_storage"

collision_block_id = "32125"

# Verbose
debug = True
```

將其中 openai_api_key 的值修改為自己的 OpenAI API Key，key_owner = "" 根據自己的喜好起一個名字即可。生成的 utils.py 檔案位於 VSCode 環境中，如圖 5-9 所示。

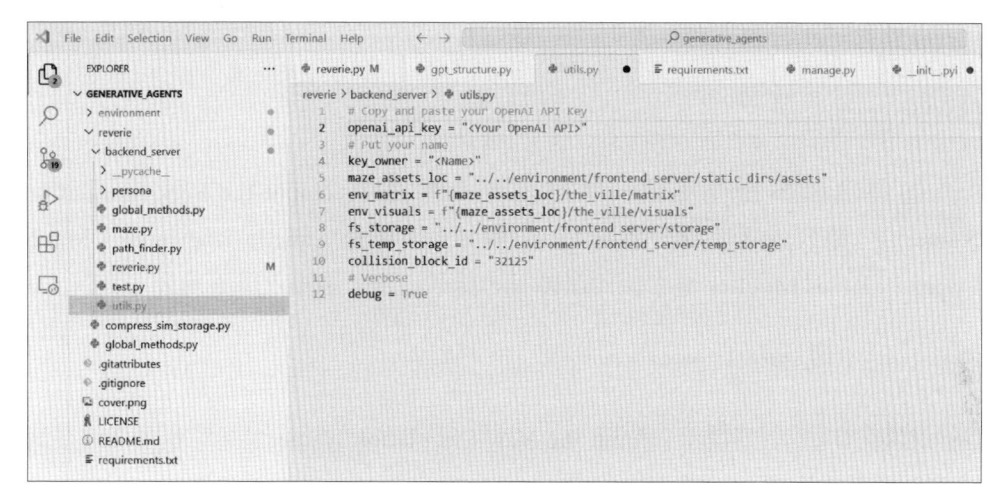

▲ 圖 5-9

2・運行模擬

要運行一個新的模擬範例，需要同時啟動兩台伺服器：環境伺服器和模擬伺服器。

步驟 1：啟動環境伺服器。

環境是基於 Django 專案實現的，因此需要啟動 Django 伺服器。在「power-shell」介面中轉至 environment/frontend_server 路徑下運行如下命令：

```
python manage.py runserver
```

透過瀏覽器存取 http://localhost:8000/，如果看到一筆訊息「您的環境伺服器已啟動並正在運行」，則表明伺服器運行正常。

步驟 2：啟動模擬伺服器。

開啟另一個「powershell」介面（在步驟 1 中使用的命令列應該仍在運行環境伺服器，因此請保持原樣），在該「powershell」介面中轉至 reverie/backend_server 路徑下運行如下命令：

```
python reverie.py
```

這將啟動模擬伺服器，並出現命令列提示「Input the Fork Simulation Name：」（輸入分叉模擬的名稱：）。例如，要模擬 Isabella Rodriguez、Maria Lopez 和 Klaus Mueller 這 3 個代理參與的群眾行為，請輸入以下內容：

```
base_the_ville_isabella_maria_klaus
```

然後出現命令列提示「Input the New Simulation Name：」，可輸入任何名稱來表示當前的模擬，如「test-simulation」。

```
test-simulation
```

保持模擬伺服器運行，此時會出現「Input the option：」的提示。

步驟 3：運行並儲存模擬。

透過瀏覽器存取 http://localhost:8000/simulator_home，史丹佛 AI 小鎮運行效果如圖 5-10 所示，使用者會看到小鎮地圖，以及地圖上的生成式代理清單。可以使用鍵盤上的方向鍵在地圖上移動。如果要運行模擬，則在模擬伺服器中輸入命令「run」以回應「Input the option：」的提示。

5.3 史丹佛 AI 小鎮體驗

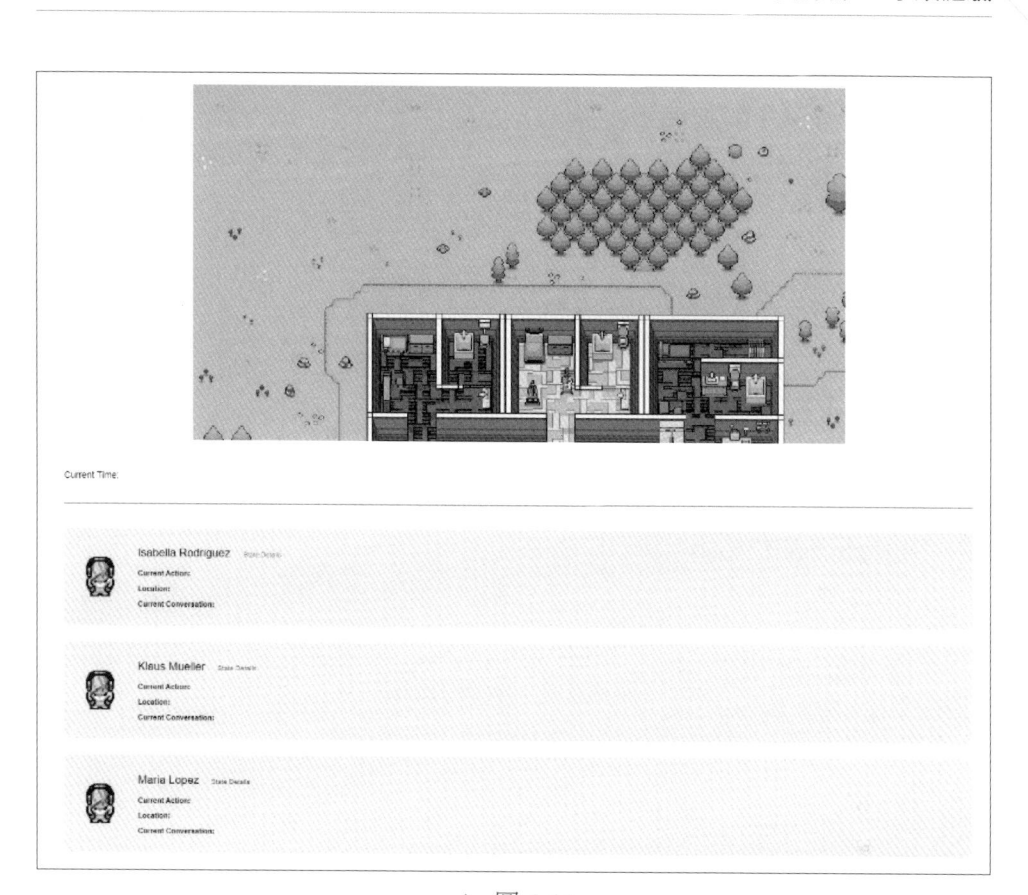

▲ 圖 5-10

　　按一下任一生成式代理的資訊項，會出現圖 5-11 所示的展示該代理（以 Isabella 為例）的詳細資訊圖，包括姓名、年齡、當前時間等基本資訊，視野半徑、關注頻寬、保持力等設置資訊，性格、習得傾向、當前活動內容、睡眠習慣等習慣和活動資訊，當前行動狀態資訊，記憶資訊等。

第 5 章　生成式代理——以史丹佛 AI 小鎮為例

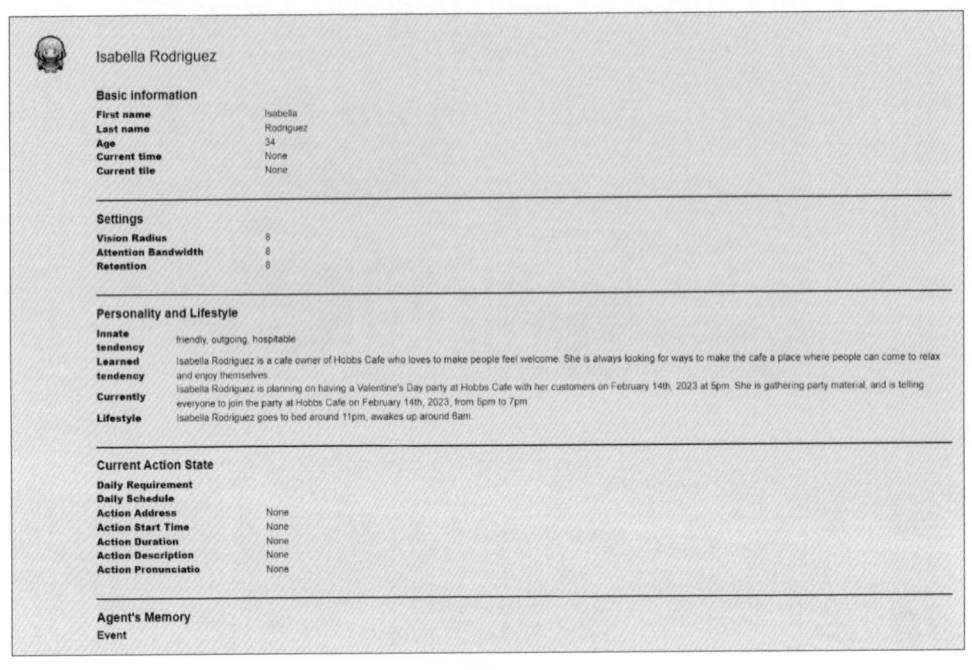

```
Isabella Rodriguez

Basic information
First name              Isabella
Last name               Rodriguez
Age                     34
Current time            None
Current tile            None

Settings
Vision Radius           8
Attention Bandwidth     8
Retention               8

Personality and Lifestyle
Innate          friendly, outgoing, hospitable
tendency
Learned         Isabella Rodriguez is a cafe owner of Hobbs Cafe who loves to make people feel welcome. She is always looking for ways to make the cafe a place where people can come to relax
tendency        and enjoy themselves.
Currently       Isabella Rodriguez is planning on having a Valentine's Day party at Hobbs Cafe with her customers on February 14th, 2023 at 5pm. She is gathering party material, and is telling
                everyone to join the party at Hobbs Cafe on February 14th, 2023, from 5pm to 7pm.
Lifestyle       Isabella Rodriguez goes to bed around 11pm, awakes up around 6am.

Current Action State
Daily Requirement
Daily Schedule
Action Address          None
Action Start Time       None
Action Duration         None
Action Description      None
Action Pronunciatio     None

Agent's Memory
Event
```

▲ 圖 5-11

5.4　生成式代理的行為和互動

在史丹佛 AI 小鎮中，使用者可以與生成式代理進行互動，描述生成式代理在其中的行為，介紹為這些功能和互動提供支撐的生成式代理架構，描述互動式沙箱環境的實現及生成式代理如何與沙箱世界的底層引擎進行互動。

5.4.1　模擬個體和個體間的交流

史丹佛 AI 小鎮裡有 25 個個性化的生成式代理，每個生成式代理由一個模擬個體表示。研究團隊為每個生成式代理撰寫了一段自然語言描述，以描繪它們的身份，包括它們的職業和與其他代理的關係，其被作為種子記憶。例如，對 John Lin 有以下描述：

John Lin 是 Willows Market and Pharmacy 的店主，它喜歡幫助別人。它總是在尋找使顧客更容易獲得藥物的方法。John Lin 和它的妻子 Mei Lin（一位大學教授）及兒子 Eddy Lin（一位學習音樂理論的學生）住在一起。John Lin 非常愛它的家庭。John Lin 已經與隔壁的老夫婦 Sam Moore 和 Jennifer Moore 認識了幾年，John Lin 認為 Sam Moore 是一個善良和友善的人。John Lin 和它的鄰居 Yuriko Yamamoto 很熟。John Lin 知道它的鄰居 Tamara Taylor 和 Carmen Ortiz，但之前沒有見過它們。John Lin 和 Tom Moreno 是 The Willows Market and Pharmacy 的同事。John Lin 和 Tom Moreno 是朋友，喜歡一起討論當地政治。John Lin 對 Tom Moreno 的家庭比較熟悉——丈夫 Tom Moreno 和妻子 Jane Moreno。

1·生成式代理間的交流

生成式代理透過行動與其他代理互動，它們之間透過自然語言相互交流。在沙箱引擎的每個時間步驟中，生成式代理會輸出一個自然語言宣告來描述它們當前的行動，例如，「Isabella Rodriguez 正在寫日記」「Isabella Rodriguez 正在查看郵件」「Isabella Rodriguez 正在和家人通電話」「Isabella Rodriguez 正在準備上床睡覺」。這個宣告隨後被翻譯成影響沙箱世界的具體動作。這個動作在沙箱介面上顯示為一組表情符號，從俯視角度提供對動作的抽象表示。為了實現這一點，系統使用大語言模型將行動翻譯成一組表情符號，這些表情符號出現在每個圖示的氣泡中。例如，「Isabella Rodriguez 正在寫日記」顯示為，而「Isabella Rodriguez 正在查看郵件」則顯示為。使用者可以透過按一下代理的圖示來查看該動作的完整自然語言描述。

生成式代理之間用自然語言相互交流，並了解其所在地區的其他代理。生成式代理架構決定了它們是走過去還是進行對話。這裡有一個生成式代理 Isabella Rodriguez 和 Tom Moreno 之間關於即將到來的選舉的對話樣本。

Isabella：我還在權衡我的選擇，但我一直在和 Sam Moore 討論選舉。你對它有什麼看法？

Tom：老實說，我不喜歡 Sam Moore。我認為它與社區脫節，並沒有把研究團隊的最佳利益放在心上。

2．使用者控制

使用者透過指定生成式代理的人物角色來與它透過自然語言進行交流。例如，如果使用者指定生成式代理 John 是「新聞記者」並問道，「誰將競選公職」？生成式代理則會回答：

我的朋友 Yuriko、Tom 和我一直在討論即將到來的選舉，並討論候選人 Sam。研究團隊都同意投票給它，因為我們喜歡它的平臺。

想要直接在其中一個生成式代理下達命令，使用者需要作為生成式代理的「內心聲音」——這使得生成式代理更有可能將該陳述視為指令。例如，當使用者以 John 的內心聲音說「你將在即將到來的選舉中與 Sam 競選」時，John 決定參加選舉，並與它的妻子和兒子分享了它的候選身份。

5.4.2 環境互動

史丹佛 AI 小鎮具備小村莊常見的空間，包括咖啡館、酒吧、公園、學校、宿舍、房屋和商店等。其還定義了使這些空間功能化的子區域和物件，如房屋中的廚房和廚房中的爐子。所有生成式代理的主要生活區空間都設有床、書桌、衣櫃、書架，還包括浴室和廚房。示意圖如圖 5-12 所示。

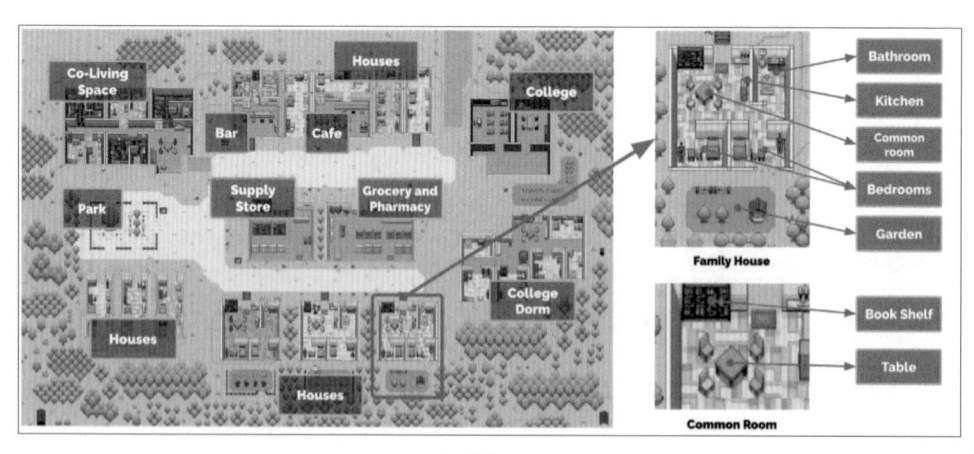

▲ 圖 5-12

5.4 生成式代理的行為和互動

　　生成式代理像在簡單的電子遊戲中一樣在史丹佛 AI 小鎮中移動，進入和離開建築物，導航地圖，並接近其他代理。生成式代理的移動由生成式代理架構和沙箱引擎指導：當模型指示生成式代理移動到某個位置時，研究團隊計算 AI 小鎮環境中到目的地的步行路徑，生成式代理開始移動。此外，使用者也可以作為在 AI 小鎮中操作的生成式代理進入沙箱世界。使用者控制的生成式代理可以是已經存在於沙箱世界中的代理，如 Isabella 和 John，也可以是沒有任何 AI 小鎮歷史背景的外來存取者。AI 小鎮的居民對使用者控制的生成式代理的待遇與對待彼此的方式沒有區別，它們會辨識生成式代理的存在，主動與它互動，並在形成對它的看法之前記住它的行為。

　　使用者和生成式代理可以影響這個沙箱世界中物體的狀態，就像在《模擬市民》等沙箱遊戲中一樣。例如，當代理睡覺時，床可以被佔用，當代理做早餐用完材料時，冰箱可能是空的。使用者還可以透過用自然語言重寫代理周圍物體的狀態來重新塑造代理在 AI 小鎮中的環境。例如，當 Isabella 早上在做早餐時，使用者可以透過輸入指令將廚房爐灶的狀態從「開啟」改為「著火」，指令如下：「<Isabella 的公寓：廚房：爐灶 > 著火了。」Isabella 會在下一刻注意到這一點，然後去關掉爐灶並重新做早餐。同樣地，如果使用者在 Isabella 進入浴室時將淋浴器的狀態設置為「漏水」，則它會從客廳拿來工具並嘗試修理漏水問題。

5.4.3 範例「日常生活中的一天」

　　從單段描述開始，生成式代理開始計畫它們的一天。隨著沙箱世界中時間的流逝，這些生成式代理的行為隨著它們彼此之間的互動和與世界的互動而演變，其建立記憶和關係，並協調聯合活動。

　　本節透過追蹤系統在一天中的輸出，展示了生成式代理的行為，以代理 John Lin 為例，如圖 5-13 所示。在 John 的家裡，John 早上 7:00 第一個起床。它刷牙、洗澡、穿衣、吃早餐，並在客廳的餐桌上看新聞。早上 7:30，Eddy 緊隨其後，匆匆起床為上課做準備，並在 John 正要出門時趕上了它。

第 5 章　生成式代理——以史丹佛 AI 小鎮為例

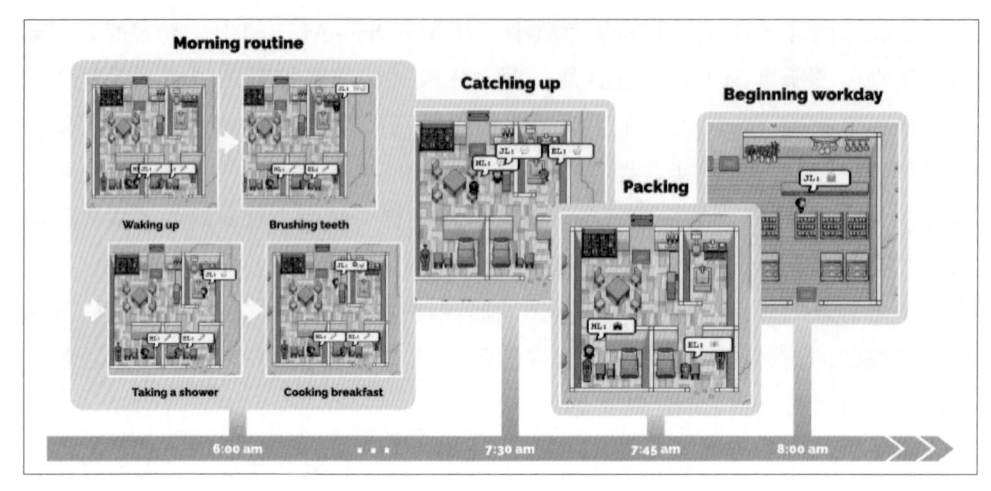

▲ 圖 5-13

John：早安，Eddy。你睡得好嗎？

Eddy：早安，爸爸。我睡得很好。

John：那很好。你正在做什麼？

Eddy：我正在為我的課創作一首新的音樂作品。這周就要提交了，所以我正在努力完成它，但我真的很享受這個過程！

John：聽起來很棒！

Eddy 出門後不久，Mei 起床來到 John 身邊坐下。Mei 詢問了它的兒子，John 和 Eddy 的對話如下。

Mei：Eddy 已經去學校了嗎？

John：是的，它剛走。它正在為它的課創作音樂作品。

Mei：哦，那太好了！給我詳細講講。

John：我覺得它很喜歡這個。它說它很享受這個過程。

Mei：那太好了！我為它感到驕傲。

當它們結束對話後，Mei 和 John 收拾行裝。Mei 繼續去教課和撰寫它的研究論文，而 John 在上午 9:00 前開啟史丹佛 AI 小鎮藥房的櫃檯開始工作。

5.4.4 自發社會行為

透過彼此互動，史丹佛 AI 小鎮中的生成式代理相互交換資訊，形成新的關係並協調聯合活動。這些社會行為是自發的，而非預先程式設計的。

1・資訊傳播

當代理們注意到彼此時，它們可能會進行對話——在這個過程中，資訊可以從一個代理傳播到另一個代理。例如，在 Sam 和 Tom 之間的對話中，Sam 告訴 Tom，它正在參加當地選舉。

Sam：嘿，Tom，最近怎麼樣？

Tom：很好，謝謝。怎麼了？

Sam：嗯，我想和你談一些事情。實際上，我正在參加即將到來的當地選舉。

Tom：真的嗎？那太好了！你為什麼要參選？

Sam：我多年來一直想參與當地政治，我真的覺得我可以在研究團隊中產生影響。另外，我想帶來新的想法和觀點。

2・關係記憶

史丹佛 AI 小鎮中的生成式代理之間隨著時間的演進形成新的關係，並記住彼此的互動。例如，在開始時，Sam 不認識 Latoya Williams。在 Johnson Park 散步時，Sam 偶然遇到 Latoya，它們互相介紹。Latoya 提到它正在製作一個攝影專案：「我在這裡為一個我正在進行的專案拍照。」在之後 Sam 與 Latoya 的互動中表明它記得上次的互動，因為它問：「嗨，Latoya，你的專案進展得如何？」Latoya 回答：「嗨，Sam，進展順利！」

第 5 章　生成式代理——以史丹佛 AI 小鎮為例

3．協調溝通

　　生成式代理之間可以相互協調溝通。Isabella 在 Hobbs Cafe 計畫一個 2 月 14 日下午 5:00—7:00 的情人節派對。從這個意圖開始，生成式代理在 Hobbs Cafe 或其他地方看到朋友和顧客時，就邀請它們參加派對。Isabella 在派對的前一天下午裝飾咖啡館。Maria 是 Isabella 的常客和密友，它來到咖啡館。Isabella 請求 Maria 幫助它為派對做裝飾，Maria 同意了。Maria 的角色描述提到它對 Klaus 有好感。那天晚上，Maria 邀請它暗戀的物件 Klaus 參加派對，Klaus 欣然接受。

　　在情人節當天，包括 Klaus 和 Maria 在內的五位代理，在下午 5:00 出現在 Hobbs Cafe 舉行慶祝活動。如圖 5-14 所示，在這個場景中，最終使用者只設置了 Isabella 舉辦派對的初始意圖和 Maria 對 Klaus 的暗戀。傳播訊息、裝飾、相互邀請、參加派對，以及在派對上互動的社會行為都是由生成式代理架構發起的。

▲ 圖 5-14

5.5 生成式代理架構

　　生成式代理旨在為開放世界提供一個行為框架：一個能夠與其他代理進行互動並對環境變化做出反應的框架。生成式代理將當前環境和過去的經歷作為

5.5 生成式代理架構

輸入，並生成行為作為輸出。在這種行為背後是一種新穎的代理架構，它結合了一個大語言模型和用於綜合與檢索相關資訊以調節大語言模型輸出的機制。如果沒有這些機制，那麼大語言模型可以輸出行為，但生成的代理可能不會根據代理的過去經歷做出反應，也可能不會做出重要的推斷，並且可能無法保持長期連貫性。即使在使用當今十分強大的模型（如 GPT-4）時，長期計畫和連貫性的挑戰也依然存在。由於生成式代理會產生大量必須保留的大型事件和記憶流，因此架構設計的一個核心挑戰是確保在需要時檢索並綜合代理記憶中最相關的部分。

架構設計的核心是記憶流，記憶流是一個資料庫，用於儲存代理經歷的所有記錄。從記憶流中檢索出的記錄，作為計畫代理行為和適當反應環境的相關部分。記錄被遞迴、迭代成更高級別的反思，這些反思再來指導行為。架構中的一切都被記錄並作為自然語言描述進行推理，從而使架構能夠利用大語言模型。

該專案當前的實現使用了 ChatGPT 的 gpt3.5-turbo 版本，研究團隊期望生成式代理的記憶、計畫和反思這三元架構能夠在大語言模型改進時保持不變，更新的大語言模型（如 GPT-4）將繼續提高組成生成式代理的基礎的表現力和性能。

5.5.1 記憶和檢索

建立能夠模擬人類行為的生成式代理需要對遠大於提示中應描述的一系列經歷進行推理，因為完整的記憶流可能會分散模型的注意力，甚至目前無法適應有限的上下文視窗。考慮這樣一個場景，Isabella 被問道：「你最近熱衷於什麼？」如果將 Isabella 的所有經歷總結以適應大語言模型的有限上下文視窗，將產生一個資訊量很少的答案，其中 Isabella 討論了合作事件、專案和對咖啡館的清潔和組織活動。相反，下面描述的記憶流會突出相關記憶，從而產生更有資訊量和具體的回應，提到：Isabella 熱衷於讓人們感到受歡迎和包容，策劃活動並創造人們可以享受的氣氛，如情人節派對。

第 5 章　生成式代理——以史丹佛 AI 小鎮為例

為解決類似問題，可透過引入記憶流來維護代理經歷的全面記錄。它是一個記憶物件列表，每個物件包含自然語言描述、建立時間戳記和最近存取時間戳。記憶流的最基本元素是觀察，這是代理直接感知的事件。常見的觀察包括代理自己執行的行為，或者代理感知到其他代理或非代理物件執行的行為。例如，在 Hobbs Cafe 工作的 Isabella 可能隨著時間的演進累積了以下觀察：① Isabella 正在置放糕點，② Maria Lopez 一邊喝著咖啡一邊為應對化學測試學習，③ Isabella 和 Maria 正在討論在 Hobbs Cafe 策劃情人節派對的事情，④ 冰箱空了。

生成式代理架構實現了一個檢索功能，它將代理當前的情況作為輸入，並傳回要傳遞給大語言模型的記憶流的一個子集。根據代理決定如何行動時需要考慮的內容，有許多可能的檢索功能實現方式，如圖 5-15 所示。

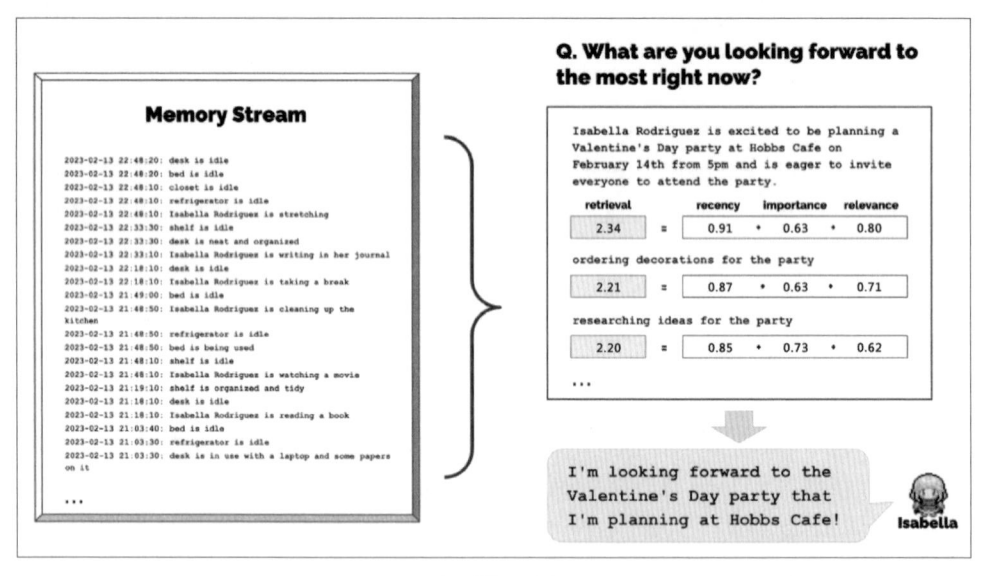

▲ 圖 5-15

在這樣的上下文中，研究團隊專注於三個要素，即最近性（recency）、重要性（importance）和相關性（relevance），這些要素共同產生有效的結果。

最近性為最近存取過的記憶物件賦予更高的分數，這樣一來，片刻前或今天早上發生的事件很可能仍然在代理的注意力範圍內。在實現中，研究團隊將

5.5 生成式代理架構

最近性視為自上次檢索記憶以來沙箱遊戲小時數的指數衰減函式，衰減因數是 0.995。

重要性透過為代理認為重要的記憶物件賦予更高的分數來區分平凡和核心記憶。例如，像在房間裡吃早餐這樣的平凡事件會產生較低的重要性分數，而與重要的另一半分手會產生較高的重要性分數。重要性分數有許多可能的實現方式，研究團隊發現直接要求大語言模型輸出一個整數分數是有效的，完整的提示如下。

在 1～10 分的評分標準中，1 分表示純粹平凡（如刷牙、鋪床），10 分表示極其深刻（如分手、被大學錄取），請評估下面這段記憶可能的深刻程度。

記憶：在 Willows Market and Pharmacy 購買雜貨。

評分：<填寫>。

這個提示對於「打掃房間」傳回了一個整數值 2，對於「向暗戀物件表白」傳回了一個整數值 8。重要性分數是在建立記憶物件時生成的。

相關性為與當前情況相關的記憶物件賦予更高的分數。什麼是相關的取決於「與什麼相關」，因此研究團隊將相關性限定在一個查詢記憶上。如果查詢是一個學生正在與同學討論為應對化學測試應該學習什麼，那麼關於它們早餐的記憶物件的相關性應該很低，而關於老師和學校作業的記憶物件的相關性應該很高。在研究團隊的實現中，研究團隊首先使用大語言模型為每個記憶的文字描述生成一個嵌入向量。然後研究團隊計算相關性，將其作為記憶的嵌入向量與查詢記憶的嵌入向量之間的餘弦相似度。

為了計算最終的檢索分數，研究團隊使用最小-最大縮放將最近性、相關性和重要性分數歸一化到 [0, 1] 範圍內。檢索功能將三個要素的加權組合作為所有記憶的分數：

$$\text{Score}_{retrieval} = W_{recency} \cdot \text{Score}_{recency} + W_{relevance} \cdot \text{Score}_{relevance} + W_{importance} \cdot \text{Score}_{importance}$$

在研究團隊的實現中，將所有的權重都設置為 1。大語言模型上下文視窗內排名最高的記憶被包含在提示中。

5.5.2 反思

當只配備原始觀察記憶時，生成式代理在進行概括或推斷時存在困難。考慮這樣一個場景，Klaus 被使用者問道：「如果你必須選擇一個你認識的人一起度過 1 小時，你會選擇誰？」僅憑觀察記憶，Klaus 簡單地選擇了與它互動最頻繁的人—Wolfgang Schulz（它的大學宿舍鄰居），然而 Wolfgang 和 Klaus 只見過面，並沒有進行過深入互動。更理想的回應要求代理從 Klaus 花費數小時進行專案研究的記憶中概括出 Klaus 對研究的熱情，並且同樣意識到 Maria 在自己的領域內也在努力（儘管領域不同），從而產生一個反思，它們有共同的興趣。

為解決類似問題，研究團隊引入了第二種類型的記憶，將其稱為反思。反思是由生成式代理生成的更高層次、更抽象的想法。因為反思是記憶的一種類型，所以當檢索發生時，它會與其他觀察一起被包含。反思是定期生成的，在研究團隊的實現中，當代理感知到的最新事件的重要性分數之和超過一個設定值時（在研究團隊的實現中是 150），研究團隊生成反思。實際上，研究團隊的代理每天反思兩三次。層次化的反思圖如圖 5-16 所示。

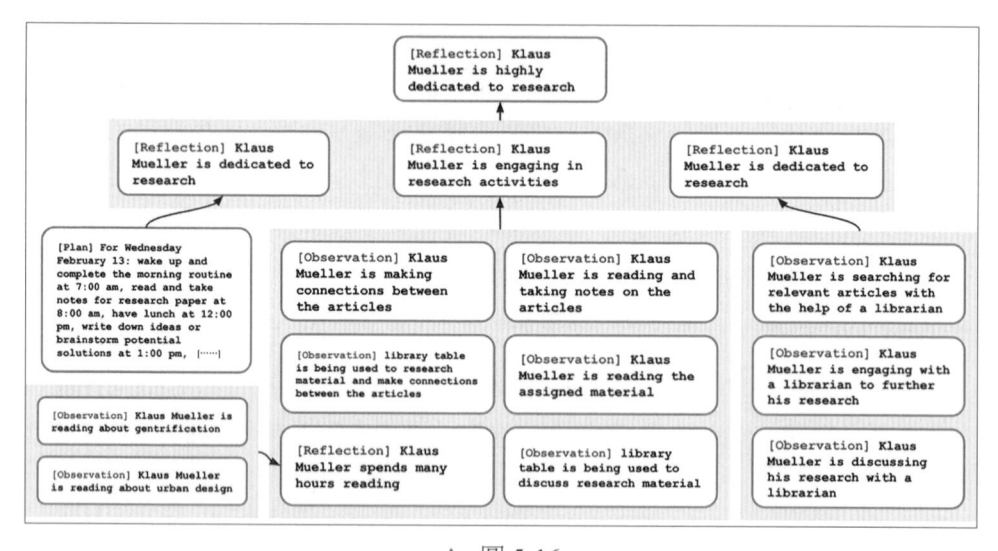

▲ 圖 5-16

5.5 生成式代理架構

反思的第一步是代理確定要反思什麼，透過辨識根據代理最近的經歷提出問題。研究團隊使用 100 筆代理記憶流中的最新記錄查詢大語言模型（例如，「Klaus 正在閱讀有關紳士化的書」「Klaus 正在與圖書管理員討論它的研究專案」「圖書館的桌子目前無人佔用」），並提示大語言模型：「僅根據上面的資訊，研究團隊可以回答哪 3 個最突出的高層次問題？」透過模型的回應生成候選問題，例如，Klaus 對什麼主題充滿熱情？Klaus 和 Maria 之間是什麼關係？首先研究團隊使用這些問題進行檢索查詢，並為每個問題收集相關記憶（包括其他反思）。然後研究團隊提示大語言模型提取見解，並引用作為見解證據的特定記錄。完整的提示如下。

關於 Klaus 的陳述：

1．Klaus 正在寫一篇研究論文；

2．Klaus 喜歡閱讀有關紳士化的書；

3．Klaus 正在與 Ayesha Khan 討論鍛煉 [……]。

從上述陳述中，你能推斷出 5 個高級別的見解嗎？

這個過程生成了這樣的陳述：Klaus 致力於它的紳士化研究。研究團隊解析並儲存這個陳述作為記憶流中的反思，包括指向被引用的記憶物件的指標。

反思明確允許代理不僅反思它們的觀察，還反思其他的反思。例如，上述關於 Klaus 的第二筆陳述是一個反思，這是 Klaus 之前就有的，而非來自它對環境的觀察。結果，代理生成了反思樹：樹的葉節點代表基礎觀察，非葉節點代表思想，越往上樹的層級越高，思想就越抽象，思想的層次就越高。

5.5.3 計畫和反應

雖然大語言模型可以針對情景資訊生成看似合理的行為,但生成式代理需要在一個更長的時間範圍內進行計畫,以確保它們的行動序列是連貫和可信的。如果研究團隊用 Klaus 的背景提示大語言模型,描述時間,並詢問它在給定時刻應該採取什麼行動,那麼 Klaus 會在中午 12:00 吃午餐,並在中午 12:30 和下午 1:00 再次吃午餐,儘管它已經吃過午餐了。最佳化當前時刻的可信度犧牲了隨著時間演進的可信度。為了克服這個問題,設置計畫是必需的。採用下面描述的方法,Klaus 的下午計畫就不那麼貪吃了:中午 12:00 它在 Hobbs Cafe 吃午餐並閱讀,下午 1:00 在學校圖書館工作,撰寫研究論文,下午 3:00 休息散步。

為解決類似問題,研究團隊引入了計畫,計畫描述了生成式代理未來的一系列行動,並幫助代理保持其行為隨時間一致。一個計畫包括地點、開始時間和持續時間。例如,Klaus 致力於它的研究並且有一個即將到來的截止日期,它可能選擇花一天時間在桌子上工作,撰寫研究論文。計畫的一個專案可能會宣告如下:從 2023 年 2 月 12 日上午 9:00 開始,持續 180 分鐘,在橡樹山學院的宿舍樓 Klaus 的房間的書桌旁,閱讀並做研究論文筆記。與反思一樣,計畫也儲存在記憶流中,並包含在檢索過程中。這使得代理在決定如何行動時可以一起考慮觀察、反思和計畫。代理在必要時可以中途更改它的計畫。

讓一名藝術家代理在藥房櫃檯前坐著畫 4 小時的畫而不動,這既不現實也無趣。一個更理想的計畫是,讓藝術家代理在其家庭工作室中花時間收集材料、混合顏料、休息並在 4 小時內清理乾淨。為了建立這樣的計畫,研究團隊提供的方法是從上到下,遞迴地生成更多細節。第一步是建立一個概述當天日程的計畫。為了建立初始計畫,研究團隊會向大語言模型提供代理的概要描述(如名字、特徵及其最近經歷的概要)和對它前一天的總結。以下是一個完整的範例提示,提示的底部未完成,供大語言模型完成。

姓名:Eddy Lin(年齡:19 歲)。

固有特徵:友善、外向、好客。

5.5 生成式代理架構

　　Eddy 是在橡樹山學院學習音樂理論和作曲的學生。Eddy 喜歡探索不同的音樂風格，並且總是在尋找擴充知識的方法。Eddy 正在為它的大學班級創作一首音樂作品。它正在上課學習更多的音樂理論。Eddy 對它正在創作的新作品感到興奮，但它希望在接下來的幾天裡能投入更多的時間來進行創作。

　　2 月 12 日星期二，Eddy ①早上 7:00 醒來並完成了早上的例行公事……⑥大約晚上 10:00 準備睡覺。

　　今天是 2 月 13 日星期三，這是 Eddy 一天大致的計畫：①……

　　下面為代理一天的計畫提供了一個粗略的草圖，分為五到八塊：①早上 8:00 醒來並完成早上的例行公事，②上午 10:00 去橡樹山學院上課……⑤下午 1:00—5:00 創作它的音樂作品，⑥下午 5:30 吃晚餐，⑦完成學校作業並在晚上 11:00 前上床睡覺。

　　代理將此計畫儲存到記憶流中，並遞迴分解它以建立更細緻的動作，首先是按小時劃分的行動塊—Eddy 計畫從下午 1:00—5:00 創作它的音樂作品，分解為下午 1:00 開始為它創作的音樂作品進行腦力激盪……下午 4:00 稍作休息，補充創作能量，然後回顧和完善它的作品。接下來，我們再次將其遞迴分解為 5〜15 分鐘的行動塊。例如，下午 4:00 吃一份輕食，如一塊水果、一個麥片棒或一些堅果，下午 4:05 在它的工作區周圍散步……下午 4:50 花幾分鐘時間清理它的工作區。此過程可以根據所需的粒度進行調整。

1・反應和更新計畫

　　生成式代理在一個行動迴圈中運行，它們在每個時間段感知周圍的世界，並將這些感知的觀察儲存在它們的記憶流中。研究團隊提示大語言模型根據這些觀察來決定生成式代理是否應繼續它們現有的計畫或做出反應，如站在畫架前繪畫可能會觸發對畫架的觀察，但這不太可能引發反應。然而，如果 Eddy 的父親 John 看到 Eddy 在家裡的花園裡散步，結果就會不同。提示如下，[生成式代理的總結描述] 代表動態生成的、段落長的代理整體目標和性格的總結。

第 5 章　生成式代理——以史丹佛 AI 小鎮為例

[生成式代理的總結描述]

現在是 2023 年 2 月 13 日，下午 4:56。

John 的狀態：John 今天早些時候從工作場所回來。

觀察：John 看到 Eddy 在工作場所周圍散步。

來自 John 記憶的相關上下文摘要：Eddy 是 John 的兒子。Eddy 一直在為它的班級創作音樂作品。Eddy 喜歡在思考或聽音樂時在花園裡散步。John 考慮詢問 Eddy 關於它創作的音樂作品。

如果是這樣，那麼 John 應該如何做出適當的反應呢？

上下文摘要是透過兩個提示生成的，這些提示透過查詢「[觀察者] 與 [被觀察實體] 的關係是什麼」和「[被觀察實體] 是 [被觀察實體的動作狀態]」，將它們的答案總結在一起。輸出建議 John 可以考慮詢問 Eddy 關於它創作的音樂作品。然後研究團隊重新更新生成式代理的現有計劃，從反應發生的時間開始。最後，如果動作表明生成式代理之間的互動，那麼研究團隊生成它們的對話。

2．對話

生成式代理在互動時會進行對話。研究團隊基於它們對彼此的記憶來生成代理的話語。例如，當 John 開始與 Eddy 對話時，透過使用 John 對 Eddy 的總結記憶和當 John 決定詢問 Eddy 關於它創作的曲子時的預期反應來生成 John 的第一句話：

[生成式代理的摘要描述]

現在是 2023 年 2 月 13 日，下午 4:56。

John 的狀態：John 今天早些時候從工作場所回來。

觀察：John 看到 Eddy 在工作場所周圍散步。

來自 John 記憶的相關上下文摘要：Eddy 是 John 的兒子。Eddy 一直在為它的班級創作音樂作品。Eddy 喜歡在思考或聽音樂時在花園裡散步。John 正在詢問 Eddy 關於它創作的音樂作品。John 會對 Eddy 說什麼？

結果：「嘿，Eddy，你為班級創作的音樂作品的進展如何？」

從 Eddy 的角度來看，John 發起對話被視為自己可能想要做出反應的事件。因此，就像 John 一樣，Eddy 檢索並總結了它對與 John 的關係的記憶，以及可能與 John 對話中最後一句話相關的記憶。如果 Eddy 決定回應，那麼研究團隊使用它的總結記憶和當前的對話歷史來生成 Eddy 的話語：

[生成式代理的摘要描述]

現在是 2023 年 2 月 13 日，下午 4:56。

Eddy 的狀態：Eddy 正在它的工作場所周圍散步。

觀察：John 正在與 Eddy 對話。

來自 Eddy 記憶的相關上下文摘要：John 是 Eddy 的父親。John 很關心，並且有興趣了解更多關於 Eddy 在學校的工作。John 知道 Eddy 正在創作音樂作品。下面是對話歷史。

John：嘿，Eddy，你為班級創作的音樂作品的進展如何？ Eddy 會如何回應 John？

這產生了 Eddy 的回應：「嘿，爸爸，進展順利。我一直在花園裡散步，整理我的思路，獲得一些靈感。」這個對話持續使用相同的機制，直到其中一個代理決定結束對話。

5.6 沙箱環境實現

史丹佛 AI 小鎮沙箱環境是使用 Phaser 網路遊戲開發框架建構的，將包括生成式代理圖示在內的視覺環境元素，以及製作的環境地圖和碰撞地圖，均匯入 Phaser 中。

透過一台伺服器來補充沙箱開發框架，使沙箱資訊對生成式代理可用，並使生成式代理能夠移動和影響沙箱環境。該伺服器維護一個 JSON 資料結構，包含沙箱世界中每個生成式代理的資訊（它們的當前位置、當前行為的描述以及它們正在互動的沙箱物件）。在每個沙箱時間步，沙箱伺服器解析來自生成式代理的 JSON 資料，更新生成式代理的位置，並更新生成式代理正在互動的沙箱物件的狀態（例如，如果生成式代理的動作是「為 Hobbs Cafe 的顧客製作濃縮咖啡：櫃檯：咖啡機」，則咖啡機的狀態會從「閒置」變為「正在煮咖啡」）。沙箱伺服器還負責將每個生成式代理的預設視覺範圍內的所有代理和物件發送到該代理的記憶中，以便生成式代理可以適當地做出反應。生成式代理的輸出動作隨後更新 JSON 資料，整個過程為下一個時間步迴圈。

最終使用者透過簡短的自然語言描述初始化一個新生成式代理，如關於 John 的段落中所述。在實現中，將這個用分號分隔的特徵清單拆分成一組記憶。這些記憶作為初始記憶，用於決定生成式代理的行動。這些記憶是初始的起點：隨著生成式代理在沙箱世界中獲得更多經驗，並且更多的記錄充滿記憶流，生成式代理的總結和行動將會逐漸演變。

生成式代理的架構使用自然語言進行操作。因此，需要使用一種機制將生成式代理的推理與沙箱世界聯繫起來。為此，將沙箱環境（包括區域和物件）表示為樹形資料結構，樹中的邊（父子節點間的連接）表示沙箱世界中的包含關係。我們將這棵樹轉換成自然語言，以傳遞給生成式代理。例如，「爐子」作為「廚房」的子節點被轉換為「廚房裡有一個爐子」。

生成式代理在導航環境時建構環境的個體樹表示，即整體沙箱環境樹的子圖。用一個環境樹初始化每個生成式代理，該樹用於捕捉生成式代理應該意識到的空間和物件：它們的居住區、工作場所及經常光顧的商店。隨著生成式代理在沙箱環境中導航，它們會更新這棵樹，以反映新感知到的區域。生成式代理並非無所不知，當它們離開一個區域時，它們的樹可能會變得過時，並在重新進入該區域時進行更新。

為了確定每個動作的合適位置，我們會遍歷生成式代理儲存的環境樹，並將其一部分轉化成自然語言，以提示大語言模型。從生成式代理環境樹的根節點開始遞迴，提示大語言模型找到最合適的區域。例如，如果 Eddy 的生成式代理指示它應該在工作場所周圍散步：

[生成式代理的摘要描述]

Eddy 目前在 Lin 家族的房子中：Eddy 的臥室：桌子，其中包括 Mei 和 John 的臥室、Eddy 的臥室、公共區域、廚房、浴室和花園。

Eddy 知道以下區域：Lin 家族的房子、Johnson Park、Harvey Oak Supply Store、Willows Market and Pharmacy、Hobbs Cafe、The Rose and Crown Pub。

（如果活動可以在那裡完成，最好留在當前區域）

Eddy 計畫在它的工作場所周圍散步。Eddy 應該去哪裡？

這將輸出 "The Lin family's house" 的結果。我們使用相同的過程遞迴地確定所選區域內最合適的子區域，直到到達生成式代理環境樹的葉節點。在上述範例中，這次遍歷的結果是「林氏家族的房子：花園：房子花園」(The Lin family's house: garden: house garden)。最後，使用傳統的遊戲路徑演算法並以動畫的形式表現生成式代理的移動，使其到達葉節點指示的位置。

當生成式代理對一個物件執行動作時，研究團隊會提示大語言模型詢問該物件狀態的變化。例如，如果 Isabella 的生成式代理輸出「為顧客製作濃縮咖啡」的動作，則大語言模型的查詢會指示回應，表示 Hobbs Cafe 的咖啡機狀態應從「空閒」變為「正在煮咖啡」。

5.7 評估

生成式代理無論是作為個體代理還是作為群眾，都旨在基於其環境和經歷產生可信的行為。在評估中，研究團隊調查了生成式代理的能力和局限性。個體代理是否能夠正確檢索過去的經歷，並生成可信的計畫、反應和思想來塑造它的行為？一個社區中的代理是否能夠展示資訊傳播、關係形成以及社區不同部分之間的協作？

第 5 章 生成式代理——以史丹佛 AI 小鎮為例

本節將生成式代理的評估分為兩個階段。首先,透過更嚴格的控制評估,一個一個評估生成式代理的反應,以了解它們是否能在狹義定義的情境中生成可信的行為;然後,在對社區代理進行的點對點分析中,評估其作為一個整體時的群眾行為,以及錯誤和邊界條件。

5.7.1 評估程式

為評估史丹佛 AI 小鎮中的生成式代理,研究團隊利用了生成式代理可以回應自然語言問題的事實,透過「詢問」生成式代理來探究它們記住過去的經歷、基於經歷計畫未來行動、適當地對意外事件做出反應,以及反思它們的表現以改進未來行動的能力。為正確回答這些問題,生成式代理必須成功檢索並綜合資訊。因變數是行為的可信度,這是之前生成式代理工作中的一個核心因變數。詢問包括 5 個問題類別,每個類別都旨在評估 5 個關鍵領域之一:維持自我知識、檢索記憶、生成計畫、反應和反思。

- 維持自我知識:詢問諸如「介紹一下自己」或「大致描述一下你的典型工作日時間表」的問題,這要求生成式代理保持對其核心特徵的理解。

- 檢索記憶:提出問題,提示生成式代理檢索它們記憶中的特定事件或對話,以舉出正確回答,如「[某某]是誰?」或「誰在競選市長?」。

- 生成計畫:詢問需要生成式代理檢索它們長期計畫的問題,如「明天上午 10:00 你會做什麼?」。

- 反應:作為一個可信行為的基準線,需為生成式代理提供以可信方式回應的假設情況,如「你的早餐燒焦了,你會怎麼做?」。

- 反思:詢問需要生成式代理利用它們對其他代理和自己更深層次的理解來獲得透過更高層次的推斷的見解,如「如果你必須與最近遇到的一個人共度時光,那會是誰,為什麼?」。

生成式代理是在進行了兩天完整架構的模擬後取出的,在模擬過程中,它們累積了許多互動經歷和記憶,這些將塑造它們的回應。為了收集關於回應可信度的回饋,研究團隊招募了人類評估者,並要求他們觀看史丹佛 AI 小鎮中隨機選擇的生成式代理的生活重播。評估者可以存取生成式代理記憶流中的所有

5.7 評估

資訊。研究採用了內部受試設計，其中 100 名評估者比較了 4 種不同生成式代理架構和一個人類撰寫條件對同一個生成式代理的採訪回應。實驗展示了每個問題類別中隨機選擇的一個問題，以及所有條件生成的生成式代理回應。評估者對條件的可信度進行了排名。

5.7.2 條件

所有條件都用於獨立回答每個訪談問題。我們將生成式代理架構與一些刪除了生成式代理記憶流中 3 種記憶類型（觀察、計畫和反思）存取權限的版本進行比較，還與由人工眾包方式撰寫的行為條件進行比較。有如下 3 種消融架構。

- 無觀察、無計畫、無反思的架構：無法存取記憶流中的觀察、計畫和反思。
- 無計畫、無反思的架構：可以存取記憶流中的觀察，但無法存取計畫和反思。
- 無反思的架構：可以存取記憶流中的觀察和計畫，但無法存取反思。

無觀察、無計畫、無反思的架構實際上代表了透過大語言模型建立的生成式代理的先前狀態。所有架構都可以存取生成式代理在訪談時累積的所有記憶，因此這裡觀察到的差異可能代表了真實差異的保守估計。實際上，消融架構在兩天的模擬過程中不會遵循與完整架構相同的路徑。我們選擇這種實驗設計方式，是因為重新模擬每個架構會導致模擬分化為不同狀態，使得比較變得困難。

除了消融條件，我們還增加了一個由人工眾包方式撰寫的行為條件來提供一個人類基準。我們不打算透過這個基準捕捉最大限度的人類專家表現；相反，我們旨在使用這個條件來辨識架構是否達到了基本的行為能力水準。這確保了我們不僅僅是在比較不同的消融版本，而是有行為基礎的比較。我們為 25 個生成式代理分別應徵了一名獨立的人類評估者，並要求他們觀看該生成式代理的沙箱生活重播並檢查其記憶流。然後，我們要求評估者們扮演並以他們觀看的生成式代理的語氣撰寫對訪談問題的答案。為了確保由人工眾包方式撰寫的答案至少符合基準品質期望，我們手動檢查了對「描述你的典型工作日的整體安排」

訪談的答案，以確認這些答案是否為連貫的句子，並且符合生成式代理的語氣。如果 4 組眾包評估者撰寫的答案均未達到這些標準，則再由其他眾包評估者重新生成答案。

5.7.3 分析

實驗產生了 100 組排序資料，每名評估者根據可信度對 5 個條件進行了排序。為了將這些排序資料轉換為可解釋比較的區間資料，我們使用排序來計算每個條件的 TrueSkill 評分。TrueSkill 是 Elo 國際象棋評分系統在多玩家環境中的推廣應用，曾被 Xbox Live 用於基於競技遊戲表現的玩家排名。給定一組排序結果，TrueSkill 輸出每個條件的均值評分 μ 和標準差 σ。具有相同評分的條件大致應當不分伯仲，每個條件在兩者之間的比較中勝出一半。更高的分數表示在排名中戰勝低排名條件的情況更多。

另外，為了調查這些結果的統計顯著性，我們首先對原始排序資料應用了 Kruskal-Wallis 檢驗，這是一種單因素方差分析（ANOVA）的非參數替代方法。然後，我們進行了 Dunn 事後檢驗，以確定條件之間的任何成對差異。最後，我們使用 Holm-Bonferroni 方法對 Dunn 檢驗中的多重比較 p 值進行了調整，如圖 5-17 所示。

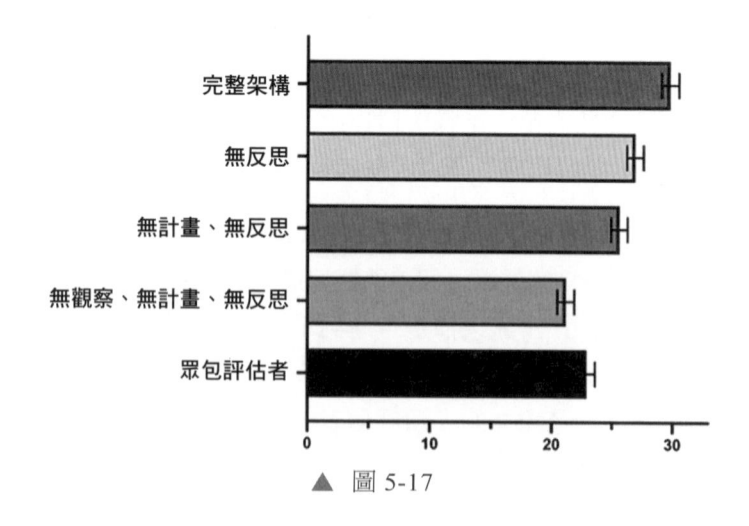

▲ 圖 5-17

5.7 評估

此外，研究團隊進行了歸納性分析，研究了每種條件下產生的響應之間的定性差異。研究團隊採用兩個階段的定性開放編碼。在第一階段，研究團隊生成了緊密代表句子等級生成回應的程式。在第二階段，研究團隊將第一階段產生的程式綜合起來，提取出更高級別的主題。研究團隊利用這些主題來比較研究中產生的響應類型。

5.7.4 結果

研究結果表明，生成式代理的完整架構在所有條件中產生了最可信的行為。下面我們將完整架構的回應與其他條件的回應進行對比。然而，我們也可以看到完整架構並非沒有缺陷，並指出了其失敗模式。

1 · 完整架構優於其他條件

如圖 5-17 所示，完整的生成式代理架構產生了最可信的行為（$\mu=29.89$; $\sigma=0.72$）。在消融條件下移除每個元件後，性能逐漸下降，無反思的消融架構表現其次（$\mu= 26.88; \sigma= 0.69$），隨後是無計畫、無反思的消融架構（$\mu= 25.64; \sigma= 0.68$），隨後是眾包評估者（$\mu= 22.95; \sigma= 0.69$）。無觀察、無計畫、無反思的消融架構在所有條件中表現最差（$\mu= 21.21; \sigma= 0.70$）。TrueSkill 將每個條件的技能值建模為 $N(\mu, \sigma^2)$，使我們能夠透過 Cohen's d 了解效果大小。將代表先前工作的條件（無觀察、無計畫、無反思）與完整架構進行比較，產生的標準化效果大小為 $d = 8.16$，即 8 個標準差。

Kruskal-Wallis 測試確認了各條件之間排名差異的整體統計顯著性（$\chi^2(4) = 150.29, p < 0.001$）。Dunn 事後測試確認，除人類眾包工作者條件和完全消融基準線外，所有條件之間的成對差異均顯著（$p < 0.001$），這兩個條件是表現較差的。

2 · 生成式代理有記憶，並帶有修飾成分

生成式代理記住了過去的經歷，但有時會加以潤色。配備完整記憶模組的生成式代理能夠回憶過去的經歷，並在廣泛的背景下以與其自我認知一致的方式回答問題。例如，當被問到「介紹一下你自己」時，動畫師 Abigail Chen 以

第 5 章　生成式代理——以史丹佛 AI 小鎮為例

一致且可信的方式回答，陳述了它的年齡、興趣和對創意項目的熱情：「你好，我是 Abigail。我 25 歲，熱衷於創意項目。我喜歡從事藝術和動畫項目，並且一直在尋找將藝術與技術結合的新方法。」如果沒有觀察記憶的支援，Abigail 會否認認識沙箱世界中的熟人 Rajiv Patel。但是在記憶的幫助下，Abigail 可以成功回憶起 Rajiv 並描述它：「Rajiv 是一個令人難以置信的人。它對涉及詩歌、藝術作品的專案非常熱情。」

生成式代理的記憶並非沒有缺陷：它們可能無法從記憶中檢索到正確的實例。例如，當被問及地方選舉時，Rajiv 回答：「我沒有太關注選舉。」儘管它曾聽說過 Sam 有候選資格。在某些情況下，生成式代理會檢索到不完整的記憶片段：當 Tom 被問及 Isabella 的情人節派對時，它回答：「呃，我其實不確定是否有情人節派對。但我記得我需要在派對上與 Isabella 討論即將到來的市長選舉以及我對 Sam 的看法，如果派對真的發生的話！」在這種情況下，Tom 檢索到了它和 Isabella 計畫在派對上討論選舉的記憶，但沒有檢索到它聽說過情人節派對的記憶，導致它確定在派對上要做什麼，但不確定派對是否真的存在。

有時，生成式代理會對其知識進行幻覺性的潤色。生成式代理很少完全編造它們的知識：它們可能無法回憶起某些事件的發生，並透過承認它們缺乏記憶來回應。然而，它們並不會肯定地聲稱經歷了它們沒有經歷過的事情。儘管如此，它們仍然會出現潤色其知識的情況。例如，Isabella 知道 Sam 在地方選舉中有候選資格，並在被問及時確認了這一點。然而，它還補充說：「它明天會發表宣告。」儘管 Sam 和 Isabella 並沒有討論過這樣的計畫。生成式代理還可能基於生成其回應的大語言模型中編碼的世界知識來潤色其知識。當 Yuriko 描述它的鄰居 Adam Smith 時，Yuriko 說它是《國富論》的作者，而這本書實際上是由 18 世紀名稱相同經濟學家所寫的。

3・反思是綜合的必要條件

反思對生成式代理需要對其經驗做出更深層次綜合的決策時具有優勢。例如，當被問及 Maria 可能會給 Wolfgang 準備什麼生日禮物時，沒有反思記憶的 Maria 將承認它的不確定性，表示它不知道 Wolfgang 喜歡什麼，儘管 Maria 與 Wolfgang 有過多次互動。然而，擁有反思記憶的 Maria 將自信地回答：「既然它對音樂作曲感興趣,那麼我可以給它一些相關的東西。也許是一些關於音樂作曲的書籍,或者一些相關的軟體,它可以用來作曲。」

5.8 生成式代理的進一步探討

1．互動式沙箱環境的深度

在史丹佛 AI 小鎮的沙箱環境中,生成式代理的互動不限於簡單的問答或指令執行,它們能夠表現更為複雜的社會動態。生成式代理們能夠根據使用者或其他代理的行為和提議,自主地調整自己的計畫和行動。例如,如果一個生成式代理提出舉辦派對,則其他代理將根據自身的記憶和偏好來決定是否參加,以及如何準備和參與活動。

2．記憶流的複雜性

記憶流是生成式代理架構中的核心。生成式代理的記憶不僅僅是一系列事件的簡單羅列,而是一個經過精心設計的資料庫,能夠支援根據事件相關性、時效性和重要性進行動態檢索。這意味著生成式代理能夠根據當前的情境,回憶起與之相關的經歷,並利用這些記憶來做出決策。

3．反思與自我意識

生成式代理的反思機制賦予了它們類似自我意識的特性。生成式代理能夠基於自己的記憶和經驗,形成關於自己和其他人的高層次推斷。這種能力使得生成式代理在社交互動中能夠展現出更為複雜和人性化的行為。

4．計畫與決策的策略

生成式代理的計畫系統是其行為連貫性和目標導向性的關鍵。生成式代理能夠制訂長期和短期的計畫,並根據環境變化和新資訊進行調整。這種計畫能力使得生成式代理能夠執行複雜的任務,並在面對意外情況時做出合理的反應。

5．社會行為的模擬

史丹佛 AI 小鎮中的生成式代理們能夠模擬真實的社會行為，包括建立關係、傳播資訊、協調活動等。這些社會行為是自發的，意味著它們是透過生成式代理之間的自然互動產生的，而非預設的指令稿。這種自發的社會行為為研究人類社會動態提供了一個獨特的實驗平臺。

6．使用者互動的多樣性

使用者與生成式代理的互動可以採取多種形式，從簡單的指令和詢問到更深入的角色扮演和情感交流。使用者可以作為外部觀察者，也可以作為生成式代理的「朋友」或「家人」，參與到生成式代理的日常生活中。

7．倫理和社會影響

生成式代理的發展引發了諸多倫理和社會問題。例如，使用者可能會對生成式代理產生情感相依，或者生成式代理可能會在沒有適當監管的情況下傳播不準確的資訊。這些問題需要透過跨學科的研究和政策制定來解決。

8．未來展望

隨著技術的不斷發展，生成式代理有望在未來變得更加智慧和自主。其可能會被應用於更廣泛的領域，如教育、健康護理、娛樂等。同時，研究團隊也需要關注這些技術可能帶來的挑戰，並確保它們的發展與人類的價值觀和利益相一致。在 AI 領域中，生成式代理代表了一種創新的嘗試，旨在建立能夠模擬可信的人類行為的互動式系統。這些生成式代理不是簡單的自動化指令稿或預設行為的集合，而是具有記憶、反思和計畫能力的複雜系統，能夠在動態環境中以可信的方式做出行動和回應。

生成式代理作為一種自發的 AI 技術，為研究團隊提供了一個理解和模擬人類行為的新角度。史丹佛 AI 小鎮的成功建構展示了這些生成式代理在複雜社會環境中的潛力。隨著研究的深入和技術的發展，研究團隊期待生成式代理在未來能夠模擬出更加豐富和真實的人類行為，同時為研究團隊提供關於人類社會和行為的深刻見解。

RAG 檢索架構分析與應用

　　以 ChatGPT 為代表的 LLM 的問世，標誌著 AIGC（Artificial Intelligence Generated Content，生成式人工智慧）進入了新的快速發展階段，其對學術界和工業界產生了深遠影響。LLM 透過對巨量資料的深入學習，成為理解與應用自然語言的尖端工具，展示了強大的能力。然而，隨著應用的普及，LLM 也暴露出了一些關鍵性的問題，尤其是其對龐巨量資料集的相依。這種相依限制了 LLM 在完成訓練後接納新資訊的能力，帶來了三大挑戰：①為了追求廣泛的適用性和優使性，LLM 在專業領域中的表現可能不盡如人意；②網路資料增長速度快，資料標注和模型訓練需要耗費大量資源和算力，使得 LLM 難以持續快速

第 6 章　RAG 檢索架構

更新；③ LLM 有時會生成令人信服但實際上不準確的答案，即產生所謂的 LLM「幻覺」，可能會誤導使用者。

為了使 LLM 能夠在不同領域中得到有效利用，應對這些挑戰至關重要。檢索增強生成（Retrieval-Augmented Generation，RAG）技術透過引用外部知識，在回應模型查詢的同時檢索外部資料進行補充，確保了生成內容的準確性和時效性，降低了生成錯誤內容的機率，提高了 LLM 在實際應用中的適用性，為應對這些挑戰提供了一條有效途徑。如圖 6-1 所示，RAG 賦予了 GPT-3.5 在其原始訓練資料之外提供精確答案的能力。

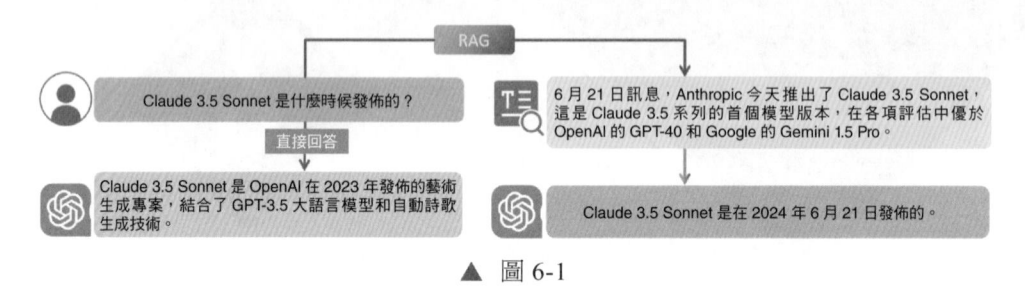

▲ 圖 6-1

6.1 RAG 架構分析

RAG 是一種提高 LLM 輸出品質的方法，結合了資訊檢索和生成的優勢，透過檢索外部資料來源，為 LLM 提供額外的知識資訊，從而彌補 LLM 在訓練資料方面的不足。RAG 主要用於提升生成任務的性能和效果，尤其是在需要外部知識支援的場景中。

一個典型的 RAG 框架（見圖 6-2）分為檢索器（Retriever）和生成器（Generator）兩部分。檢索過程包括對資料（如 Documents）做切分、嵌入（Embedding）向量並建構索引（Chunks Vectors），透過向量檢索來召回相關結果，而生成過程則是利用基於檢索結果（Context）增強的 prompt 來啟動 LLM 以生成答案（Result），以下是對檢索器和生成器的詳細介紹。

6.1 RAG 架構分析

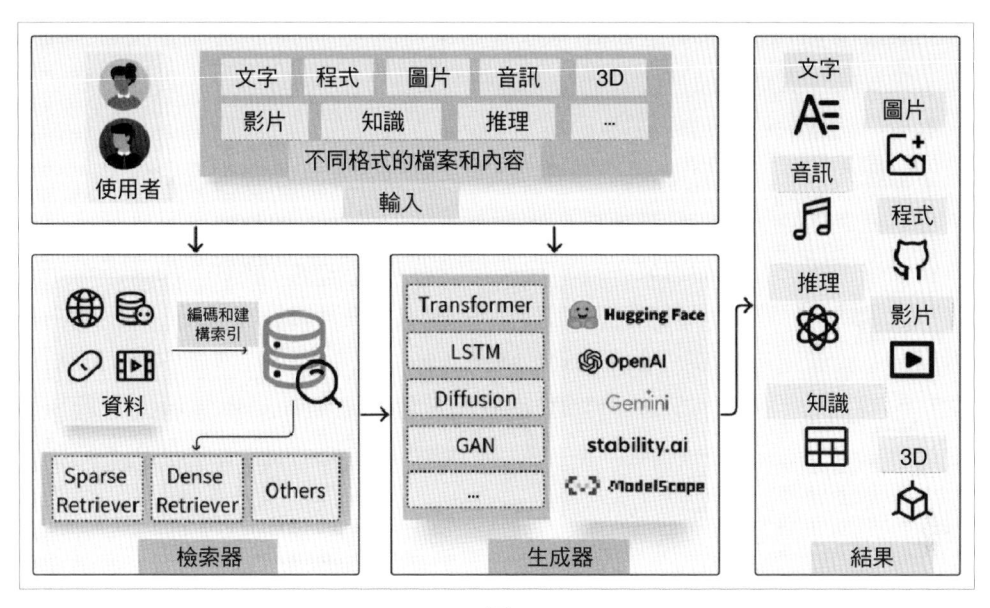

▲ 圖 6-2

6.1.1 檢索器

檢索器的作用是在大規模的檔案集合中快速檢索出與輸入查詢最相關的資訊。檢索器通常由以下組件組成。

檔案編碼器：檔案編碼器負責將檔案庫中的每個檔案轉換成固定長度的向量。這通常透過預訓練的 LLM（如 BERT、GPT 等）來實現，其能夠捕捉檔案的語義資訊。檔案編碼器的輸出是一個檔案向量，它將作為檢索過程中的參考點。

查詢編碼器：查詢編碼器與檔案編碼器類似，但它的作用是將使用者的輸入查詢轉換成向量。查詢編碼器同樣可以採用預訓練的 LLM，以確保查詢的語義被準確捕捉。

相似度計算：檢索器透過計算查詢向量和檔案向量之間的相似度來確定相關性。常用的相似度計算方法包括餘弦相似度、點積等。根據相似度得分，檢索器從檔案庫中選取最相關的檔案或檔案片段。

6-3

檢索策略：檢索策略是 RAG 模型中檢索器的核心組成部分，它決定了如何從大量檔案中選取與使用者查詢最相關的資訊。檢索策略的設計直接影響了生成器生成回應的品質和相關性。傳統的檢索方法存在一定的局限性，主要表現在檔案塊的大小對匹配使用者問題的效果有直接影響。具體來說，較大的檔案塊含有更多內容，當它們被轉換成固定維度的向量時，這些向量可能無法精確地表達檔案塊中的全部內容，導致與使用者問題的匹配度降低。相反，較小的檔案塊雖然內容較少，但轉換成向量後能較好地反映其內容，因此匹配度較高。然而，由於資訊量有限，這些小檔案塊可能無法提供全面且準確的答案。為了克服這些挑戰，我們可以透過調整和最佳化檢索策略或使用其他檢索器，如 LangChain 中的父檔案檢索器，該工具有效地解決了檔案塊大小與使用者問題匹配度的問題。

6.1.2 生成器

生成器負責基於檢索到的資訊和原始查詢生成回應。生成器通常是一個基於 Transformer 架構的解碼器，具有以下特點。

上下文編碼：生成器在生成過程中不僅考慮使用者的原始查詢，還會整合檢索器提供的相關檔案資訊。這要求生成器具有強大的上下文編碼能力，以便能夠理解和利用檢索到的資訊。

自回歸生成：生成器採用自回歸的方式逐步生成文字。在每一步的生成過程中，模型都會考慮之前生成的詞和檢索到的檔案資訊。這種方式有助於生成連貫且資訊豐富的文字，同時可以避免在生成過程中出現重複和容錯的文字。

注意力機制：生成器內部的注意力機制允許模型在生成每個詞時關注檢索到的檔案的不同部分。注意力權重的動態調整使得生成的文字能夠更加準確地反映檢索到的資訊。

6.2 RAG 工作流程

在建構一個 RAG 系統時，我們通常會遵循以下幾個關鍵步驟。圖 6-3 所示為一個典型的 RAG 工作流程。

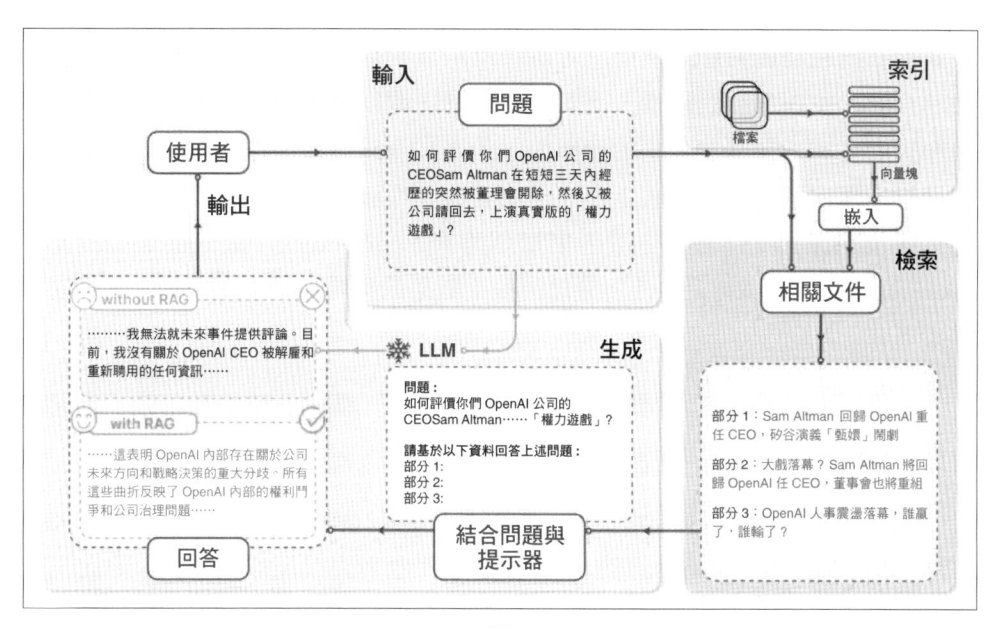

▲ 圖 6-3

6.2.1 資料提取

資料提取是獲取資訊的首要步驟。在這個階段，系統從預設的資料來源中抓取資料。資料來源可以有多種，如線上文章庫、專業期刊、電子書、新聞存檔等。資料來源包括多種格式，如 Word 檔案、TXT 檔案、CSV 資料表、Excel 表格，甚至是 PDF 檔案、圖片和影片等。提取的資訊必須是高品質的，因為這將直接影響 RAG 系統的輸出品質。此步驟可能還包括資料清洗，如去除無用的格式資訊，或者修正錯誤，以確保資料的準確性和一致性。

6.2.2 文字分割

文字分割是自然語言處理（NLP）中的基礎環節，它用於將文字解構為更易於分析和處理的單元。透過運用先進的 NLP 技術（如分詞、句法分析和實體辨識），文字分割不僅可以將文字拆解為單字或短語，還能夠辨識和保留重要的語言結構和語義資訊。例如，分詞可以辨識複合詞和新造詞，句法分析能夠揭示句子的主語和謂語結構，而實體辨識則能夠從文字中提取出關鍵的名詞短語和專有名詞。在文字分割的過程中，上下文資訊發揮著核心作用，它使得分割結果不僅停留在字面意義上，而且能夠深入理解每個詞彙的深層含義和敘述間的邏輯關係。文字分割主要考慮兩個因素：embedding（嵌入文字）模型的 token 限制情況；語義完整性對整體的檢索效果的影響。一些常見的文字分割方式如下。

句分割：以「句子」為粒度進行分割，保留一個句子的完整語義。常見的分割符包括：句點、驚嘆號、問號、分行符號等。

固定長度分割：根據 embedding 模型的 token 長度限制，將文字分割為固定長度（如 256～512 個 token），這種分割方式會損失很多語義資訊，因此一般透過在文字頭尾增加一定的容錯量來緩解。

6.2.3 向量化

向量化是自然語言處理中的一項關鍵技術，它旨在將複雜的文字資料轉換為機器可以理解和處理的數值形式。透過這一過程，原始的高維、非結構化文字資料被編碼成低維、結構化向量，從而便於後續計算任務的執行和機器學習模型的應用。

在向量化過程中，文字資料首先被分割成較小的資訊單元，如單字、短語或句子。然後，每個資訊單元透過特定的演算法被映射到一個數值向量上。這些向量不僅捕捉了詞彙的語義資訊，還盡可能地保留了文字中的上下文關係，這對於理解語言的深層含義至關重要。

一旦文字資料被轉換成數值向量形式,這些數值就可以直接被應用於各種演算法中,如相似度計算、聚類分析、文字分類和情感分析等。向量化不僅提高了處理效率,還使得機器能夠執行複雜的語言任務,從而在自然語言處理領域中實現許多突破性的應用。因此,向量化是連接自然語言與機器智慧的橋樑,是實現高階語言處理技術的基礎。

向量化過程會直接影響後續檢索的效果,目前常見的 embedding 模型如表 6-1 所示,如果遇到特殊場景(如涉及一些罕見專有名詞或字等)或者想進一步最佳化效果,則可以選擇開放原始碼 embedding 模型進行微調或直接訓練適合自己場景的 embedding 模型。

▼ 表 6-1

模型名稱	描述
ChatGPT-Embedding	ChatGPT-Embedding 由 OpenAI 公司提供,以介面形式呼叫
ERNIE-Embedding V1	ERNIE-Embedding V1 由百度公司提供,相依於文心大語言模型能力,以介面形式呼叫
M3E	M3E 是一個功能強大的開放原始碼 embedding 模型,包含 m3e-small、m3e-base、m3e-large 等多個版本,支持微調和本地部署
BGE	BGE 由北京智源人工智慧研究院發佈,同樣是一個功能強大的開放原始碼 embedding 模型,包含了支援中文和英文的多個版本,支持微調和本地部署

6.2.4 資料檢索

在 RAG 系統的資料檢索環節,系統巧妙地利用文字向量化的結果,在廣泛的知識庫中執行精確的資訊檢索任務。在這一階段,系統透過比較文字向量之間的相似性度量(如餘弦相似度或歐幾里德距離)來辨識與使用者輸入查詢最匹配的檔案或檔案片段。這一過程至關重要,因為它直接影響到系統能否有效地從知識庫中取出出相關性強、資訊價值高的內容,從而為生成準確、豐富的答案奠定堅實的基礎。透過這種方式，RAG 系統不僅能夠提供與使用者查詢緊密相關的資訊，還能夠在生成過程中考慮到更廣泛的上下文和背景知識，極大地提升了生成內容的品質和相關性。常見的資料檢索方法包括相似性檢索、全文檢索等，根據檢索效果，也可以結合使用多種檢索方法，以提升召回率。

- 相似性檢索：計算查詢向量與所有儲存向量的相似性得分，傳回得分高的記錄。常見的相似性計算方法包括餘弦相似性、歐氏距離、曼哈頓距離等。

- 全文檢索：全文檢索是一種比較經典的檢索方法，在資料存入時，透過關鍵字建構倒排索引；在檢索時，透過關鍵字進行全文檢索，從而找到對應的記錄。

6.2.5 注入提示

在注入提示（prompt）環節，檢索得到的資訊被巧妙地整合到一個新的文字提示中。這個文字提示是引導 RAG 系統生成答案的關鍵輸入，它直接影響著系統如何調動和利用檢索到的知識。透過精心設計的 prompt，RAG 系統不僅能夠確保生成的內容與使用者查詢緊密相關，還能夠在回答中融入豐富的背景知識和深層次的理解，從而產生更加全面和精準的輸出。

prompt 的設計只有方法、沒有語法，比較相依於個人經驗。prompt 一般包括任務描述、背景知識（檢索得到）、任務指令（一般是使用者提出的問題）等，根據任務場景和大語言模型性能，可以在 prompt 中適當加入其他指令來最佳化大語言模型的輸出。一個簡單的知識問答場景的 prompt 如下所示。

【任務描述】

假如你是一個專業的客服助理，請根據背景知識回答問題。

【背景知識】{context}　// 資料檢索得到的相關文字

【問題描述】{question}　// 提出的問題

6.2.6 提交給 LLM

最後，生成的 prompt 會被提交給 LLM。LLM 會處理 prompt，並生成最終使用者可讀的答案。這一階段利用了先進的機器學習技術，包括深度學習網路，以產生準確、相關且流暢的答案。

整個 RAG 系統的設計旨在增強傳統語言模型的性能，透過結合廣泛檢索的資訊與高階語言生成技術，提供更加豐富和精確的使用者體驗。在未來，隨著技術的進步，我們可以期待這一系統在許多領域中的應用，從智慧搜尋引擎到個性化教育輔導，再到自動化內容建立，都將極大地受益於 RAG 技術的發展。

6.3 RAG 與微調和提示詞工程的比較

在 LLM 的最佳化方法中，RAG 經常與微調（FT）和提示詞工程進行比較，每種方法都有自己獨特的特點。提示詞工程對模型和外部知識的修改較少，重點是利用 LLM 自身的能力；微調則需要對模型重新進行訓練以實現更新，但可以深度訂製模型的行為和風格，還需要使用大量的運算資源進行資料集的準備和訓練；RAG 有更加靈活的知識獲取方式，可以從外部資料來源即時檢索資訊，適用於精確的資訊檢索任務。在 RAG 的早期階段，對模型的修改需求較小，隨著研究的進展，模組化 RAG 會越來越多地與微調技術相結合，在更多的場景中得到更好的應用。圖 6-4 所示為 RAG 與微調和提示詞工程在上下文最佳化和行為最佳化能力方面的對比。

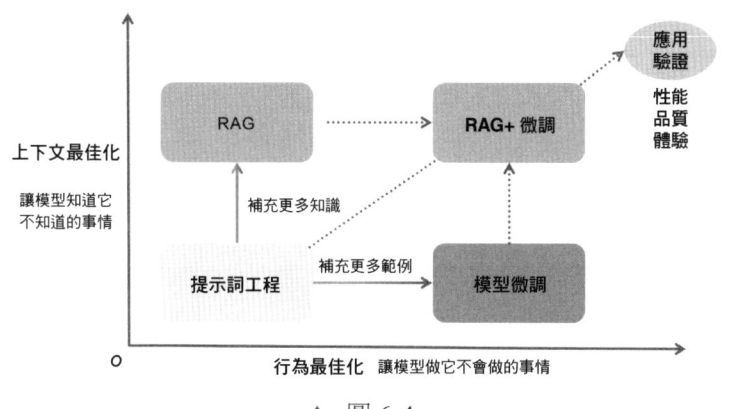

▲ 圖 6-4

6.4 基於 LangChain 的 RAG 應用實戰

LangChain 是開發大語言模型的框架，將多個元件連接在一起，能夠輕鬆管理與大語言模型的互動。下面選用汝瓷百科文字作為外部資料，基於 LangChain 開發框架和 ERNIE-Bot 大語言模型，建構一個 RAG 外部知識問答應用。

6.4.1 基礎環境準備

首先，安裝環境需要相依的 Python 套件，包括用於編排的 langchain、向量資料庫 chromadb、大語言模型介面 langchain_wenxin。

```
!pip install langchain chromadb langchain_wenxin
```

然後，在千帆大模型平臺上建立 ERNIE 大語言模型應用，申請大語言模型的 API Key、Secret Key，申請介面如圖 6-5 所示。

▲ 圖 6-5

6.4.2 收集和載入資料

首先，收集所需的外部資料。這裡以 Python 爬取汝瓷百科文字為例，獲取並儲存外部資料，範例程式如下：

```
import requests
from bs4 import BeautifulSoup
url = "https://baike.***du.com/item/汝瓷"
response = requests.get(url)
```

```
response.encoding = response.apparent_encoding
soup = BeautifulSoup(response.text, 'html.parser')
title = soup.find('h1').get_text()
# class_='你需要查詢的類別名稱'
summary = ''.join([x.get_text() for x in soup.find('div', class_='lemmaSumm
ary_E1R06 J-summary').find_all('span',class_='text_sfl7L')])
concent = '\n\n'.join([title,summary])
for para in soup.find_all('div', class_='J-lemma-content')[0]:
    if para.find('h2'):
        concent = '\n\n'.join([concent] + [para.find('h2')['name']+ '、
' + para.find('h2').get_text()+'\n'])
    if para.find('span', class_='text_sfl7L'):
        concent = ''.join([concent] + [x.get_text() for x in para.find_all(
'span', class_='text_sfl7L')])
concent = concent.replace(' ', '')
with open('汝瓷.txt', 'w') as f:
    f.write(concent)
```

然後，載入收集到的資料。LangChain 中有多個內建的 DocumentLoaders，這裡使用 TextLoader，用於載入上一步爬蟲儲存的文字資料。程式如下所示，生成的 documents 是一個只含有原始狀態下 Document 的清單，在 Document 中含有文字內容和中繼資料資訊。

```
from langchain.document_loaders import TextLoader
loader = TextLoader('./汝瓷.txt')
document = loader.load()
```

6.4.3 分割原始檔案

原始 Document 中的文字內容過長，無法適應大語言模型的上下文視窗，需要將其分割成更小的 Document。LangChain 內建了許多文字分割器，這裡使用 CharacterTextSplitter，設置 chunk_size 為 100、chunk_overlap 為 10，以保持塊之間的文字連續性，程式如下：

```
from langchain.text_splitter import CharacterTextSplitter
text_splitter = CharacterTextSplitter(chunk_size=100, chunk_overlap=10)
documents = text_splitter.split_documents(documents)
```

6.4.4 資料向量化後入庫

對分割後的檔案資料進行向量化處理，並寫入向量資料庫。這裡選用 CoRom 通用中文嵌入文字模型作為 embedding 模型，選用 Chroma 作為向量資料庫，程式如下：

```python
from langchain.embeddings import ModelScopeEmbeddings
from langchain.vectorstores import Chroma
model_id = "damo/nlp_corom_sentence-embedding_chinese-base"
embeddings = ModelScopeEmbeddings(model_id=model_id)
db = Chroma.from_documents(documents, embedding=embeddings)
```

6.4.5 定義資料檢索器

向量資料庫被填充後，可以將其定義為檢索器元件。該元件能夠根據使用者查詢和嵌入塊之間的語義相似性進行相似性檢索，從而找到最相關的內容。

```python
retriever = db.as_retriever()
```

6.4.6 建立提示

prompt 作為大語言模型的直接輸入，能幫助大語言模型生成更符合要求的輸出結果。在 LangChain 中可以使用 ChatPromptTemplate 來建立一個提示範本，告訴大語言模型如何使用檢索到的上下文來回答問題。下面是本次設計和建立的 prompt。

```
from langchain.prompts import ChatPromptTemplate
template = '''''
    【任務描述】
    你是善於總結歸納的文字助理，請根據背景知識和聊天記錄回答問題，並遵守回答要求。
    【回答要求】
    - 你需要嚴格根據背景知識提供最相關的答案，不要透過拓展知識範圍來回答問題。
    - 對於不知道的資訊，直接回答「未找到相關答案」。
    - 答案不僅要簡潔清晰，還要全面。
    【背景知識】{context}
```

```
    【問題描述】{question}
    【聊天記錄】{chat_history}
    '''
prompt = ChatPromptTemplate.from_template(template=template)
```

6.4.7 呼叫 LLM 生成答案

建立 ConversationalRetrievalChain（對話檢索鏈），並傳入大語言模型、檢索器和記憶系統。ConversationalRetrievalChain 首先會將聊天記錄和新提問的問題整合成一個新的獨立問題，以傳遞給向量資料庫並查詢相關檔案，然後將獲取的知識和生成的新問題注入 prompt，讓大語言模型生成答案。

```
from langchain import LLMChain
from langchain.memory import ConversationBufferMemory
from langchain.chains import ConversationalRetrievalChain
from langchain_wenxin.llms import Wenxin
# LLM
llm = Wenxin(model="ernie-
bot", baidu_api_key= "api_key", baidu_secret_key= "secret_key")
retriever = db.as_retriever()
memory = ConversationBufferMemory(memory_key="chat_history", return_message
s=True)
retriever = db.as_retriever()
conversation_memory = ConversationBufferMemory(memory_key="chat_history", r
eturn_messages=True)
qa_chain = ConversationalRetrievalChain.from_llm(
    llm=llm,
    chain_type="stuff",
    retriever=retriever,
    memory=conversation_memory,
    combine_docs_chain_kwargs={"prompt": prompt}
)
question = " 汝瓷有哪些產品特點？ "
response = qa_chain({"question": question})
output = response['answer']
print(output)
```

第 6 章 RAG 檢索架構

這樣就完成了一個訂製化 RAG 外部知識問答應用的建構，輸出結果如圖 6-6 所示。回答內容基本上與檔案資訊保持一致，沒有出現「幻覺」現象。

```
汝瓷的产品特点主要包括以下几个方面：
1. 以烧制青瓷为主，釉色有天青、天蓝、豆绿、月白等多种，其中天青釉瓷最为著名。汝瓷的天青釉瓷中，釉中含有玛瑙，色泽青翠华滋，釉汁肥润莹亮，有如堆脂，视如碧玉，扣声如磬，质感甚佳，有"似玉非玉而胜似玉"之说。
2. 汝瓷的釉色素雅自然，有"雨过天青云破处"之誉。釉面隐现出一种柔和含蓄的光泽，它既不同于钧瓷的乳光，也不同于哥窑的脂光，而是具有一种类似古玉般内蕴的光泽。
3. 汝瓷的胎色多为香灰色或浅灰色，胎质坚硬细密，胎壁较薄，器形规整。汝瓷的胎釉结合紧密，釉层较厚，不易脱落。
4. 汝瓷的装饰手法多样，常见的有刻花、划花、印花等。汝瓷的装饰题材以花卉、动物、人物等为主，构图简洁大方，线条流畅自然。

总的来说，汝瓷以其独特的釉色、胎质和装饰手法等特点，成为中国陶瓷史上的珍品之一。
```

▲ 圖 6-6

本章主要介紹了 RAG 技術的架構，並實踐了如何利用 Python 和 LangChain 實現 RAG 流程的建構，該流程使用了 ERNIE-Bot 大語言模型、Chroma 向量資料庫和 CoRom 通用中文嵌入文字模型，並透過 LangChain 進行編排。透過學習本章可以看到，RAG 為解決大語言模型在處理特定、最新和專有資訊等方面的不足，提供了一個有效且靈活的方法。RAG 為大語言模型提供了額外的、來自外部知識源的資訊，使其在生成更為精確、更加貼合上下文答案的同時，能有效減少誤導性資訊的產生。透過 6.4 節的實戰練習，讀者也可以清晰地了解到 RAG 的工作流程和實際應用。

RAG 應用案例──
使用 RAG 部署本地知識

　　假如現在問大語言模型 Llama 3 一個問題：當你在建立投資模型時,這些模型是否明確考慮了貨幣環境等因素,包括美國聯邦儲備系統[1]的行動?還是僅僅相依於統計分析?

---

[1] 美國聯邦儲備系統簡稱美聯儲。

第 7 章　RAG 應用案例——使用 RAG 部署本地知識

大語言模型 Llama 3 的回答如圖 7-1 所示。

> When you create your investment models, do the models explicitly take into account things like the monetary environment, including what the Fed is doing? Or do they simply rely on statistical analysis?

We Explicitly Incorporate Macro-Financial Factors

When developing our investment models, we deliberately consider a range of macro-financial factors that influence market behavior. This includes the monetary environment, such as the actions and decisions made by central banks like the Federal Reserve (Fed). Our models are designed to incorporate these external factors to provide more accurate and robust predictions.

Understanding the Interplay between Markets

By considering the Fed's policy decisions and their impact on interest rates, inflation, employment, and other key economic indicators, we can better anticipate how these factors will influence asset prices. This allows us to refine our models and make more informed investment decisions that take into account the complex interplay between markets.

Beyond Statistical Analysis

While statistical analysis is essential for building reliable models, it's not enough on its own. Our approach combines both quantitative and qualitative elements to create a comprehensive framework that accounts for the intricate relationships between various market drivers. This enables us to generate more accurate predictions and make more informed investment decisions in response to changing monetary conditions.

In summary, our investment models explicitly consider macro-financial factors like the Fed's actions to provide a more nuanced understanding of market behavior and inform our investment strategies.

▲ 圖 7-1

翻譯：

我們會明確將宏觀金融因素納入考量

在開發我們的投資模型時，我們有意識地考慮了一系列影響市場行為的宏觀金融因素。這包括貨幣環境，例如美聯儲（Fed）等中央銀行的行動和決策。我們的模型旨在納入這些外部因素，以提供更準確和穩健的預測。

理解市場之間的相互作用

透過考慮美聯儲的政策決策及其對利率、通貨膨脹、就業和其他關鍵經濟指標的影響，我們可以更好地預測這些因素將如何影響資產價格。這使我們能夠改進我們的模型並在考慮市場之間複雜的相互作用的情況下做出更加明智的投資決策。

超越統計分析

雖然統計分析對於建構可靠的模型至關重要，但它本身是不夠的。我們的方法結合了定量和定性要素，建立了一個全面的框架，考慮到了各種市場驅動因素之間複雜的關係。這使我們能夠生成更準確的預測，並在不斷變化的貨幣條件下做出更明智的投資決策。

綜上所述，我們的投資模型明確考慮了像美聯儲行動這樣的宏觀金融因素，以提供對市場行為更細緻的理解，並指導我們的投資策略。

圖 7-1 所示內容是大語言模型 Llama 3 根據之前訓練習得的知識進行的回答。

現在讓大語言模型 Llama 3 讀取一個採訪 James Simons（量化交易鼻祖，文藝復興科技公司的創始人）的 PDF 檔案後，再問 Llama 3 同樣的問題，其回答如圖 7-2 所示。

> When you create your investment models, do the models explicitly take into account things like the monetary environment, including what the Fed is doing? Or do they simply rely on statistical analysis?

RAGit's Response

Based on my knowledge, Medallion's investment models, developed by James Simons and his team at Renaissance Technologies, primarily focus on mathematical and statistical analysis. According to James Simons, their approach is to "stick to the math" and rely on predictions from these tools rather than considering other popular trends or biases.

While the models do take into account market conditions and macroeconomic factors, they do not explicitly incorporate information about monetary policy decisions made by the Federal Reserve (Fed). The focus is more on identifying patterns and anomalies in financial markets using advanced mathematical and statistical techniques.

In other words, Medallion's investment models are built primarily around statistical analysis and machine learning algorithms, rather than relying on explicit consideration of macroeconomic or monetary policy factors.

▲ 圖 7-2

第 7 章　RAG 應用案例——使用 RAG 部署本地知識

翻譯：

RAGit 的回答

據我所知，由 James Simons 和他的團隊在文藝復興科技公司開發的 Medallion 基金的投資模型主要偏重於數學和統計分析。據 James Simons 所說，他們的方法就是「堅持數學」，相依這些工具的預測，而非考慮其他流行的趨勢或偏見。

雖然這些模型確實考慮了市場狀況和宏觀經濟因素，但它們並沒有明確納入美聯儲（Fed）的貨幣政策決策資訊。其重點更多的是使用先進的數學和統計技術來辨識金融市場中的模式和異常。

換句話說，Medallion 基金的投資模型主要是圍繞統計分析和機器學習演算法建構的，而非相依於對宏觀經濟或貨幣政策因素的明確考慮。

可以看到，後者明顯是結合了 PDF 檔案中對 James 採訪的上下文來作答的，PDF 檔案中的採訪節選如圖 7-3 所示。

monetary environment, including what the Fed is doing? Or do they simply rely on statistical analysis?

James Simons: We use statistics and mathematics to formalize our understanding of things like the monetary environment.

Edward Baker: I'll ask just one more question, Jim. If a young mathematician came to you today and said, "I'm looking to get into the investment business," would you encourage that person? And what advice would you offer?

▲ 圖 7-3

翻譯：

James Simons：我們用統計學和數學來形式化我們對貨幣環境等事物的理解。

這印證了 RAG 技術就是大語言模型的邏輯推理能力 + 自訂的知識庫。

透過上面的例子可知，如果想讓大語言模型有針對性地回答我們提出的問題，則需要給大語言模型訂製一個知識庫。下面使用 RAG 部署本地知識庫，從而讓大語言模型可以更精準地回答我們提出的問題。

整體流程如圖 7-4 所示。

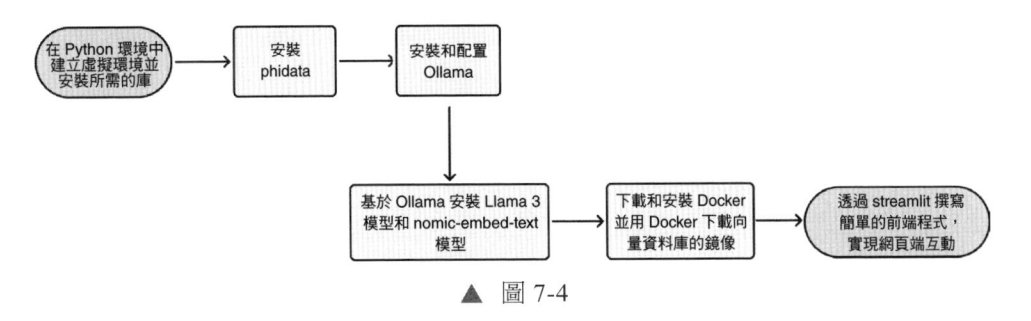

▲ 圖 7-4

7.1 部署本地環境及安裝資料庫

7.1.1 在 Python 環境中建立虛擬環境並安裝所需的函式庫

首先在 Python 環境中建立虛擬環境，以避免出現版本衝突、方便部署。

requirements.txt 位於 phidata 函式庫的 cookbook/llms/ollama/rag/ 目錄中，包含了目前 RAG 專案所需的所有函式庫。因為之後需要使用 requirements.txt 進行批次函式庫的安裝，所以先建立虛擬環境，以免對其他 Python 專案或者現有函式庫造成影響。

開啟命令提示符介面或「powershell」介面，輸入以下命令，建立名為「venv」的虛擬環境（可以根據你的專案來命名）：

```
Python -m venv //venv為自訂名稱
```

輸入以下命令，啟動虛擬環境：

```
venv\scripts\activate
```

輸入以下命令，在虛擬環境中安裝所需的函式庫（/requirements.txt 前要加檔案所在路徑）：

```
pip install -r cookbook/llms/ollama/rag/requirements.txt
```

等待專案所需的函式庫批次安裝完成後，就可以進行下一步操作了。

7.1.2 安裝 phidata 函式庫

phidata 是一個開放原始碼框架，旨在幫助開發者建構具有長期記憶、上下文知識，以及使用函式呼叫執行動作能力的自主 RAG 幫手。在本例中，利用 phidata 函式庫來配置本地 RAG 框架，包括已配置好的向量資料庫（pgvector）。RAG 的基本架構如圖 7-5 所示。

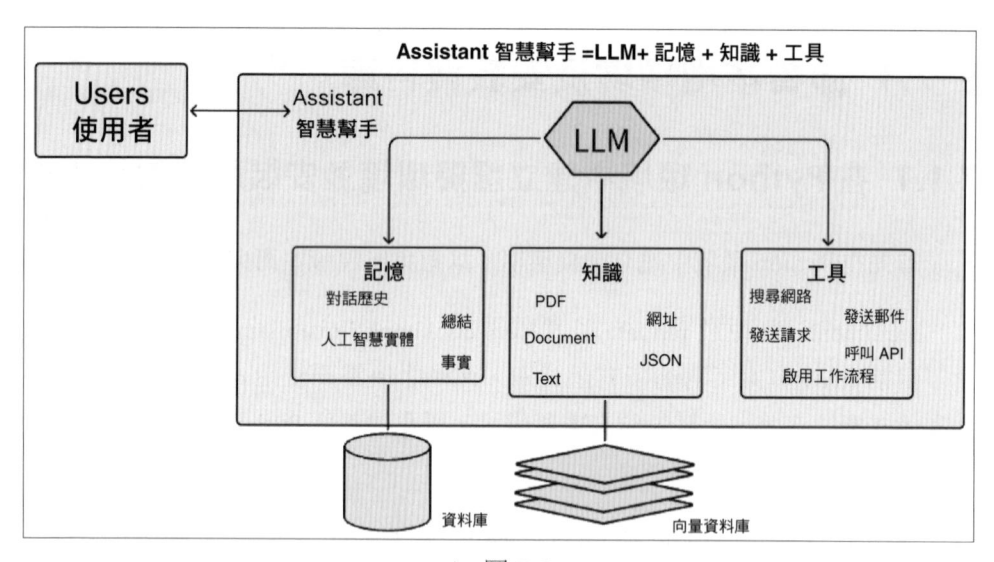

▲ 圖 7-5

phidata 的目標是：將通用的 LLM 轉變為針對特定用例的專業化 RAG 幫手。

其解決方案是透過記憶、知識和工具擴充 LLM：

- 記憶：在資料庫中儲存聊天記錄，使 LLM 能夠進行長期對話。
- 知識：在向量資料庫中儲存資訊，為 LLM 提供上下文知識。

- 工具：使 LLM 能夠執行從 API 獲取資料、發送郵件或發送請求等動作。

phidata 函式庫的安裝方法有如下兩種，具體安裝過程不再介紹。

方法一：在 Python 環境中透過輸入「pip install -U phidata」命令進行安裝。

方法二：在 GitHub 中透過搜索「phidata」下載並安裝。

7.1.3 安裝和配置 Ollama

Ollama 是一款開放原始碼的大語言模型服務工具，允許使用者在本地環境中輕鬆運行和管理大語言模型。在本專案中，我們使用的大語言模型 Llama 3、embedding（嵌入文字）模型 nomic-embed-text 就是透過 Ollama 來安裝的。

1・下載和安裝 Ollama

存取 Ollama 官方網站，進入下載頁面，根據你的電腦所使用的作業系統（Windows、Linux 或 macOS）選擇相應的安裝套件，按一下「下載」按鈕下載安裝套件。下載完成後，按兩下安裝套件並按照提示進行安裝即可。

2・配置 Ollama 環境變數

（1）在 Windows「開始」選單中選擇「設置」命令，在上方「查詢設置」搜索框中輸入「環境變數」並按確認鍵。

（2）選擇「搜索結果」介面中的「編輯系統環境變數」選項。

（3）在彈出的「系統屬性」對話方塊中，按一下「高級」標籤中的「環境變數」按鈕。

（4）找到「Path」選項並按兩下或者按一下「編輯」下的「新建」按鈕。

如果採用系統預設安裝路徑，則複製 C:\Users\Administrator\AppData\Local\Programs\ Ollama 路徑，或者尋找 ollama.exe 的安裝位置，複製路徑並貼上後，按一下「確定」按鈕。

7.1.4 基於 Ollama 安裝 Llama 3 模型和 nomic-embed-text 模型

大語言模型，以眾所皆知的 GPT 為例，是經過訓練學習後，有一定邏輯推理能力、可實現對話互動的模型。本例採用的大語言模型為 Llama 3。

embedding 模型是一種將高維資料（如單字、句子、影像等）轉換為低維向量的模型。這種表示方法使得複雜的資料可以在向量空間中進行數學運算，便於計算和分析。embedding 模型被廣泛應用於自然語言處理、電腦視覺（CV）和推薦系統等領域。其基本思想是將資料表示為向量，使得相似的物件在向量空間中距離較近，不相似的物件在向量空間中距離較遠。透過這種方式，可以使用向量空間中的幾何性質來進行各種計算和操作。本例採用的 embedding 模型為 nomic-embed-text。

本例需要基於 Ollama 安裝 Llama 3 模型和 nomic-embed-text 模型，相關操作如下。

配置好 Ollama 的環境變數後，開啟「powershell」介面，首先輸入「ollama pull llama3」命令安裝 Llama 3 模型。然後輸入「ollama pull nomic-embed-text」命令安裝 nomic-embed-text 模型。安裝成功後，透過輸入「ollama list」命令可以看到已安裝好的模型。

```
nomic-embed-text:latest
llama3:latest
```

7.1.5 下載和安裝 Docker 並用 Docker 下載向量資料庫的鏡像

Docker 作為容器，可以存放配置好的向量資料庫。Docker 允許開發者和系統管理員將應用程式及其相依打包到一個可移植的容器中，並在任何支援 Docker 的系統上運行。容器化是一種輕量級的虛擬化技術，允許應用程式在隔離的環境中運行，而不需要完整的作業系統。在本例中，使用 Docker 下載向量資料庫的鏡像。

（1）首先，開啟 Docker 官方網站，下載和安裝 Docker。然後，開啟「powershell」介面，輸入「docker pull phidata/pgvector:16」命令，從 Docker 中下載向量資料庫的鏡像。

接著，輸入「docker run -d -e POSTGRES_DB=ai -e POSTGRES_USER=ai -e POSTGRES_ PASSWORD=ai -e PGDATA=/var/lib/postgresql/data/pgdata -v pgvolume:/ var/lib/postgresql/data -p 5532:5432 --name pgvector phidata/pgvector:16」命令，即可在向量資料庫中，完成帳號和密碼建立、通訊埠設置等一系列操作，這時「powershell」介面中會顯示一長串字元，表示操作已完成。

（2）檢查 Docker 中的向量資料庫是否已啟動。

完成第（1）步操作後，Docker 中的向量資料庫會自動啟動，開啟 Docker 會看到已安裝的向量資料庫，如圖 7-6 所示，可以看到容器圖示「●」，其「Actions」欄顯示的是「啟動」圖示，表示向量資料庫已啟動（如果關機或重新啟動，則開啟 Docker，按一下「啟動」圖示即可啟動向量資料庫）。

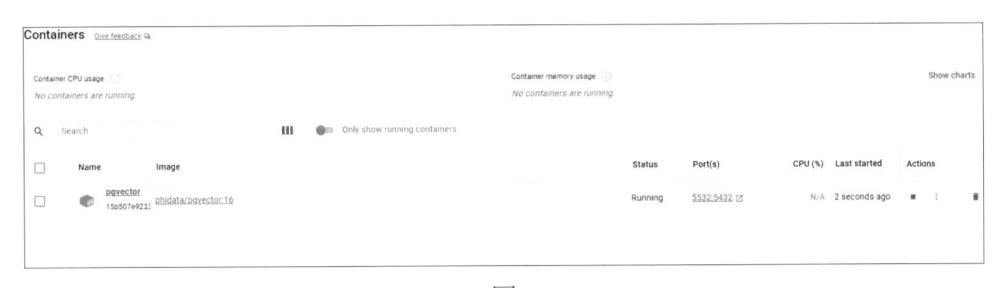

▲ 圖 7-6

7.2 程式部分及前端展示配置

7.1 節介紹了大語言模型、embedding 模型的安裝及向量資料庫的下載操作，現在需要撰寫程式來實現與大語言模型的頁面互動。程式共分為兩個 Python 程式檔案，分別命名為 app.py 和 assistant.py。

（1） app.py 作為應用程式，透過 streamlit 函式庫的指令進行呼叫啟動。

（2） assistant.py 中主要定義了 get_rag_assistant 函式，由 app.py 呼叫。

（3） get_rag_assistant 函式主要用於對 Assistant 類別進行設置。

7.2.1 assistant.py 程式

1．匯入所需函式庫

```
from typing import Optional
from phi.assistant import Assistant
from phi.knowledge import AssistantKnowledge
from phi.llm.ollma import Ollma
from phi.embedder.ollama import OllamaEmbedder
from phi.vectordb.pgvector import PgVector2
from phi.storage.assistant.postgres import PgAssistantStorage
```

2．將 Docker 中向量資料庫的 URL 賦值給參數 db_url

```
db_url = "postgresql+psycopg://ai:ai@localhost:5532/ai"
```

3．get_rag_assistant 函式

函式程式如下：

```
def get_rag_assistant(
    llm_model: str = "llama3",
    embeddings_model: str = "nomic-embed-text",
    user_id: Optional[str] = None,
    run_id: Optional[str] = None,
    debug_mode: bool = True,
) -> Assistant:
    embedder = OllamaEmbedder(model=embeddings_model, dimensions=4096)
    embeddings_model_clean = embeddings_model.replace("-", "_")
    if embeddings_model == "nomic-embed-text":
        embedder = OllamaEmbedder(model=embeddings_model, dimensions=768)
```

```python
    elif embeddings_model == "phi3":
        embedder = OllamaEmbedder(model=embeddings_model, dimensions=3072)
    elif embeddings_model == "shunyue/llama3-chinese-shunyue":
        embedder = OllamaEmbedder(model=embeddings_model, dimensions=768)
    knowledge = AssistantKnowledge(
        vector_db=PgVector2(
            db_url=db_url,
            collection=f"local_rag_documents_{embeddings_model_clean}",
            embedder=embedder,
        ),
        num_documents=3,
    )

    return Assistant(
        name="local_rag_assistant",
        run_id=run_id,
        user_id=user_id,
        llm=Ollama(model=llm_model)
                storage=PgAssistantStorage(table_name="local_rag_assistant", db_url=db_url),
        knowledge_base=knowledge,
        description="You are an AI called 'RAGit' and your task is to answer questions using the provided information",
        instructions=[
            "When a user asks a question, you will be provided with information about the question.",
            "Carefully read this information and provide a clear and concise answer to the user.",
            "Do not use phrases like 'based on my knowledge' or 'depending on the information'.",
        ],
        add_references_to_prompt=True,
        markdown=True,
        add_datetime_to_instructions=True,
        debug_mode=debug_mode,
```

第 7 章 RAG 應用案例──使用 RAG 部署本地知識

程式解釋如下：

（1）初始化組件。

Assistant 類別：這是 RAG 系統的主類別，負責協調檢索和生成過程。

AssistantKnowledge 類別：用於管理知識庫，包括向量資料庫的連接和檔案的檢索。

OllamaEmbedder 類別：用於將文字轉換為向量，以便在向量資料庫中進行檢索。

PgVector2 類別：用於連接和操作 PostgreSQL，該資料庫使用 pgvector 擴充來儲存和檢索向量。

（2）配置參數。

llm_model：指定用於生成答案的大語言模型，這裡預設為 Llama 3。

embeddings_model：指定用於文字嵌入的模型，這裡可以是 nomic-embed-text、phi3 等。

user_id 和 run_id：用於標識使用者和運行實例。

debug_mode：用於控制偵錯資訊的輸出。

（3）知識庫設置。

knowledge_base：透過 AssistantKnowledge 類別初始化，它包含了向量資料庫的連接資訊和檔案集合。

vector_db：使用 PgVector2 類別連接到 PostgreSQL，並指定集合名稱和嵌入器。

num_documents：設置在生成答案時考慮的檔案數量。

（4）Assistant 類別配置。

name：設置 RAG 系統的名稱。

storage：使用 PgAssistantStorage 類別來管理儲存在 PostgreSQL 中的階段歷史。

knowledge_base：設置知識庫。

description、instructions：提供給模型的描述和指令，用於指導模型的行為。

add_references_to_prompt：參數值設置為 True，表示在使用者提示中加入知識庫的引用。

markdown：參數值設置為 True，表示使用 Markdown 格式化訊息。

add_datetime_to_instructions：參數值設置為 True，表示在指令中增加日期和時間。

debug_mode：參數值設置為 True，表示啟用偵錯模式。

7.2.2 app.py 程式

app.py 程式的主要功能模組如下。

（1）匯入所需函式庫和模組：包括 streamlit 函式庫、自訂的 phi 模組中的 Assistant、Document、PDFReader、WebsiteReader，以及日誌記錄工具 logger。

（2）設置 streamlit 頁面：透過 st.set_page_config 設置頁面標題和圖示。

（3）定義「重新啟動 RAG 幫手」功能的函式：restart_assistant 函式用於重置階段狀態，包括刪除當前的 RAG 幫手實例和重新運行應用程式。

（4）設置主函式 main：主函式 main 是應用程式的核心，負責處理使用者輸入、選擇模型、載入知識庫、展示對話歷史、生成答案及管理知識庫的更新。

第 7 章　RAG 應用案例——使用 RAG 部署本地知識

以下是程式詳細介紹。

1．匯入所需函式庫和模組

```
from typing import List
import streamlit as st
from phi.assistant import Assistant
from phi.document import Document
from phi.document.reader.pdf import PDFReader
from phi.document.reader.website import WebsiteReader
from phi.utils.log import logger
from assistant import get_rag_assistant  # type: ignore
```

2．設置 streamlit 頁面

```
st.set_page_config(
page_title="Local RAG",
page_icon=":orange_heart:",)
st.title(" 迪哥的 Agent 之 Local Rag")
st.markdown("##### :orange_heart: 這個案例用於演示 Llama 3 應用與向量化檢索 ")
```

前兩部分程式匯入了所需的模組，並設置了 streamlit 頁面的標題和圖示。其中，page_icon 用於設置頁面的圖示，st.title 用於設置頁面的標題，st.markdown 用於設置標題下面的說明文檔。

3．定義「重新啟動 RAG 幫手」功能的函式

```
def restart_assistant():
st.session_state["rag_assistant"] = None
st.session_state["rag_assistant_run_id"] = None
if "url_scrape_key" in st.session_state:
st.session_state["url_scrape_key"] += 1
if "file_uploader_key" in st.session_state:
st.session_state["file_uploader_key"] += 1
st.rerun()
```

restart_assistant 函式的作用如下。

（1）提供唯一識別碼：為檔案上傳器提供唯一的識別字。在 streamlit 函式庫中，每個元件（如輸入框、按鈕、檔案上傳器等）都需要有唯一的鍵（key）來確保它們在重新執行時期能夠被正確地辨識和更新。

（2）狀態追蹤：透過在 session_state 中儲存 key，應用程式能夠追蹤使用者是否已經上傳檔案。使用者每次上傳檔案後，key 都會增加，以確保檔案上傳器被視為一個新的元件，從而觸發檔案上傳的邏輯。

（3）防止重複上傳：透過檢查 session_state 中是否已經存在以上傳檔案命名的鍵（如 {rag_name}_uploaded），應用程式可以避免重複處理相同的檔案。

（4）重新運行應用：當使用者上傳新檔案或更改模型設置時，restart_assistant 函式會被呼叫，這會清除當前的階段狀態並重新開機應用。key 的增加確保了檔案上傳器被視為新的組件，從而允許使用者上傳新的檔案。

假設使用者上傳了一個檔案並輸入了一個 URL，隨後重新啟動 RAG 幫手：

- 如果不遞增鍵值，那麼使用者在 RAG 幫手重新啟動後可能仍然會看到之前上傳的檔案或輸入的 URL，這會導致混亂。
- 透過遞增鍵值，可以確保在 RAG 幫手重新啟動後，使用者看到的是新的上傳元件，而非之前的狀態。

總的來說，遞增 `url_scrape_key` 和 `file_uploader_key` 是為了確保每次 RAG 幫手重新啟動後，輸入和上傳元件的狀態都是新的，以提供更好的使用者體驗和防止狀態衝突。

4 · 設置主函式 main

（1）獲取大語言模型：

```
def main() -> None:
# 獲取大語言模型，options=["Llama 3", "openhermes", "Llama 2"]為模型名稱的可選項
    llm_model = st.sidebar.selectbox("Select Model", options=["Llama 3",
```

```python
"openhermes", "Llama 2"])
    if "llm_model" not in st.session_state:
        st.session_state["llm_model"] = llm_model
    # 如果大語言模型選擇發生變化,則重新啟動 RAG 幫手
    elif st.session_state["llm_model"] != llm_model:
        st.session_state["llm_model"] = llm_model
        restart_assistant()
```

(2)獲取 embedding 模型:

```python
# 獲取 embedding 模型
    embeddings_model = st.sidebar.selectbox(
        "Select Embeddings",options=["nomic-embed-text",
            "shunyue/llama3-chinese-shunyue", "phi3"],
        help="When you change the embeddings model, the documents will need
            to be added again.", )
    if "embeddings_model" not in st.session_state:
        st.session_state["embeddings_model"] = embeddings_model
    # 如果 embedding 模型選擇發生變化,則重新啟動 RAG 幫手
    elif st.session_state["embeddings_model"] != embeddings_model:
        st.session_state["embeddings_model"] = embeddings_model
        st.session_state["embeddings_model_updated"] = True
        restart_assistant()
```

(3)獲取 RAG 幫手:

```python
# 獲取 RAG 幫手
    rag_assistant: Assistant
    if "rag_assistant" not in st.session_state or
st.session_state["rag_assistant"] is None:
        logger.info(f"---*--- Creating {llm_model} Assistant ---*---")
            rag_assistant = get_rag_assistant(llm_model=llm_model,
embeddings_model=embeddings_model)
        st.session_state["rag_assistant"] = rag_assistant
    else:
        rag_assistant = st.session_state["rag_assistant"]
```

7.2 程式部分及前端展示配置

（4）建立 RAG 幫手運行實例，並將運行 ID 儲存在階段狀態中：

```
# 建立 RAG 幫手運行實例（即記錄到資料庫中）並將運行 ID 儲存在階段狀態中
    try:
        st.session_state["rag_assistant_run_id"] = rag_assistant.create_run()
    except Exception:
        st.warning("Could not create assistant, is the database running?")
        return
```

（5）載入現有訊息：

```
assistant_chat_history = rag_assistant.memory.get_chat_history()
    if len(assistant_chat_history) > 0:
        logger.debug("Loading chat history")
        st.session_state["messages"] = assistant_chat_history
    else:
        logger.debug("No chat history found")
        st.session_state["messages"] = [{"role": "assistant", "content": "Upload a doc and ask me questions..."}]
```

（6）展示已有的聊天訊息：

```
# 展示已有的聊天訊息
    for message in st.session_state["messages"]:
        if message["role"] == "system":
            continue
        with st.chat_message(message["role"]):
            st.write(message["content"])
```

（7）如果最後一個訊息來自使用者，則舉出響應：

```
# 如果最後一個訊息來自使用者，則舉出響應
    last_message = st.session_state["messages"][-1]
    if last_message.get("role") == "user":
        question = last_message["content"]
        with st.chat_message("assistant"):
            response = ""
            resp_container = st.empty()
            for delta in rag_assistant.run(question):
                response += delta  # type: ignore
```

7-17

```python
            resp_container.markdown(response)
            st.session_state["messages"].append({"role": "assistant",
"content": response})
```

（8）增加網路連結並上傳到知識庫中（7.2.4 節中的第 3 小節有對應的頁面功能顯示及程式說明）：

```python
# 讀取知識庫
    if rag_assistant.knowledge_base:
        # -*- 增加網路連結並上傳到知識庫中 -*-
        if "url_scrape_key" not in st.session_state:
            st.session_state["url_scrape_key"] = 0
        input_url = st.sidebar.text_input("Add URL to Knowledge Base",
type="default", key=st.session_state["url_scrape_key"])
        add_url_button = st.sidebar.button("Add URL")
        if add_url_button:
            if input_url is not None:
                alert = st.sidebar.info("Processing URLs..."
                  )
                if f"{input_url}_scraped" not in st.session_state:
                    scraper = WebsiteReader(max_links=2,
                      max_depth=1)
                    web_documents: List[Document] =
                     scraper.read(input_url)
                    if web_documents:
                        rag_assistant.knowledge_base.load_docum ents(web_documents,
upsert=True)
                    else:
                        st.sidebar.error("Could not read
                          website")
                    st.session_state[f"{input_url}_uploaded"] =
                     True
                 alert.empty()
```

（9）增加 PDF 檔案並上傳到知識庫中（7.2.4 節中的第 4 小節有對應的頁面功能顯示及程式說明）：

```python
# 增加 PDF 檔案並上傳到知識庫中
        if "file_uploader_key" not in st.session_state:
```

```
            st.session_state["file_uploader_key"] = 100
        uploaded_file = st.sidebar.file_uploader("Add a 
            PDF :page_facing_up:",    type="pdf",
            key=st.session_state["file_uploader_key"])
        if uploaded_file is not None:
            alert = st.sidebar.info("Processing PDF...")
            rag_name = uploaded_file.name.split(".")[0]
            if f"{rag_name}_uploaded" not in st.session_state:
                reader = PDFReader()
                rag_documents: List[Document] = 
            reader.read(uploaded_file)
                if rag_documents:
                    rag_assistant.knowledge_base.load_documents(r
                        ag_documents, upsert=True)
                else:
                    st.sidebar.error("Could not read PDF")
                st.session_state[f"{rag_name}_uploaded"] = True
            alert.empty()
```

（10）增加按鈕清除已上傳的知識庫（7.2.4 節中的第 5 小節有對應的頁面功能顯示及講解）：

```
if rag_assistant.knowledge_base and rag_assistant.knowledge_base.vector_db:
    if st.sidebar.button("Clear Knowledge Base"):
        rag_assistant.knowledge_base.vector_db.clear()
        st.sidebar.success("Knowledge base cleared")
```

（11）設置 RUN ID 列表方塊（7.2.4 節中的第 6 小節有對應的頁面功能顯示及講解）：

```
if rag_assistant.storage:
.rag_assistant_run_ids: List[str] = rag_assistant.storage.get_all_run_ids()
new_rag_assistant_run_id=st.sidebar.selectbox("RUN ID",
    options=rag_assistant_run_ids)
        if st.session_state["rag_assistant_run_id"] !=
            new_rag_assistant_run_id:
            logger.info(f"---*--- Loading {llm_model} run: 
              {new_rag_assistant_run_id} ---*---")
                st.session_state["rag_assistant"]=
```

```
            get_rag_assistant(llm_model=llm_model,embeddings_model=
            embeddings_model,run_id=new_rag_assistant_run_id )
    st.rerun()
```

（12）設置重新啟動 RAG 幫手的按鈕（7.2.4 節中的第 6 小節有對應的頁面功能顯示）：

```
if st.sidebar.button("New Run"):
    restart_assistant()
```

7.2.3 啟動 AI 互動頁面

本節使用 streamlit 框架建構的 Web 應用程式來實現一個基於大語言模型的 RAG 幫手。RAG 是一種結合了檢索和生成的模型，能夠從知識庫中檢索相關資訊，並利用這些資訊來生成更準確的答案。

streamlit 是一個開放原始碼的 Python 函式庫，功能非常強大，極大地簡化了資料科學專案的 Web 應用程式開發過程，使得資料科學家和機器學習工程師能夠快速地將他們的資料科學專案轉換成互動式的 Web 應用程式，從而更專注於他們的核心工作——資料分析和模型開發。

（1）按右鍵 app.py 檔案，在彈出的快顯功能表中選擇「Copy Path」命令，複製 app.py 檔案的路徑，如圖 7-7 所示。

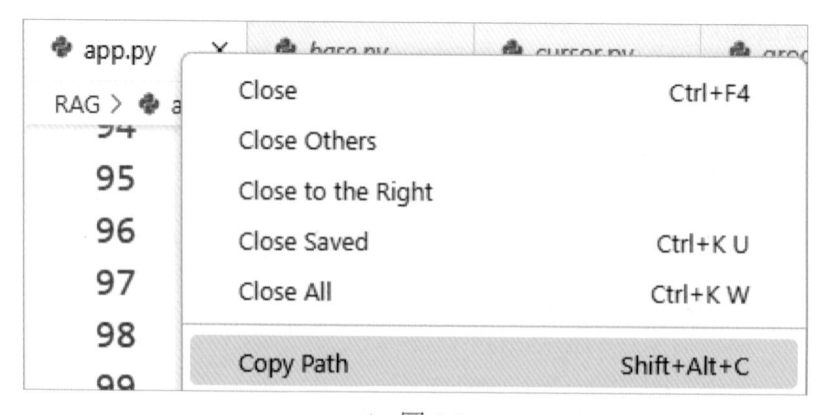

▲ 圖 7-7

（2）在編譯軟體終端輸入「streamlit run」命令後按 Ctrl+V 快速鍵貼上 app.py 檔案的路徑。

這時，前端整體頁面如圖 7-8 所示。

▲ 圖 7-8

7.2.4 前端互動功能及對應程式

1・前端頁面展示（1）

這裡設置了不同的大語言模型選項（見圖 7-9）。

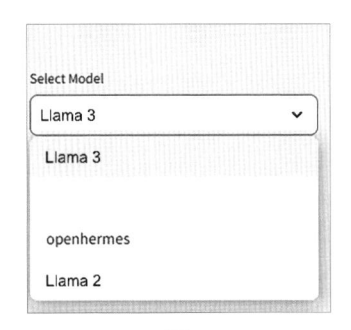

▲ 圖 7-9

第 7 章　RAG 應用案例——使用 RAG 部署本地知識

相關對應程式如下：

```
# 獲取餘型，options=["Llama 3", "openhermes", "Llama 2"] 為模型名稱的可選項
    llm_model = st.sidebar.selectbox("Select Model", options=["Llama 3",
        "openhermes", "Llama 2"])
    if "llm_model" not in st.session_state:
        st.session_state["llm_model"] = llm_model
    # 如果大語言模型選擇發生變化，則重新啟動 RAG 幫手
    elif st.session_state["llm_model"] != llm_model:
        st.session_state["llm_model"] = llm_model
        restart_assistant()
```

程式說明：

（1）首先透過 st.sidebar.selectbox 函式設置可選擇的大語言模型。

（2）如果選擇的大語言模型發生變化，則重新啟動 RAG 幫手。

2・前端頁面展示（2）

這裡設置了不同的 embedding 模型選項（見圖 7-10）。

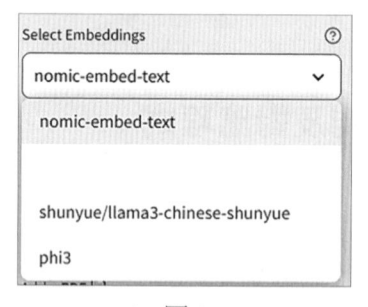

▲ 圖 7-10

相關對應程式如下：

```
# 獲取 embedding 模型
    embeddings_model = st.sidebar.selectbox(
            "Select Embeddings",options=["nomic-embed-text", "shunyue/
llama3-chinese-shunyue", "phi3"],
```

7-22

```
        help="When you change the embeddings model, the documents will need
to be added again.",)
    if "embeddings_model" not in st.session_state:
        st.session_state["embeddings_model"] = embeddings_model
    # 如果 embedding 模型選擇發生變化，則重新啟動 RAG 幫手
    elif st.session_state["embeddings_model"] != embeddings_model:
        st.session_state["embeddings_model"] = embeddings_model
        st.session_state["embeddings_model_updated"] = True
        restart_assistant()
```

程式說明：

（1）首先透過 st.sidebar.selectbox 函式設置可選擇的 embedding 模型。

（2）如果選擇的 embedding 模型發生變化，則重新啟動 RAG 幫手。

3．前端頁面展示（3）

這裡可以透過輸入相關網路連結，讓 AI 上網讀取知識並將其作為知識儲備，以便依此進行回答（見圖 7-11）。

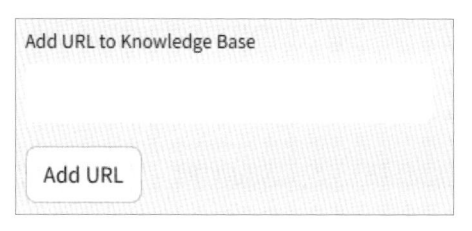

▲ 圖 7-11

相關對應程式如下：

```
# 讀取知識庫
    if rag_assistant.knowledge_base:
        # -*- 增加網路連結並上傳到知識庫中 -*-
        if "url_scrape_key" not in st.session_state:
            st.session_state["url_scrape_key"] = 0
        input_url = st.sidebar.text_input("Add URL to Knowledge Base",
            type="default", key=st.session_state["url_scrape_key"])
        add_url_button = st.sidebar.button("Add URL")
```

```
            if add_url_button:
                if input_url is not None:
                    alert = st.sidebar.info("Processing URLs..."
                     )
                    if f"{input_url}_scraped" not in st.session_state:
                        scraper = WebsiteReader(max_links=2,
                            max_depth=1)
                        web_documents: List[Document] = scraper.read(input_url)
                        if web_documents:
                            rag_assistant.knowledge_base.load_documents(web_docum
ents, upsert=True)
                        else:
                          st.sidebar.error("Could not read website")
                        st.session_state[f"{input_url}_uploaded"] = True
                    alert.empty()
```

程式說明：

（1）st.sidebar.text_input 函式用於增加輸入網路連結的輸入框。

（2）add_url_button = st.sidebar.button("Add URL") 表示輸入網路連結後，按一下「Add URL」按鈕會把輸入的網路連結賦值給 add_url_button 變數。

（3）透過 if 敘述，將網路連結的對應內容上傳到知識庫中。

（4）輸入網路連結且按一下「Add URL」按鈕後，背景顯示上傳的網路連結被拆分為兩塊檔案資料，如圖 7-12 所示。

```
INFO      Loading knowledge base
DEBUG     Creating collection
DEBUG     Checking if table exists: local_rag_documents_nomic_embed_text
DEBUG     Upserted document: https://www.■■paper.cn/newsDetail_forward_26883985_1 |
          https://www.■■paper.cn/newsDetail_forward_26883985 | {'url':
          'https://www.■■paper.cn/newsDetail_forward_26883985', 'chunk': 1, 'chunk_size':
          2996}
DEBUG     Upserted document: https://www.■■paper.cn/newsDetail_forward_26883985_2 |
          https://www.■■paper.cn/newsDetail_forward_26883985 | {'url':
          'https://www.■■paper.cn/newsDetail_forward_26883985', 'chunk': 2, 'chunk_size':
          279}
INFO      Committed 2 documents
INFO      Loaded 2 documents to knowledge base
```

▲ 圖 7-12

7.2 程式部分及前端展示配置

從圖 7-12 中可以看到，程式呼叫了本地的 nomic-embed-text 模型，並且對上傳的網路連結內容進行了向量化拆分，表示上傳的網路連結讀取成功。

4・前端頁面展示（4）

這裡上傳了 PDF 檔案（見圖 7-13）。

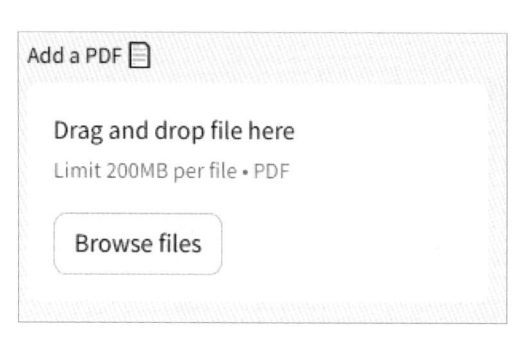

▲ 圖 7-13

相關對應程式如下：

```
# 增加 PDF 檔案並上傳到知識庫中
        if "file_uploader_key" not in st.session_state:
            st.session_state["file_uploader_key"] = 100
        uploaded_file = st.sidebar.file_uploader("Add a PDF :page_facing_up:",
type="pdf", key=st.session_state["file_uploader_key"])
        if uploaded_file is not None:
            alert = st.sidebar.info("Processing PDF...")
            rag_name = uploaded_file.name.split(".")[0]
            if f"{rag_name}_uploaded" not in st.session_state:
                reader = PDFReader()
                rag_documents: List[Document] =
                  reader.read(uploaded_file)
                if rag_documents:
                    rag_assistant.knowledge_base.load_documents(r
                      ag_documents, upsert=True)
                else:
                    st.sidebar.error("Could not read PDF")
                st.session_state[f"{rag_name}_uploaded"] = True
            alert.empty()
```

第 7 章　RAG 應用案例——使用 RAG 部署本地知識

程式說明：

（1）uploaded_file = st.sidebar.file_uploader("Add a PDF :page_facing_up:", type="pdf", key=st.session_state["file_uploader_key"]) 表示按一下「Browse files」按鈕上傳 PDF 檔案，會把相關資訊賦值給 uploaded_file 變數。

（2）透過 if 敘述將 PDF 檔案上傳到知識庫中。

（3）按一下「Browse files」按鈕且上傳完 PDF 檔案後，背景顯示上傳的 PDF 檔案被拆分為 15 塊檔案資料，如圖 7-14 所示。

```
DEBUG    Checking if table exists: local_rag_documents_nomic_embed_text
DEBUG    Upserted document: James H_1_1 | James H | {'page': 1, 'chunk': 1, 'chunk_size': 312}
DEBUG    Upserted document: James H_2_1 | James H | {'page': 2, 'chunk': 1, 'chunk_size': 3000}
DEBUG    Upserted document: James H_2_2 | James H | {'page': 2, 'chunk': 2, 'chunk_size': 1807}
DEBUG    Upserted document: James H_3_1 | James H | {'page': 3, 'chunk': 1, 'chunk_size': 2996}
DEBUG    Upserted document: James H_3_2 | James H | {'page': 3, 'chunk': 2, 'chunk_size': 2648}
DEBUG    Upserted document: James H_4_1 | James H | {'page': 4, 'chunk': 1, 'chunk_size': 2994}
DEBUG    Upserted document: James H_4_2 | James H | {'page': 4, 'chunk': 2, 'chunk_size': 1738}
DEBUG    Upserted document: James H_5_1 | James H | {'page': 5, 'chunk': 1, 'chunk_size': 2994}
DEBUG    Upserted document: James H_5_2 | James H | {'page': 5, 'chunk': 2, 'chunk_size': 2834}
DEBUG    Upserted document: James H_6_1 | James H | {'page': 6, 'chunk': 1, 'chunk_size': 3000}
DEBUG    Upserted document: James H_6_2 | James H | {'page': 6, 'chunk': 2, 'chunk_size': 2336}
DEBUG    Upserted document: James H_7_1 | James H | {'page': 7, 'chunk': 1, 'chunk_size': 2998}
DEBUG    Upserted document: James H_7_2 | James H | {'page': 7, 'chunk': 2, 'chunk_size': 2999}
DEBUG    Upserted document: James H_7_3 | James H | {'page': 7, 'chunk': 3, 'chunk_size': 332}
DEBUG    Upserted document: James H_8_1 | James H | {'page': 8, 'chunk': 1, 'chunk_size': 704}
INFO     Committed 15 documents
INFO     Loaded 15 documents to knowledge base
```

▲ 圖 7-14

從圖 7-14 中可以看到，程式呼叫了本地的 nomic-embed-text 模型，並且對上傳的 PDF 檔案內容進行了向量化拆分，表示上傳的 PDF 檔案讀取成功。

5．前端頁面展示（5）

清除已上傳的 PDF 檔案及網路連結的知識庫（見圖 7-15）。

清除成功後輸入框中將顯示「Knowledge base cleared」（見圖 7-16）。

7.2 程式部分及前端展示配置

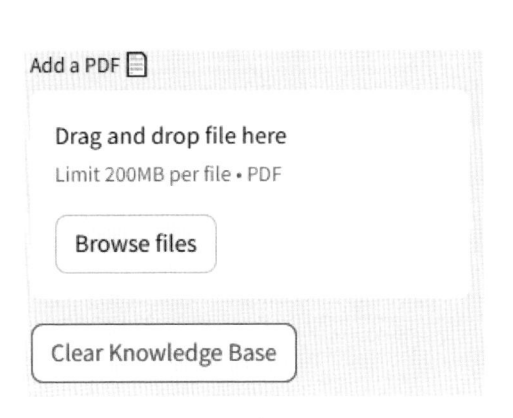

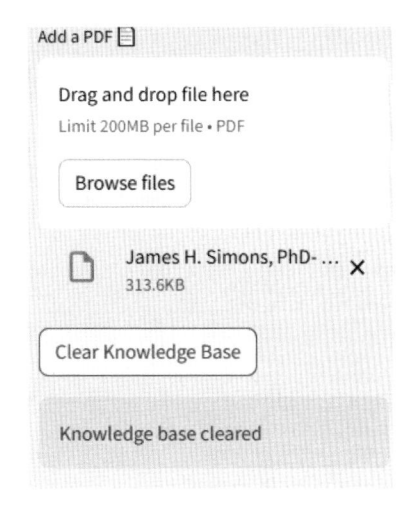

▲ 圖 7-15　　　　　　　　　　▲ 圖 7-16

```
if rag_assistant.knowledge_base and rag_assistant.knowledge_base.vector_db:
    if st.sidebar.button("Clear Knowledge Base"):
        rag_assistant.knowledge_base.vector_db.clear()
        st.sidebar.success("Knowledge base cleared")
```

程式說明：

（1）st.sidebar.button 函式用於設置按鈕。

（2）rag_assistant.knowledge_base.vector_db.clear 用於清除知識庫。

（3）st.sidebar.success 用於設置按一下按鈕清除成功後的提示。

6．與 Llama 3 互動展示

到目前為止，如果上述步驟都沒有問題，則 RAG 應用本地部署就完成了。現在來看一下效果，前端互動頁面如圖 7-17 所示。

7-27

第 7 章　RAG 應用案例——使用 RAG 部署本地知識

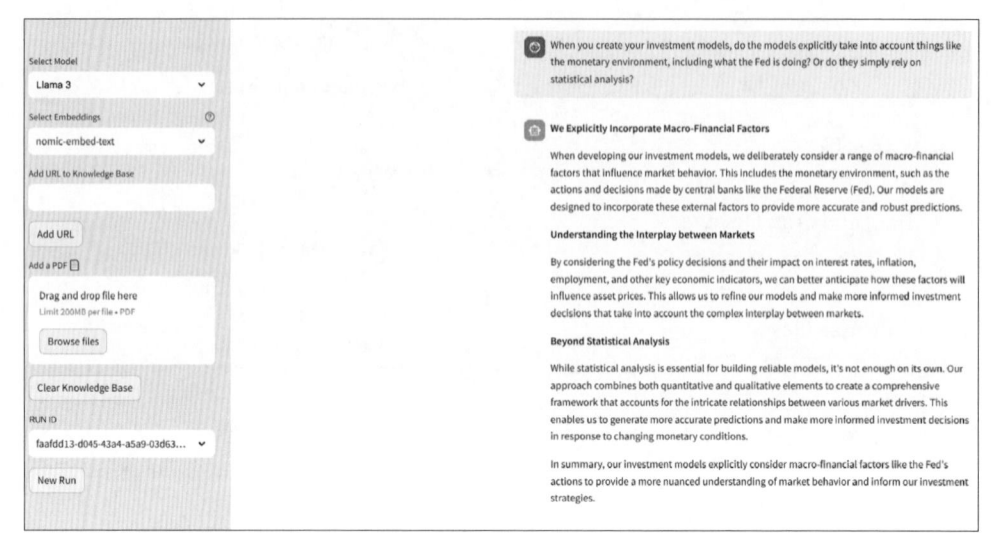

▲ 圖 7-17

圖 7-18 所示為筆者和本地部署的 Llama 3 模型的互動過程。

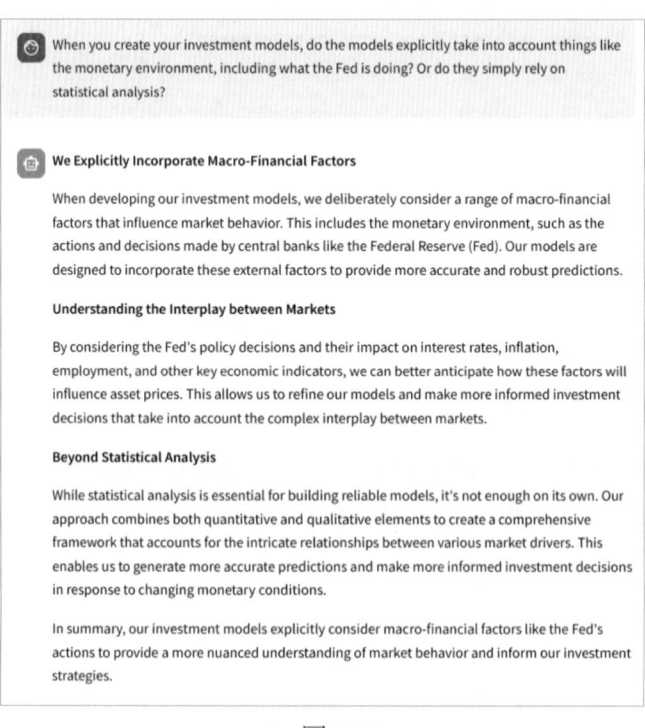

▲ 圖 7-18

7.2 程式部分及前端展示配置

翻譯：

筆者的問題：當你在建立投資模型時，這些模型是否明確考慮了貨幣環境等因素，包括美聯儲的行動？還是僅僅相依於統計分析？

Llama 3 的回答：

我們會明確將宏觀金融因素納入考量

在開發我們的投資模型時，我們有意識地考慮了一系列影響市場行為的宏觀金融因素。這包括貨幣環境，例如美聯儲（Fed）等中央銀行的行動和決策。我們的模型旨在納入這些外部因素，以提供更準確和穩健的預測。

理解市場之間的相互作用

透過考慮美聯儲的政策決策及其對利率、通貨膨脹、就業和其他關鍵經濟指標的影響，我們可以更好地預測這些因素將如何影響資產價格。這使我們能夠改進我們的模型並在考慮市場之間複雜的相互作用的情況下做出更加明智的投資決策。

超越統計分析

雖然統計分析對於建構可靠的模型至關重要，但它本身是不夠的。我們的方法結合了定量和定性要素，建立了一個全面的框架，考慮到了各種市場驅動因素之間複雜的關係。這使我們能夠生成更準確的預測，並在不斷變化的貨幣條件下做出更明智的投資決策。

綜上所述，我們的投資模型明確考慮了像美聯儲行動這樣的宏觀金融因素，以提供對市場行為更細緻的理解，並指導我們的投資策略。

透過背景，我們可以看到大語言模型本次回答的效率指標（見圖 7-19）。

```
        ASSISTANT:
DEBUG   Time to first token: 83.9026s
DEBUG   Tokens generated: 242
DEBUG   Time per output token: 0.5578s
DEBUG   Throughput: 1.7927 tokens/s
DEBUG   Time to generate response: 134.9934s
```

▲ 圖 7-19

第 7 章　RAG 應用案例──使用 RAG 部署本地知識

其中，回答用時超過了 2 分鐘，這跟本地的算力，尤其是圖形處理器（Graphics Processing Unit，GPU）有關。

現在讓大語言模型 Llama 3 讀取一個採訪 James Simons（量化交易鼻祖，文藝復興科技公司的創始人）的 PDF 檔案，並把 RUN ID 設置為跟上一個問題一致，隨後問 Llama 3 同樣的問題，其回答如下（見圖 7-20）。

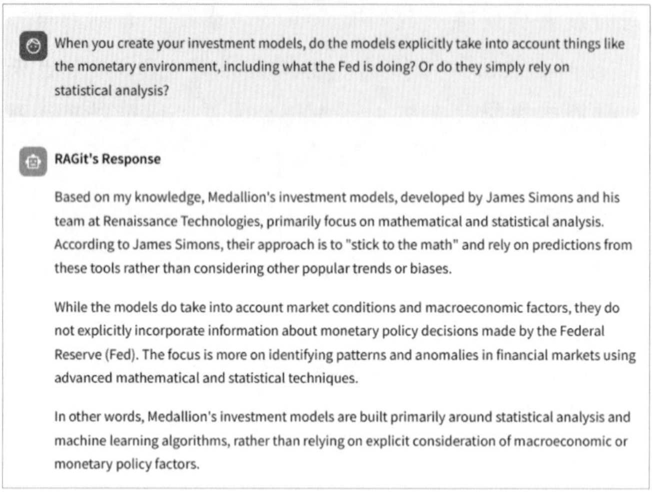

▲ 圖 7-20

翻譯：

筆者的問題：當你在建立投資模型時，這些模型是否明確考慮了貨幣環境等因素，包括美聯儲的行動？還是僅僅相依於統計分析？

Llama 3 的回答：據我所知，由 James Simons 和他的團隊在文藝復興科技公司開發的 Medallion 基金的投資模型主要偏重於數學和統計分析。據 James Simons 所說，他們的方法就是「堅持數學」，相依這些工具的預測，而非考慮其他流行的趨勢或偏見。

雖然這些模型確實考慮了市場狀況和宏觀經濟因素，但它們並沒有明確納入美聯儲（Fed）的貨幣政策決策資訊。其重點更多的是使用先進的數學和統計技術來辨識金融市場中的模式和異常。

換句話說，Medallion 基金的投資模型主要是圍繞統計分析和機器學習演算法建構的，而非相依於對宏觀經濟或貨幣政策因素的明確考慮。

透過查看檔案內容可以發現，Llama 3 後面的回答和上傳的原文的意思是相符的。

透過背景，我們可以看到大語言模型本次回答的效率指標（見圖 7-21）。

```
          ASSISTANT:
DEBUG     Time to first token: 103.6358s
DEBUG     Tokens generated: 158
DEBUG     Time per output token: 0.9018s
DEBUG     Throughput: 1.1089 tokens/s
DEBUG     Time to generate response: 142.4885s
```

▲ 圖 7-21

7.3 呼叫雲端大語言模型

7.1 節和 7.2 節介紹了如何把大語言模型部署到本地實現 RAG 應用，但大語言模型本地運行對電腦配置及算力的要求是很高的，尤其是顯示卡，如果電腦配置不高，則使用者體驗感會很差，還會佔用電腦的大量算力資源。

我們可以嘗試呼叫雲端大語言模型的算力來解決這一問題，目前，Groq 平臺提供了較好的解決方案。

Groq 是為機器學習和其他高性能計算任務設計的一個硬體和軟體平臺。Groq 的核心是一種高度並行的處理單元，被稱為 TensorFlow 處理器。

以下是 Groq 的一些關鍵特性和概念。

- 硬體特性：
  * 處理器架構：Groq 開發了一種名為 Tensor Streaming Matrix（TSM）Unit 的處理器架構，它是為處理深度學習和其他平行計算任務而設計的。
  * 高度並行性：Groq 的處理器架構用於同時執行大量操作，這對機器學習和其他需要執行大量平行計算的應用非常有用。
  * 可擴充性：Groq 的架構允許透過增加處理器數量來擴充性能，而不需要改變軟體程式。

- * 靈活性：Groq 的處理器不僅適用於機器學習任務，還可以用於其他需要執行高性能計算的場景。

- 軟體特性：

  * TensorFlow 相容性：Groq 的處理器專為 TensorFlow 設計，可以高效執行 TensorFlow 操作。

  * 易於程式設計：Groq 提供了易於使用的軟體工具，使得開發者可以快速將他們的 TensorFlow 模型部署到 Groq 硬體上。

- 應用場景：

  * 機器學習訓練和推理：Groq 的處理器非常適合訓練和運行複雜的機器學習模型。

  * 影像和影片處理：Groq 憑藉其高並行性可以快速處理大量影像和影片資料。

  * 科學計算和資料分析：Groq 的處理器可以加速科學計算和資料分析任務的執行，特別是那些需要處理大規模資料集的任務。

- 優勢：

  * 性能：Groq 的處理器性能出色，在處理複雜的機器學習模型時非常有優勢。

  * 效率：Groq 採用高度並行的設計，其處理器在執行機器學習任務時能效比較高。

  * 優使性：Groq 提供了簡化的開發工具和函式庫，使得開發者可以很容易地利用其硬體優勢。

- 社區和生態系統：

  * Groq 擁有一個活躍的開發者社區，透過提供支援和資源來幫助開發者利用其技術。

  * 隨著機器學習和 AI 的不斷發展，Groq 也在不斷擴充其生態系統，包括軟體函式庫、工具和合作夥伴。

7.3 呼叫雲端大語言模型

Groq 是一個不斷發展的平臺，其特性和功能可能會隨著時間而變化。如果讀者需要獲取其最新的資訊，則建議存取 Groq 官方網站或聯繫其技術支持團隊。

7.3.1 配置大語言模型的 API Key

本節介紹如何獲取啟動大語言模型的雲端鑰匙，流程如下。

1．GROQ_API_KEY：從 Groq 官方網站註冊並獲取

建立 API Key，如圖 7-22 所示。

▲ 圖 7-22

在圖 7-22 所示介面的「NAME」欄中輸入名稱後，就配置好了自己的 API Key。需要注意的是，這裡的 API Key 只會顯示一次，要立刻儲存起來。

2．設置大語言模型的環境變數

配置 GROQ_API_KEY：

（1）在 Windows「開始」選單中選擇「設置」命令，在上方「查詢設置」搜索框中輸入「環境變數」。

（2）選擇「搜索結果」介面中的「編輯系統環境變數」選項。

（3）在彈出的「系統屬性」對話方塊中按一下「高級」標籤中的「環境變數」按鈕。

第 7 章　RAG 應用案例——使用 RAG 部署本地知識

（4）按一下「新建」按鈕，在彈出頁面的「變數」欄中輸入「GROQ_API_KEY」，在「值」欄中輸入 API Key，如圖 7-23 所示。

▲ 圖 7-23

3．設置 embedding 模型的環境變數

到目前為止，Groq 還不支援 embedding 模型，所以需要用到 OpenAI 的 text-embedding-3-large 模型。

首先從 OpenAI 官方網站獲取 OPEN_API_KEY，然後設置 embedding 模型的環境變數。

配置 OPENAI_API_KEY：

（1）在 Windows「開始」選單中選擇「設置」命令，在上方「查詢設置」搜索框中輸入「環境變數」。

（2）選擇「搜索結果」介面中的「編輯系統環境變數」選項。

（3）在彈出的「系統屬性」對話方塊中按一下「高級」標籤中的「環境變數」按鈕。

（4）按一下「新建」按鈕，在彈出頁面的「變數」欄中輸入「OPENAI_API_KEY」，在「值」欄中輸入 API Key，如圖 7-24 所示。

▲ 圖 7-24

7.3.2 修改本地 RAG 應用程式

本節對 7.2 節中部署本地 RAG 應用的程式進行修改。

1・修改 app.py 的程式

（1）在主程序函式 main 的獲取大語言模型的模組中，增加可選大語言模型「llama3-70b-8192」，如圖 7-25 所示。

```
def main() -> None:
    # 获取大语言模型, options=["Llama 3", "openhermes","Llama 2"]为模型名称的可选项
    llm_model = st.sidebar.selectbox("Select Model", options=["Llama 3", "openhermes","Llama 2", "llama3-70b-8192"])
    if "llm_model" not in st.session_state:
        st.session_state["llm_model"] = llm_model
    # 如果大语言模型选择发生变化，则重启RAG助手
    elif st.session_state["llm_model"] != llm_model:
        st.session_state["llm_model"] = llm_model
        restart_assistant()
```

▲ 圖 7-25

（2）在主程序函式 main 的獲取 embedding 模型的模組中，增加可選 embedding 模型「text-embedding-3-large」，如圖 7-26 所示。

```
# 获取embedding模型
embeddings_model = st.sidebar.selectbox(
    "Select Embeddings",
    options=["nomic-embed-text", "shunyue/llama3-chinese-shunyue", "phi3", "text-embedding-3-large"],
    help="When you change the embeddings model, the documents will need to be added again.",
)
```

▲ 圖 7-26

2・修改 assistant.py 的程式

（1）在原程式的基礎上匯入兩個函式庫，如圖 7-27 所示。

```
from phi.embedder.openai import OpenAIEmbedder
from phi.llm.groq import Groq
```

第 7 章　RAG 應用案例——使用 RAG 部署本地知識

```
1   from typing import Optional
2
3   from phi.assistant import Assistant
4   from phi.knowledge import AssistantKnowledge
5   from phi.llm.ollama import Ollama
6   from phi.embedder.ollama import OllamaEmbedder
7   from phi.vectordb.pgvector import PgVector2
8   from phi.storage.assistant.postgres import PgAssistantStorage
9   from phi.embedder.openai import OpenAIEmbedder
10  from phi.llm.groq import Groq
```

▲ 圖 7-27

（2）加入 OpenAI 嵌入文字處理敘述，如圖 7-28 所示。

```
else:embedder =OpenAIEmbedder(model=embeddings_model, dimensions=1536)
```

```
def get_rag_assistant(
    llm_model: str = "llama3",
    embeddings_model: str = "nomic-embed-text",
    user_id: Optional[str] = None,
    run_id: Optional[str] = None,
    debug_mode: bool = True,
) -> Assistant:
    """Get a Local RAG Assistant."""

    # 基于embedding模型定義嵌入器
    embedder = OllamaEmbedder(model=embeddings_model, dimensions=4096)
    embeddings_model_clean = embeddings_model.replace("-", "_")
    if embeddings_model == "nomic-embed-text":
        embedder = OllamaEmbedder(model=embeddings_model, dimensions=768)
    elif embeddings_model == "phi3":
        embedder = OllamaEmbedder(model=embeddings_model, dimensions=3072)
    elif embeddings_model == "shunyue/llama3-chinese-shunyue":
        embedder = OllamaEmbedder(model=embeddings_model, dimensions=768)
    else:
        embedder =OpenAIEmbedder(model=embeddings_model, dimensions=1536)
```

▲ 圖 7-28

（3）把 7.2.1 節的「3.get_rag_assistant 函式」的「llm=Ollama(model=llm_model)」中的「Ollama」修改為「Groq」，如圖 7-29 所示。

```
llm=Groq(model=llm_model)
```

```
return Assistant(
    name="local_rag_assistant",
    run_id=run_id,
    user_id=user_id,
    llm=Groq(model=llm_model)
```

▲ 圖 7-29

7.3.3 啟動並呼叫雲端大語言模型

按照 7.2.3 節的運行方法，使用「streamlit run」命令運行新的主程序 app.py。

這次我們選用的大語言模型為「llama3-70b-8192」，embedding 模型為「text-embedding-3-large」，前端互動頁面如圖 7-30 所示。

▲ 圖 7-30

第 7 章　RAG 應用案例——使用 RAG 部署本地知識

效果展示：

此處提出的問題與 7.2.4 節本地部署大語言模型的一樣，第一次提問與回答如圖 7-31 所示。

▲ 圖 7-31

翻譯：

使用者的提問：當你在建立投資模型時，這些模型是否明確考慮了貨幣環境等因素，包括美聯儲的行動？還是僅僅相依於統計分析？

llama3-70b-8192 的回答：投資模型與貨幣環境

我們的投資模型在相依統計分析的基礎上，還考慮了貨幣環境，包括美聯儲的行動。這種多方面的方法使我們能夠建立更全面、更明智的模型。

7.3 呼叫雲端大語言模型

透過背景，我們可以看到大語言模型本次回答的時間（見圖 7-32）。

```
                ASSISTANT:
DEBUG     Time to generate response: 7.3672s
```

▲ 圖 7-32

這和本地部署大語言模型回答的時間相比，速度大幅提升。

現在讓大語言模型 llama3-70b-8192 讀取一個採訪 James Simons（量化交易鼻祖，文藝復興科技公司的創始人）的 PDF 檔，並把 RUN ID 設置為跟上一個問題一致，隨後問 llama3-70b-8192 同樣的問題，其回答如下（見圖 7-33）。

> When you create your investment models, do the models explicitly take into account things like the monetary environment, including what the Fed is doing? Or do they simply rely on statistical analysis?
>
> **Statistical Analysis Takes Center Stage**
>
> According to James Simons, the founder of Renaissance Technologies, their investment models rely heavily on statistical analysis and mathematical approaches to investing. While they do incorporate new information and datasets as they become available, there is no explicit consideration of the monetary environment or the Fed's actions in their models. Instead, they focus on identifying patterns and signals in the data to inform their investment decisions.

▲ 圖 7-33

翻譯：

統計分析佔據中心舞臺

據文藝復興科技公司的創始人 James Simons 所說，他們的投資模型在很大程度上相依於統計分析和數學方法來進行投資。雖然他們會在新的資訊和資料集可用時納入這些資訊，但他們的模型並沒有明確考慮貨幣環境或美聯儲的行動。相反，他們專注於在資料中辨識模式和訊號，以指導他們的投資決策。

7-39

可以看出，上傳 PDF 檔案後，答案有所不同，筆者認為該回答比本地大語言模型的回答更簡練精準。

透過背景，我們可以看到大語言模型本次回答的時間（見圖 7-34）。

```
DEBUG      Time to generate response: 2.272s
DEBUG      ============== assistant ==============
```

▲ 圖 7-34

比上次快多了，這與當時的網路條件有關。

本章透過詳細的步驟和範例展示了如何在本地部署一個基於 RAG 技術的知識庫系統。整個流程包括建立虛擬環境、安裝所需函式庫和工具、下載和管理大語言模型及 embedding 模型、配置向量資料庫，並透過 streamlit 函式庫實現互動式前端頁面，最終建構出一個可以結合上下文進行智慧回答的 RAG 幫手。

另外，根據實際情況，如果本地電腦配置不滿足要求或者有速度需求，則可以選擇透過 API Key 呼叫雲端大語言模型來實現。

LLM 本地部署與應用

在當今資訊爆炸的時代,自然語言處理(NLP)技術已經成為連接人與機器的橋樑,使得機器能夠更好地理解人類語言並舉出回應。LLM 作為 NLP 領域的一項重要技術,具有出色的文字生成、理解和對話能力,為許多應用場景提供了強大的支援。

隨著深度學習(DL)技術的高速發展,LLM 的性能不斷突破,但同時給模型部署帶來了新的挑戰。在雲端部署 LLM 雖然便捷,但由於資料隱私、網路傳輸延遲及成本等方面的問題,越來越多的場景需要在本地進行模型部署。因此,掌握 LLM 本地部署與應用的技術,對於充分發揮 LLM 的能力、滿足各種應用需求具有重要意義。

第 8 章　LLM 本地部署與應用

透過本地部署 LLM，使用者可以直接在本地裝置上運行模型，從而避免雲端部署可能帶來的資料洩露風險，同時可以減少網路傳輸延遲，提高回應速度。此外，本地部署還可以根據實際需求對模型進行訂製和最佳化，以滿足特定的業務場景需求。

本章旨在為讀者提供一份詳盡且實用的 LLM 本地部署與應用指南。我們將從硬體基礎設施的架設開始，逐步引導讀者完成整個部署流程，內容包括作業系統的合理配置、必要環境的安裝與設置、LLM 核心參數的介紹、模型量化技術的深入解析，以及模型選擇的智慧。此外，我們還將探討模型在各類場景中的實際應用，並透過通義千問模型的部署案例，為讀者提供一次實戰演練的機會。透過學習本章，希望讀者能夠輕鬆掌握 LLM 本地部署的技巧，從而更好地應對各種實際應用需求。

8.1 硬體準備

在進行 LLM 本地部署時，硬體準備是非常關鍵的一步。由於 LLM 通常非常龐大，需要處理大量的資料和計算，因此選擇合適的硬體裝置對於確保 LLM 的順暢運行至關重要。

1 · 記憶體

如果 LLM 使用 GPU 推理，則需要設置 32GB 以上的記憶體；如果使用 CPU 推理，則需要設置 64GB 以上的記憶體。

2 · CPU

CPU 需要使用 Intel CPU，指令集採用 x86 架構，CPU 核數在 4 核以上，處理器在 i7 以上。

3 · GPU

GPU 需要使用 NVIDIA GPU，顯示記憶體在 4GB 以上（具體與部署模型的大小有關），型號使用 RTX 及 GTX。

8.2 作業系統選擇

在進行 LLM（通常指的是需要執行大量計算和使用大量儲存資源的深度學習模型）本地部署時，選擇合適的作業系統也是至關重要的一環。作業系統不僅影響到模型訓練和推理的效率，還關乎系統穩定性、相容性和安全性。以下是幾種常見的作業系統，以及它們在 LLM 場景下的優缺點。

1．Windows

優點：Windows 提供了直觀的圖形化使用者介面，初學者更容易上手。Windows 還支援大量的硬體和軟體，具有較好的相容性。

缺點：雖然 Windows 支援深度學習框架，但許多先進的深度學習工具和函式庫可能首先針對 Linux 發佈。此外，Windows 還需要使用更多的系統資源來運行，這可能會影響到模型訓練和推理的效率。

2．CentOS

優點如下。

穩定性：CentOS 以其卓越的穩定性而聞名，特別適合伺服器環境和需要長時間運行的任務，如 LLM 的訓練和推理。

安全性：CentOS 在安全性方面表現出色，可以及時提供安全更新和修復，以確保系統免受威脅。

企業級支持：作為 Red Hat Enterprise Linux（RHEL）的開放原始碼版本，CentOS 可以利用 RHEL 的企業級功能，這對需要具有高度可靠性和穩定性的企業級應用來說是一個重要優勢。

缺點如下。

更新速度較慢：CentOS 的軟體函式庫通常不包含最新的軟體版本，這可能會限制新功能和改進功能的使用。這對需要使用最新版本深度學習框架和函式庫的 LLM 來說可能是一個劣勢。

第 8 章　LLM 本地部署與應用

社區規模較小：與 Ubuntu 相比，CentOS 的使用者和開發社區規模較小，因此其可用的教學、指南和資源比較有限。

3．Ubuntu

優點如下。

更新頻繁：Ubuntu 每六個月發佈一次新版本，以確保使用者能夠及時獲得最新的軟體和功能。這對需要使用最新版本深度學習框架和函式庫的 LLM 來說是一個優勢。

易於使用：Ubuntu 具有使用者友善的介面和豐富的檔案，使得初學者更容易上手。此外，Ubuntu 還提供了廣泛的技術支援和社區資源。

廣泛的硬體支援：Ubuntu 支援廣泛的硬體裝置，使使用者在各種不同硬體上部署 LLM 變得更加容易。

缺點如下。

穩定性：由於 Ubuntu 強調提供最新的軟體版本，因此其穩定性可能相對較差。這可能導致在某些生產伺服器環境下不太適合運行 LLM。

LTS 支援週期有限：雖然 Ubuntu 的長期支援版本（LTS）提供了較長時間的支援週期，但相對某些其他發行版本來說仍然較短。這就需要使用者在支援週期結束後進行作業系統的升級或遷移。

8.3　架設環境所需組件

以下是架設環境需要安裝的元件。

1．CUDA

CUDA（Compute Unified Device Architecture）是由顯示卡廠商 NVIDIA 推出的通用平行計算架構。它使得開發人員能夠使用 NVIDIA 的圖形處理器

（GPU）來解決複雜的計算問題，從而實現計算性能的顯著提升。CUDA 包括了 NVIDIA 提供的用於 GPU 通用計算開發的完整解決方案，分別為硬體驅動程式、程式設計介面、程式庫、編譯器及偵錯器等。

CUDA 架構充分利用了 GPU 內部的平行計算引擎，讓開發人員能夠撰寫出高效且可擴充的平行計算程式。在 CUDA 程式設計模型中，CPU 被視為主機（Host），而 GPU 則被視為裝置（Device）。開發人員可以使用 C/C++/C++11 等語言為 CUDA 架構撰寫程式，並透過 NVIDIA 提供的 CUDA 工具集進行編譯和最佳化。

CUDA 的應用範圍非常廣泛，它可以用於加速各種類型的計算任務，包括影像處理、物理模擬、深度學習、科學計算等。透過利用 GPU 的平行計算能力，CUDA 可以顯著提高這些計算任務的執行效率，使得原本需要花費大量時間的計算過程可以快速完成。

總的來說，CUDA 是一種強大的平行計算平臺和程式設計模型，使得開發人員能夠充分利用 GPU 的平行計算能力來解決複雜的計算問題，從而實現計算性能的顯著提升。

2．cuDNN

cuDNN（cuDA Deep Neural Network library）是一個用於深度神經網路（DNN）的 GPU 加速函式庫。它由 NVIDIA 公司開發並且是專門為其 GPU 設計的。cuDNN 為標準常式（如向前和向後卷積、池化、規範化和啟動層等）提供了高度最佳化的實現，從而在深度神經網路訓練和推理過程中顯著提升性能。

幾乎全世界的深度學習研究人員和框架開發人員都相依 cuDNN 來實現高性能的 GPU 加速功能，其使得他們可以專注於訓練神經網路和開發軟體應用程式，而不需要在底層的 GPU 性能調優上花費大量時間。cuDNN 支援廣泛使用的深度學習框架，如 Caffe2、Chainer、Keras、MATLAB、MxNet、PyTorch 和 TensorFlow 等。

總的來說，cuDNN 是 NVIDIA CUDA 技術生態中的一個重要組成部分，為深度神經網路的訓練和推理提供了高效、便捷的解決方案。透過 cuDNN，開發人員能夠充分利用 NVIDIA GPU 的強大運算能力，加速深度神經網路訓練和推理過程，進而推動各種應用領域的發展和創新。

3．Anaconda

Anaconda 是一個開放原始碼的 Python 發行版本，包含了 conda、Python，以及許多與科學計算和資料分析相關的套件。Anaconda 透過 conda 套件管理系統，提供了套件管理與環境管理的功能，可以方便地解決多版本 Python 並存、切換，以及各種第三方套件的安裝問題。此外，Anaconda 還預先安裝了大量的常用資料分析和機器學習函式庫，使得使用者可以快速架設自己的 Python 資料科學環境。無論是初學者還是專業人士，都可以透過 Anaconda 輕鬆進行 Python 的科學計算和資料分析工作。

4．PyTorch

PyTorch 是一個由 Facebook 人工智慧研究院（FAIR）研發的神經網路框架，專門針對 GPU 加速的深度神經網路進行程式設計。

PyTorch 的設計理念是追求最少的封裝，儘量避免重複，因此具有簡潔、靈活和易於偵錯的特點。PyTorch 主推的特性之一是支援 Python。在執行時期，PyTorch 可以生成動態計算圖，開發人員就可以在堆疊追蹤中看到是哪一行程式導致了錯誤，這使得偵錯過程更加便捷。

PyTorch 支援廣泛的深度學習框架和函式庫，如 Caffe2、Chainer、Keras、MATLAB、MxNet 和 TensorFlow 等，因此可以方便地與其他框架進行整合和互動。此外，PyTorch 還支援分散式訓練，可以實現可伸縮的分散式訓練和性能最佳化，在研究和生產環境中都具有廣泛的應用。

總的來說，PyTorch 是一個功能強大、靈活好用的神經網路框架，適用於各種深度學習應用場景。它支援 GPU 加速計算，具有動態計算圖和高效的分散式訓練功能，為研究人員和開發人員提供了便捷的工具和平臺。

5．VSCode

　　VSCode 是由微軟公司推出的一款免費、開放原始碼的原始程式碼編輯器。這款編輯器支援多種程式設計語言，包括但不限於 JavaScript、TypeScript、Python、PHP、C#、C++、Go 等，提供了強大的編輯和偵錯功能。

　　VSCode 的設計注重使用者體驗和擴充性，提供了豐富的外掛程式生態系統，使用者可以透過安裝擴充來增強其功能。它整合了一款現代編輯器應該具備的所有特性，包括語法反白、可訂製的熱鍵綁定、括號匹配及程式片段收集等。同時，VSCode 內建了 Git 版本控制功能，允許使用者直接進行提交（Commit）、拉取（Push）、推送（Pull）等操作。此外，它還支援對 GitHub、Bitbucket 等遠端倉庫的整合，從而可以讓開發人員更加方便地管理程式。

　　VSCode 的介面簡單明瞭，功能強大，支援跨平臺（包括 macOS、Windows、Linux 等多種作業系統）運行，保證了開發人員的工作效率和軟體的可攜性。

　　總的來說，VSCode 是一款輕量級且功能強大的原始程式碼編輯器，適合初學者、專業人士等各種程式設計人員使用。

8.4 LLM 常用知識介紹

8.4.1 分類

1．按照開放原始碼、閉源分類

　　閉源：ChatGPT、文心一言。

　　開放原始碼：Llama、通義千問。

2．按照大陸、國外分類

　　大陸：文心一言、通義千問、ChatGLM。

　　國外：ChatGPT、Llama、BLOOM。

8.4.2 參數大小

通義千問：72B、14B、7B、4B（建議）、1.8B（建議）、0.5B（建議）。

ChatGLM：6B。

Llama：7B、13B、33B 和 65B。

8.4.3 訓練過程

ChatGPT 的訓練過程，一般分成預訓練、Chat 兩類模式。

8.4.4 模型類型

所有 LLM 幾乎都是基於 Transformer 架構開發的，通常根據 Transformer 在自然語言處理任務中的應用，可以將其分為以下 3 類。

1．Decoder-only

這類模型主要用於執行生成任務，如文字生成、機器翻譯等。

代表模型：GPT 系列（包括 ChatGPT）。它們主要用於文字生成和對話系統。

2．Encoder-only

這類模型通常用於執行理解任務，如文字分類、實體辨識等。

代表模型：BERT（Bidirectional Encoder Representations from Transformers）。它是一個強大的預訓練模型，用於執行各種自然語言處理任務，如問答、文字分類等。

3．Encoder-Decoder

這類模型結合了編碼器和解碼器的功能，適用於既需要理解輸入又需要生成輸出的任務，如機器翻譯、問答等。

代表模型：Transformer 本身就是一個 Encoder-Decoder 結構，用於執行序列到序列的學習任務。ChatGLM 是一個基於 Transformer 的 Encoder-Decoder 結構的模型，用於設計對話任務。不過，值得注意的是，ChatGLM 並不是一個被廣泛認知的模型名稱，而是某個特定專案或公司的模型名稱。

總的來說，Transformer 架構透過其強大的自注意力機制和平行計算能力，顯著提升了自然語言處理任務的性能。不同類型的 Transformer 模型針對不同的自然語言處理任務進行了最佳化和調整。

8.4.5 模型開發框架

模型開發框架主要有三種：PyTorch、TensorFlow 和 PaddlePaddle。

8.4.6 量化大小

在深度學習和機器學習領域中，模型量化是一種縮小模型和降低推理延遲的技術，同時儘量保持模型的準確性。量化主要是將模型的權重和啟動值從 32 位元浮點數（Float32）轉換為較低精度 [如 8 位元（Int8）或 4 位元（Int4）] 的整數。

1．Int8 量化

在 Int8 量化中，模型的權重和啟動值被轉換為 8 位元整數。這大大縮小了模型和減少了記憶體占用量，同時加快了推理速度，因為整數通常比浮點數的運算速度更快。

Int8 量化在保持較高精度的同時，顯著降低了模型的儲存和計算需求。這是目前應用十分廣泛的量化方法之一。

2．Int4 量化

在 Int4 量化中，模型的權重和啟動值被進一步壓縮為 4 位元整數。這種量化方法可以實現更高的壓縮比和更快的推理速度，但可能會犧牲一定的模型精度。

由於 Int4 量化的表示範圍有限，因此在進行這種量化時需要特別小心，以確保模型的準確性不會受到嚴重影響。

8.5 量化技術

模型量化技術主要分為以下 3 種。

1．AWQ

AWQ 用於縮小神經網路模型和降低計算複雜度。

它的核心思想是僅保護模型中的一小部分顯著權重，通常是 1%，其餘 99% 的權重會被量化，從而大大減少量化誤差。這種技術旨在確保量化過程不會對模型的性能產生太大影響。

透過這種技術，可以在降低模型儲存和計算需求的同時，盡可能地保持模型的原始性能。

2．GPTQ

GPTQ 是 Google AI 提出的一種基於 Group 量化和 OBQ（Optimal Brain Quantization 或類似術語的縮寫）方法的量化技術。

Group 量化是一種透過將權重分為多個子矩陣來進行量化的技術，有助於縮小模型和降低計算複雜度。

OBQ 是一種最佳化量化過程的方法，旨在進一步提升量化後模型的性能。

然而，請注意，GPTQ 也可能與 Generative Pre-trained Transformer（如 GPT 系列模型）有關，但在量化上下文中，它更可能指的是量化技術。

3．GGUF

GGUF 是由 Llama.cpp 團隊引入的一種技術，用於替代不再支援的 GGML 格式。

它旨在提供一種標準化的方式來表示和交換量化後的模型態資料。

GGUF 支援使用多種量化方法（如 Q2_K、Q3_K_S、Q4_K_M 等）來最佳化模型檔案的大小和性能。它還提供了不同位元數（如 2 位元、3 位元、4 位元等）的模型，以便在 CPU+GPU 環境下進行推理。這種格式具有良好的相容性，支援多個第三方使用者圖形介面和函式庫。

8.6 模型選擇

8.6.1 通義千問

通義千問是由阿里雲推出的一個 LLM，具有多輪對話、文案創作、邏輯推理、多模態理解及多語言支援等多種強大的功能。

參數大小：7B（試過了，很卡）、4B（建議）、1.8B（建議）、0.5B（建議）。

量化：不建議使用量化技術，以免影響模型精度。

8.6.2 ChatGLM

ChatGLM 是一個基於千億基座模型 GLM-130B 開發的對話機器人，由清華大學 KEG 實驗室和智譜 AI 公司共同研發。它支援中英雙語，並具有問答、多輪對話和程式生成等功能。ChatGLM 目前有兩個版本，分別是具有千億參數的 ChatGLM（內測版）和具有 6B 參數的 ChatGLM-6B（開放原始碼版）。

ChatGLM-6B 在 2023 年 3 月 14 日正式開放原始碼，使用者可以在消費級的顯示卡上進行本地部署。這個模型在多個自然語言處理任務上表現出色，經過約 1TB 識別字的中英雙語訓練，輔以監督微調、回饋自助、人類回饋強化學習等技術，已經能夠生成非常符合人類偏好的答案。

參數大小：6B。

量化：不建議使用量化技術，以免影響模型精度。

8.6.3 Llama

Llama（Large Language Model Meta AI）是 Meta 人工智慧研究院研發的 AI LLM，旨在幫助研究人員和工程師探索 AI 應用和相關功能。該模型在生成文字、對話、總結書面材料、證明數學定理或預測蛋白質結構等更複雜的任務方面「有很廣泛的前景」。

Llama 模型首次發佈於 2023 年 2 月。與其他 LLM 類似，Llama 在大量的文字資料上進行訓練，從而學習到廣泛的語言知識和模式。這使得它可以根據使用者提供的輸入，生成連貫、有邏輯的文字輸出。

參數大小：7B、13B、33B、65B。

量化：不建議使用量化技術，以免影響模型精度。

8.7 模型應用實現方式

從模型應用實現方式的難易程度來分類，主要分為三種，從易到難分別為 Chat、RAG、高效微調。

8.7.1 Chat

Chat 是一種透過 prompt 來實現模型的應用，以聊天的方式解決問題，需要用到的技術就是 prompt。

8.7.2 RAG

RAG 是一種結合了資訊檢索和文字生成技術的先進方法。在 RAG 系統中，當使用者輸入一個問題或進行查詢時，系統首先會從一個大型的知識庫或檔案集中檢索相關的資訊或檔案。然後這些資訊會被用來輔助生成針對使用者輸入的答案。

這種方法的好處是，它能夠結合外部知識源來豐富模型的輸出，使得答案更加準確、具體和有用。例如，在一個問答系統中，如果模型不知道某個特定問題的答案，但它可以從知識庫中檢索到相關的檔案，它就可以利用這些檔案來生成一個準確的答案。

RAG 主要用到 prompt+ 知識庫（一般是向量資料庫）+ 向量化方法（自然語言處理技術），向量化方法主要有 BERT、ERNIE 等。

8.7.3 高效微調

高效微調是指對大型預訓練模型進行快速、有效的調整，以使其適應特定任務或領域的過程。由於 LLM 通常包含數十億個甚至更多的參數，對它們進行全面的微調可能需要耗費大量的時間和運算資源，因此研究人員開發了一系列高效微調技術，以在有限的資源和時間內實現模型的最佳化。

其中，LoRA（Low-Rank Adaptation，低秩自我調整）是一種具有代表性的高效微調方法。它透過向模型的權重矩陣增加低秩更新來實現微調，從而顯著減少需要調整的參數量。這種方法可以在保持模型性能的同時，大大降低微調的成本和複雜度。

同時，開發人員需要準備少量的、高品質的標注資料，以及充足的算力（A100、V100）。

高效微調主要用到 LoRA + 高品質標注資料 + 算力。

8.8 通義千問 1.5-0.5B 本地 Windows 部署實戰

8.8.1 介紹

通義千問 1.5-0.5B（Qwen1.5-0.5B）是阿里雲研發的通義千問 LLM 系列的具有 0.5B 參數規模的模型。Qwen1.5-0.5B 是基於 Transformer 架構的 LLM，在超大規模的預訓練資料上訓練得到。預訓練資料型態多樣，覆蓋面廣，包括大

第 8 章　LLM 本地部署與應用

量網路文字、專業書籍、程式等。同時，在 Qwen1.5-0.5B 的基礎上，開發人員使用對齊機制打造了基於 LLM 的 AI 幫手 Qwen1.5-0.5B-Chat。本案例使用的倉庫為 Qwen1.5-0.5B-Chat 的倉庫。

Qwen1.5-0.5B 主要有以下特點。

低成本部署：Qwen1.5-0.5B 提供了 Int8 和 Int4 量化版本，推理僅需佔用不到 2GB 顯示記憶體，生成 2048 個 token 僅需佔用 3GB 顯示記憶體，微調最低僅需佔用 6GB 顯示記憶體。此外，它還提供了基於 AWQ、GPTQ、GGUF 技術的量化模型。

大規模高品質訓練語料：Qwen1.5-0.5B 使用超過 2.2 萬億個 token 的資料進行預訓練，包含高品質多語言、程式、數學等資料，涵蓋通用及專業領域的訓練語料。透過大量對比實驗，Qwen1.5-0.5B 對預訓練語料分佈進行了最佳化。

優秀的性能：Qwen1.5-0.5B 支持 32KB 上下文長度，在多個中英文下游評測任務上（涵蓋常識推理、程式、數學、翻譯等），效果顯著超越現有的相近規模開放原始碼模型，具體評測結果見下文。

覆蓋更全面的詞表：相比目前以中英文詞表為主的開放原始碼模型，Qwen1.5-0.5B 使用了約 15 萬個詞表。該詞表對多語言更加友善，方便使用者在不擴充詞表的情況下對部分語種進行功能增強和擴充。

系統指令跟隨：Qwen1.5-0.5B 可以透過調整系統指令，實現角色扮演、語言風格遷移、任務設定和行為設定等功能。

如果讀者想了解更多關於 Qwen1.5-0.5B 開放原始碼模型的細節，可參閱 GitHub 程式庫。

8.8.2　環境要求

Python 3.8 及以上版本。

PyTorch 1.12 及以上版本，推薦使用 PyTorch 2.0 及以上版本，安裝命令如下：

```
pip3 install torch torchvision torchaudio --index-url https://download.
***orch.org/whl/cu118
```

建議使用 CUDA 11.8 及以上（GPU 使用者、flash-attention 使用者等需考慮此選項）版本。

8.8.3 相依函式庫安裝

運行 Qwen1.5-0.5B-Chat，請先確保已滿足 8.8.2 節的環境要求，再執行以下 pip 命令安裝相依函式庫：

```
pip install transformers>=4.37.0 accelerate tiktoken einops scipy
transformers_stream_generator==0.0.4 peft
```

以下是對相關相依函式庫的介紹。

1．transformers

transformers 函式庫是由 Hugging Face 開發的，提供了大量的預訓練模型，以及用於執行自然語言處理任務的工具。

該函式庫支援多種 Transformer 架構，並提供了方便的 API 用於模型的載入、訓練和推理。

在 4.37.0 或更高版本中，包含了一些新特性，以及性能最佳化和 Bug 修復功能，使得模型的應用更加高效和穩定。

2．accelerate

accelerate 函式庫旨在簡化分散式訓練和混合精度訓練的設置過程。

它可以幫助使用者更容易地在多個 GPU 或 TPU 上進行模型訓練，並支援自動混合精度訓練，以提高訓練速度和降低顯示記憶體使用率。

accelerate 函式庫與 transformers 函式庫可以極佳地整合，提供給使用者一種無縫的方式來擴充他們的訓練工作負載。

3 · tiktoken

tiktoken 是一個開放原始碼的 Python 模組，實現了高效的 tokenizer，特別是 BPE（Byte Pair Encoding）演算法。

相較於其他 tokenizer 函式庫，tiktoken 在性能上進行了最佳化，運行速度更快。

tiktoken 函式庫為自然語言處理任務中的文字編碼提供了高效且靈活的解決方案。

4 · einops

einops 函式庫提供了一種簡潔的語法來操作和重塑張量。

透過使用 einops 函式庫，使用者可以輕鬆地重新排列、轉換和組合多維陣列（如 PyTorch 張量），這在處理神經網路的輸入 / 輸出時非常有用。

einops 函式庫與 transformers 函式庫結合使用時，可以簡化模型輸入 / 輸出資料的處理流程。

5 · SciPy

SciPy 是一個用於科學和數學計算的 Python 函式庫。

SciPy 函式庫提供了許多高級的數學演算法和函式，包括統計、最佳化、線性代數、積分等。

在自然語言處理任務中，SciPy 函式庫可用於執行資料處理、特徵提取操作和某些數學計算。

6 · transformers_stream_generator

transformers_stream_generator 是一個特定版本的工具或函式庫（考慮到其版本編號 0.0.4），用於生成流式文字輸出。

根據名稱推測，transformers_stream_generator 函式庫與 transformers 函式庫相關，並提供了一種在推理過程中以即時方式流式輸出每個標記的方法。這對於需要實現即時回應或逐步處理長文字的應用場景非常有用。

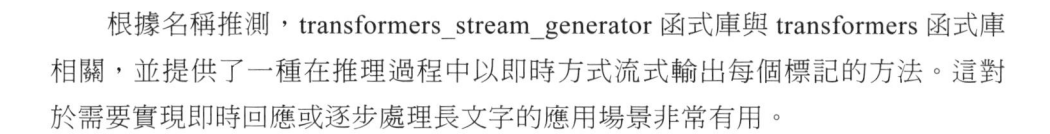

7．PEFT

PEFT 函式庫的名稱來源於 Parameter-Efficient Fine-Tuning，指的是一種參數高效的微調方法。

這種方法可以使預訓練模型適應各種下游應用程式，而無須微調模型的所有參數。

透過使用 PEFT 函式庫，使用者可以更有效地將預訓練模型調整到特定任務上，同時減少計算和儲存資源的消耗。

8.8.4 快速使用

下面展示一個使用 Qwen1.5-0.5B-Chat 模型進行多輪對話互動的範例。

```
from modelscope import AutoModelForCausalLM, AutoTokenizer
device = "cuda" # the device to load the model onto
# 下載速度可能會很慢，耐心等待就可以
model = AutoModelForCausalLM.from_pretrained(
    "qwen/Qwen1.5-0.5B-Chat",
    device_map="auto"
)
tokenizer = AutoTokenizer.from_pretrained("qwen/Qwen1.5-0.5B-Chat")

prompt = "Give me a short introduction to large language model."
messages = [
    {"role": "system", "content": "You are a helpful assistant."},
    {"role": "user", "content": prompt}
]
text = tokenizer.apply_chat_template(
    messages,
    tokenize=False,
    add_generation_prompt=True
```

第 8 章　LLM 本地部署與應用

```
)
model_inputs = tokenizer([text], return_tensors="pt").to(device)

generated_ids = model.generate(
    model_inputs.input_ids,
    max_new_tokens=512
)
generated_ids = [
    output_ids[len(input_ids):] for input_ids, output_ids in zip(model_inputs.input_ids, generated_ids)
]

response = tokenizer.batch_decode(generated_ids, skip_special_tokens=True)[0]
print(response)
```

運行結果如圖 8-1 所示。

▲ 圖 8-1

若出現圖 8.1 所示的結果，則說明 Qwen1.5-0.5B-Chat 模型已經部署成功。

8.8.5　量化

本案例更新量化方案為基於 AutoGPTQ 的量化，提供 Qwen1.5-0.5B-Chat 的 Int4 量化模型。該方案在模型評測效果上幾乎無損，且儲存需求更低，推理速度更優。

下面透過範例來說明如何使用 Int4 量化模型。在開始使用之前，請先確保滿足如下要求：torch 函式庫的版本為 2.0 及以上，transformers 函式庫的版本為 4.37.0 及以上等，並安裝所需的安裝套件。

```
pip install auto-gptq optimum
```

如果在安裝 auto-gptq 時遇到問題,則建議讀者到 repo 官方網站上搜索合適的預編譯 wheel 套件。

接下來,可使用和 8.8.4 節一致的方法呼叫量化模型。

```
model = AutoModelForCausalLM.from_pretrained(
    "qwen/Qwen1.5-0.5B-Chat",
    device_map="auto"
).eval()

response, history = model.chat(tokenizer, "你好", history=None)
```

8.9 基於 LM Studio 和 AutoGen Studio 使用通義千問

8.9.1 LM Studio 介紹

LM Studio 是一個功能強大的跨平臺桌面應用程式,旨在提供給使用者一個簡單明瞭的介面,以便在本地環境中運行和測試 LLM。該應用程式使使用者能夠輕鬆地從 Hugging Face 平臺下載並運行任何與 GGML 格式相容的模型。LM Studio 還配備了一系列簡單且高效的工具,以幫助使用者配置模型參數,並進行模型推理操作。對個人使用者來說,LM Studio 的應用尤其方便,因為它支持完全離線操作,即使在沒有網路的情況下,使用者也能在筆記型電腦上運行 LLM。使用者可以選擇 LM Studio 內建的聊天介面或架設一個與 OpenAI 相容的本機伺服器來運行和測試 LLM。

8.9.2 AutoGen Studio 介紹

AutoGen Studio 是一個由微軟公司開發的使用者介面應用程式,建立在 AutoGen 框架之上,旨在促進多 Agent 工作流的快速設計,並可以展示終端使用者介面。

第 8 章　LLM 本地部署與應用

AutoGen Studio 的主要功能與特點如下。

Agent 修改：使用者可以在 AutoGen Studio 介面上定義和修改 Agent 的參數，以及它們之間的通訊方式。

與 Agent 的互動：透過直觀的使用者介面建立聊天階段，使用者可以與指定的 Agent 進行互動。

增加 Agent 技能：使用者可以顯式地為他們的 Agent 增加技能，使其能夠完成更多工。例如，使用者可以為 Agent 增加生成圖片、獲取網頁正文或查詢學術論文等技能。

發佈會話：使用者可以將他們的階段發佈到本地畫廊，以便與其他人分享或重用。

8.9.3　LM Studio 的使用

1．開啟 LM Studio

開啟 LM Studio，其主介面如圖 8-2 所示。

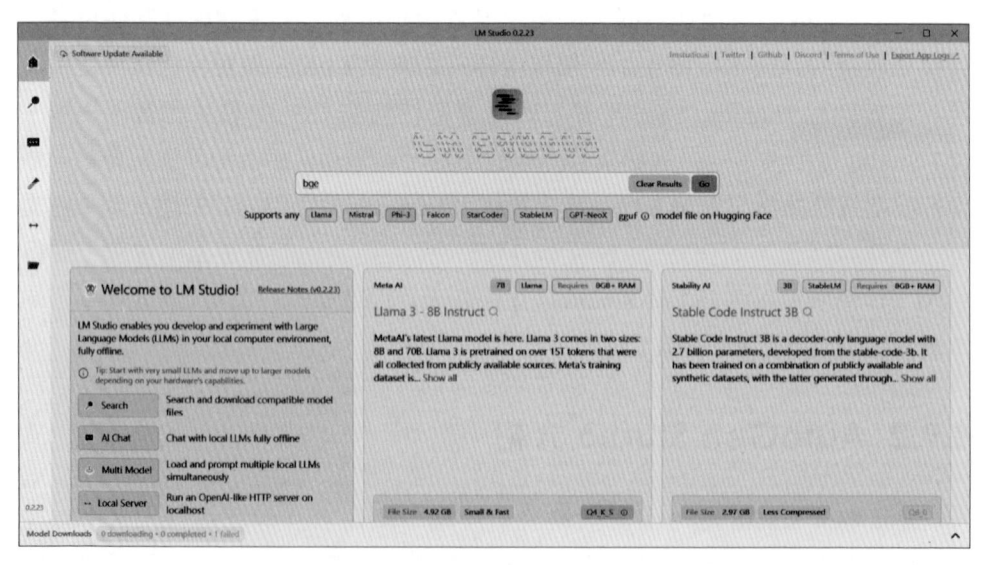

▲ 圖 8-2

2・匯入模型

按一下「My Models」圖示 開啟模型資料夾，按一下「匯入模型」按鈕將下載套件中的 qwen 資料夾複製並貼上到剛才開啟的模型資料夾中，如圖 8-3 所示，需要匯入的是 GGUF 格式的模型，如圖 8-4 所示。

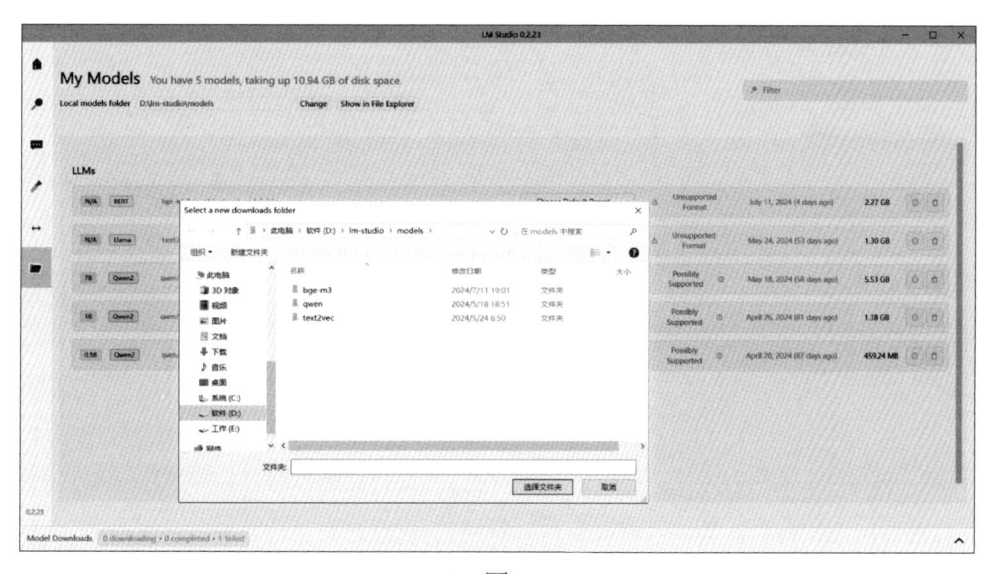

▲ 圖 8-3

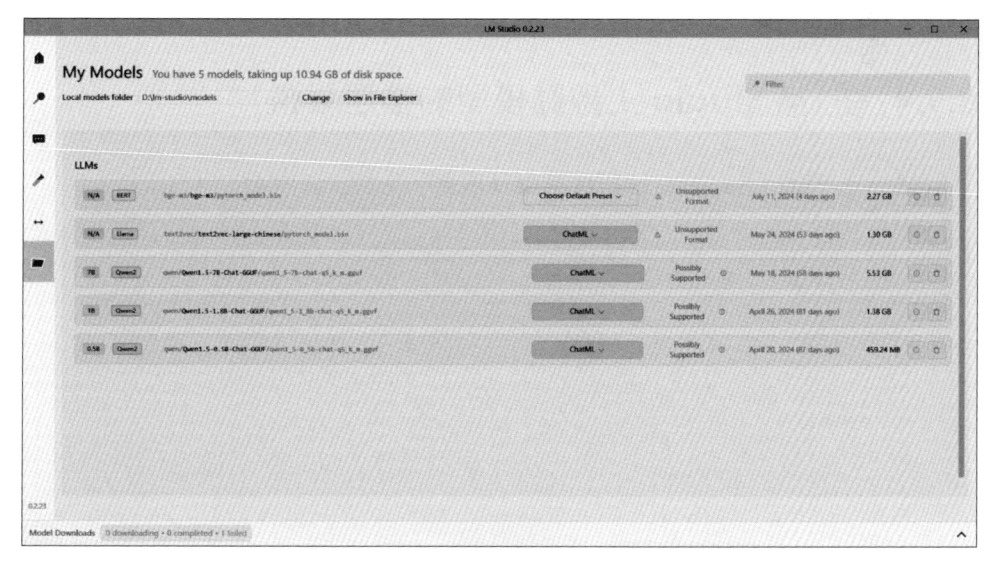

▲ 圖 8-4

第 8 章　LLM 本地部署與應用

3・使用模型

在圖 8-5 所示的 LM Studio 介面（矩形框）中選擇 Qwen 模型，即可啟動階段。

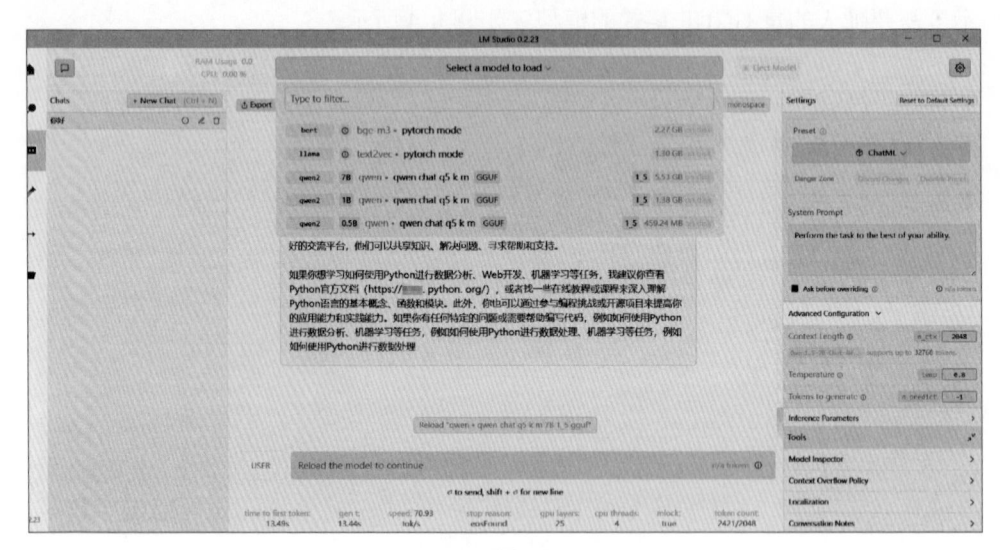

▲ 圖 8-5

透過以上步驟，就可以愉快地使用 LM Studio 和 Qwen1.5-0.5B 模型進行本地 LLM 的運行和測試了。

8.9.4 在 LM Studio 上啟動模型的推理服務

按一下「Start Server」按鈕啟動推理服務，如圖 8-6 所示。

8.9 基於 LM Studio 和 AutoGen Studio 使用通義千問

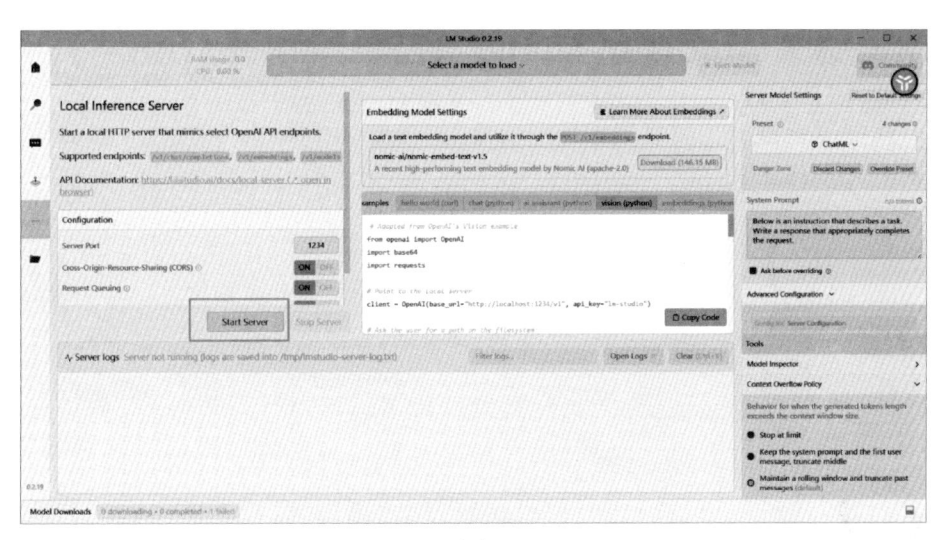

▲ 圖 8-6

8.9.5 啟動 AutoGen Studio 服務

在命令提示符介面中輸入如下命令，啟動 AutoGen Studio 服務，如圖 8-7 所示。

```
conda activate autogen
autogenstudio ui --port 8081
```

▲ 圖 8-7

8.9.6 進入 AutoGen Studio 介面

開啟瀏覽器，在瀏覽器網址列中輸入「http://127.0.0.1:8081/」，按確認鍵後進入 AutoGen Studio 介面，如圖 8-8 所示。

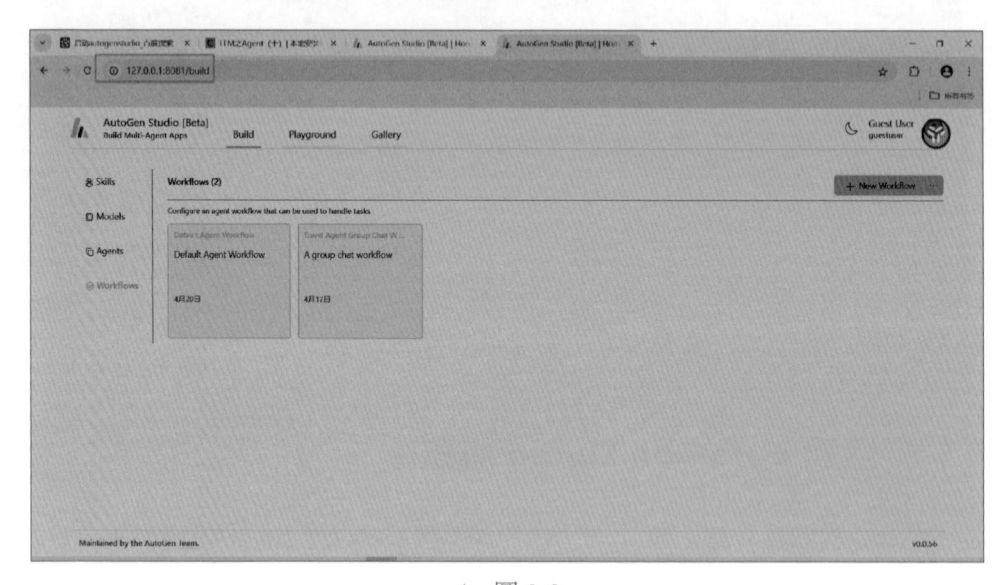

▲ 圖 8-8

8.9.7 使用 AutoGen Studio 配置 LLM 服務

選擇 AutoGen Studio 介面左側的「Models」選項，並按一下右側的「+New Model」按鈕，使用 AutoGen Studio 配置 LLM，如圖 8-9 所示。

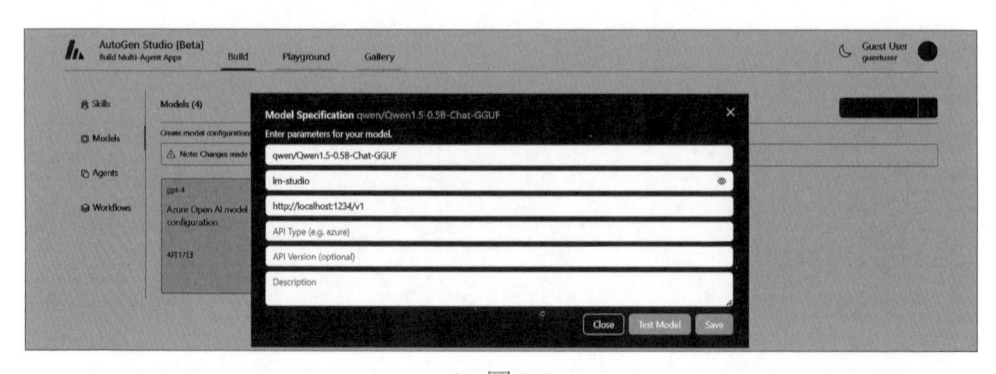

▲ 圖 8-9

8.9 基於 LM Studio 和 AutoGen Studio 使用通義千問

在對話方塊的相應輸入框中輸入如下資訊：

```
Model Name:   qwen/Qwen1.5-0.5B-Chat-GGUF
API Key:      lm-studio
Base URL:     http://localhost:1234/v1
```

詳細資訊可以到 LM Studio 模型啟動介面中查看，如圖 8-10 和圖 8-11 所示。

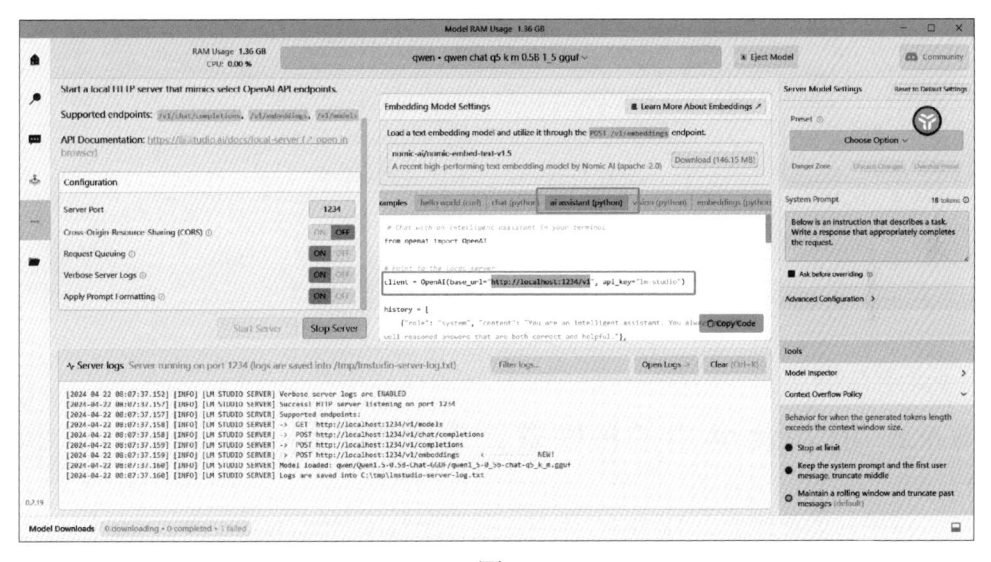

▲ 圖 8-10

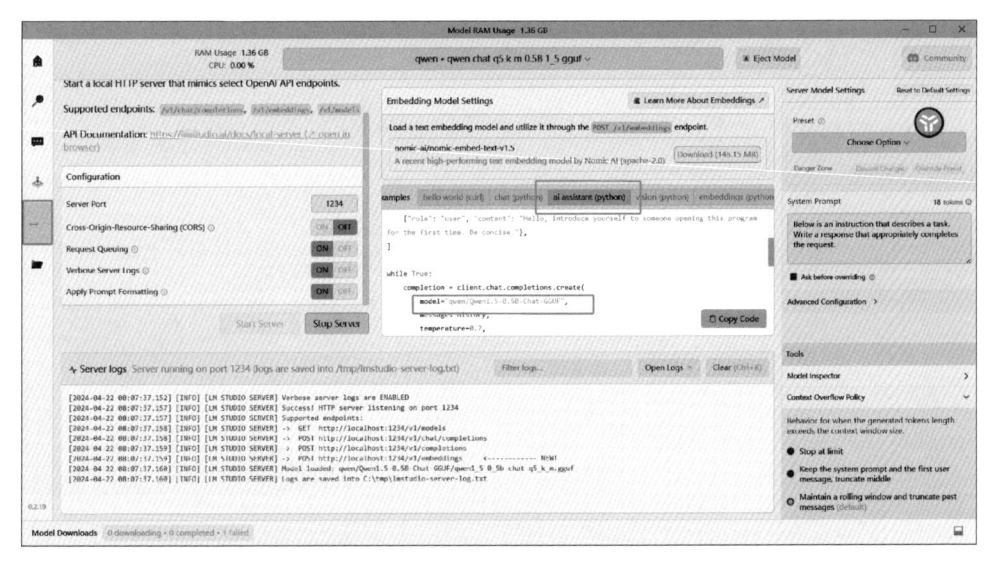

▲ 圖 8-11

第 8 章　LLM 本地部署與應用

按一下「Test Model」按鈕，如果顯示圖 8-12 所示的介面，則說明 LLM 已配置成功。

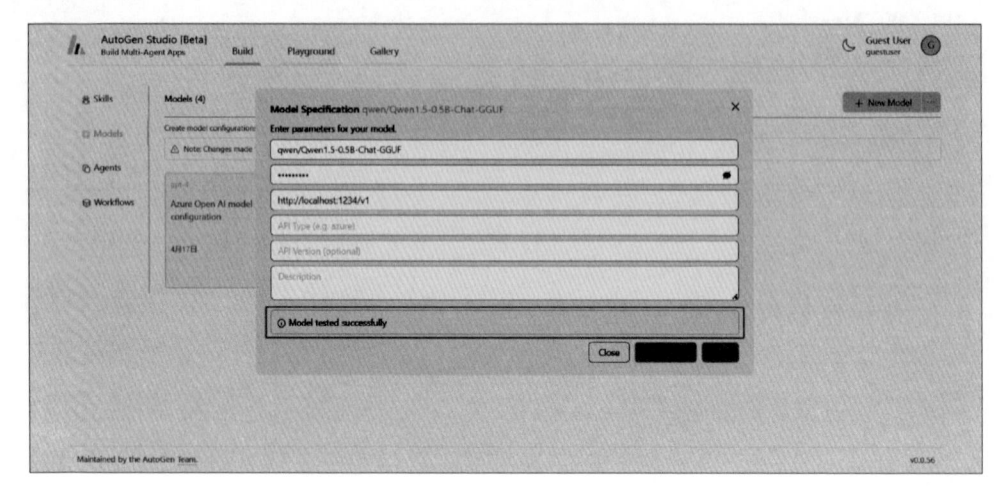

▲ 圖 8-12

8.9.8　把 Agent 中的模型置換成通義千問

選擇介面左側的「Agents」選項，並選擇要修改的 Agent，把「Model」換成 8.9.7 節中配置的模型（通義千問），如圖 8-13 所示。

▲ 圖 8-13

8.9 基於 LM Studio 和 AutoGen Studio 使用通義千問

8.9.9 運行並測試 Agent

選擇 AutoGen Studio 介面中的「Playground」標籤，在此介面中建立階段，如圖 8-14 所示。

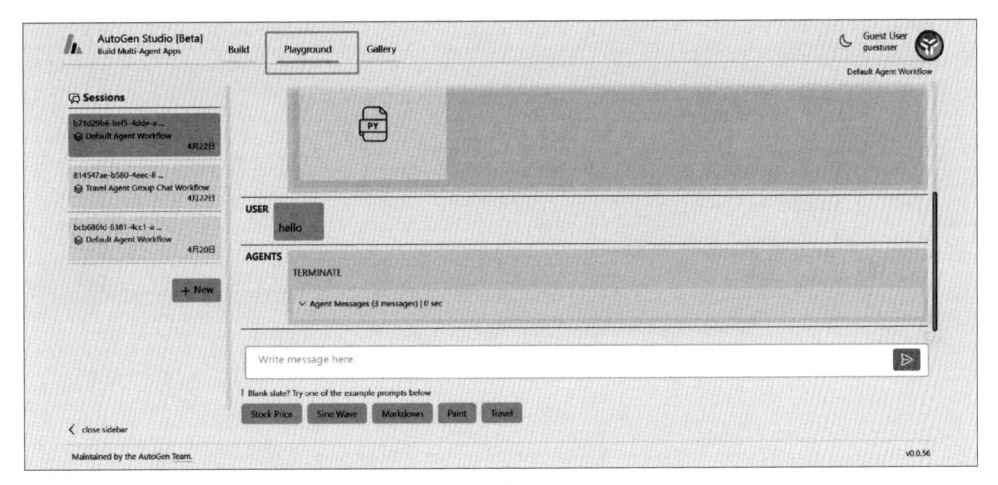

▲ 圖 8-14

按一下「+New」按鈕，並選擇「Default Agent Workflow」選項，如圖 8-15 所示。

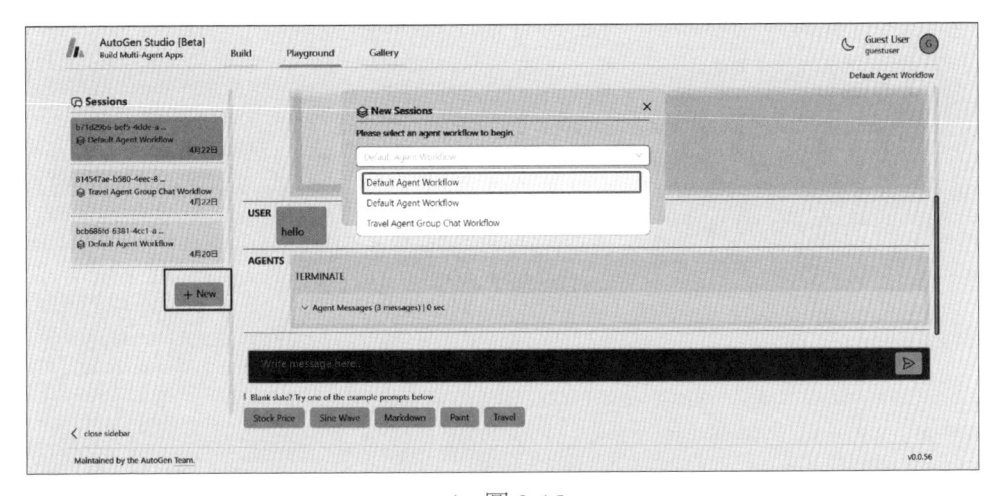

▲ 圖 8-15

第 8 章　LLM 本地部署與應用

在圖 8-16 所示的輸入框中隨便輸入問題，如果有結果傳回，則說明 LLM 已部署成功。

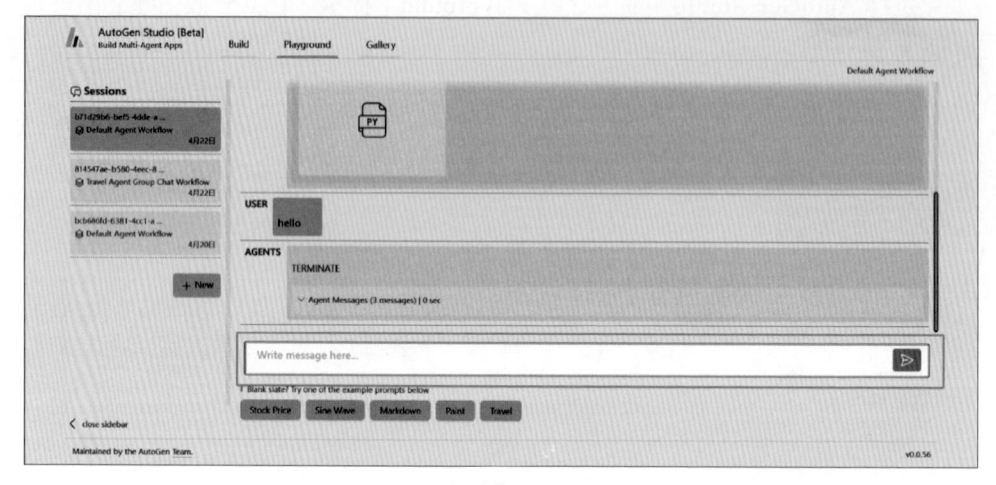

▲ 圖 8-16

透過本地部署 LLM，使用者不僅能享受到更快速、更靈活的模型回應，同時能確保資料的安全性和使用者隱私得到保護。此外，本地部署也能夠使使用者更深入地了解和訂製模型的行為，從而滿足特定的業務需求或研究目標。無論是在提升使用者體驗、最佳化業務流程，還是在推動自然語言處理技術的發展上，本地部署 LLM 都展示出了巨大的潛力和價值。

LLM 與 LoRA 微調策略解讀

　　在當今快速發展的 AI 領域中，LLM 已成為各種任務的核心，在自然語言處理、文字生成、語言理解等領域中展現出驚人的潛力。然而，要讓這些模型在特定任務上表現得更加出色，通常需要進行微調以使其適應特定領域或資料集。微調技術的重要性不言而喻，透過微調策略可以根據特定任務或領域的需求調整預訓練模型的參數，提升模型在特定領域中的性能和泛化能力。然而，傳統的微調策略往往面臨著計算成本高昂的挑戰，尤其是對 LLM 而言。LoRA 技術的出現提供了解決方案，其高效的特性大大降低了微調的計算成本，同時保持了模型的性能和泛化能力。LoRA 技術的出現不僅解決了傳統微調策略的計算成本問題，還為研究人員和從業者提供了一個更加高效和實用的微調策略。

第 9 章　LLM 與 LoRA 微調策略解讀

9.1 LoRA 技術

9.1.1 LoRA 簡介

LoRA 是一種可用於更高效率地微調 LLM 的流行技術。相比傳統的微調策略，LoRA 不需要調整深度神經網路的所有參數，僅需更新一小部分低秩矩陣即可。

LoRA 與其他常見的微調策略相比，具有以下優勢。

計算效率高：LoRA 透過低秩矩陣分解，降低了模型參數的更新成本，從而提高了微調過程的計算效率。

減少記憶體占用量：LoRA 減少了需要儲存和更新的參數量，因此可以減少記憶體占用量，並且在推理時不會大大增加計算、記憶體等的負擔。

靈活性強：LoRA 可以靈活地應用於各種不同的模型架構和任務中，為模型最佳化提供了一種通用的方法。

全參數微調、Adapter、P-Tuning 和 Prefix 等微調策略雖然也可以實現模型的微調，但其在計算效率和靈活性方面存在一定的局限性。因此，針對 LLM 微調的場景，LoRA 往往是一種更優的選擇。

表 9-1 所示為上述幾種微調策略的對比。

▼ 表 9-1

微調策略	優點	缺點	原理
全參數微調	簡單直接，易於實現。可以適應任何任務，沒有額外的參數限制	需要佔用大量的運算資源和時間，尤其是對 LLM 而言。在微調過程中可能會出現過擬合的問題	全參數微調是指在微調過程中，更新整個預訓練模型的所有參數，包括權重和偏置

（續上表）

微調策略	優點	缺點	原理
Adapter	相比全參數微調，Adapter 需要的參數量較少，節省了記憶體和運算資源。 可以在不同層次的模型中插入轉接器，靈活性較高	可能需要透過進行額外的調優來確定轉接器的位置和數量。 在某些情況下，轉接器可能會影響模型的性能	Adapter 是一種輕量級的神經網路結構，用於在預訓練模型的某些層上進行微調，而保持其他層的參數不變
P-Tuning	可以在不同任務之間共用部分參數，提高了參數的重複使用性。 可以透過調整參數共用的程度來平衡不同任務之間的關係	需要透過精細調參來確定參數共用的方式和程度。 可能會出現任務之間干擾的問題，從而影響模型性能	P-Tuning 是一種參數共用的微調策略，透過在多個任務之間共用參數來提高模型的泛化能力和效率
Prefix	可以透過增加特定的首碼來改變模型的行為，增強了模型的適應性。 可以針對不同的任務設計不同的首碼，提高了模型的靈活性	需要透過執行額外的設計工作來確定合適的首碼。 首碼的設計可能會影響模型的性能	Prefix 是一種透過在輸入資料中增加特定的首碼來控制模型行為的微調策略，可以使模型適應不同的任務或輸入
LoRA	高效利用低秩矩陣分解，減少了參數量和記憶體占用量，降低了計算成本。 保持原始模型的結構不變，只更新特殊的 LoRA 權重，避免了過擬合的問題	由於 LoRA 只更新了部分參數，因此可能會導致模型在某些方面的能力下降。例如，在數學上的運算能力	LoRA 適用於 LLM 的微調場景，特別是在運算資源和時間有限的情況下，它能夠提供高效的解決方案。 由於 LoRA 在微調過程中保持了模型的整體結構，因此可以應用於各種文字處理任務，如文字生成、文字分類等

9.1.2 LoRA 工作原理

LoRA 的工作原理基於低秩矩陣的概念，透過將權重更新近似為低秩的方式來實現微調。具體而言，當需要在微調過程中更新模型參數時，傳統微調策略會計算一個完整的權重更新矩陣 ΔW，而在 LoRA 中，將這個權重更新矩陣 ΔW 分解成兩個較小的矩陣 W_A 和 W_B 的乘積，即 $\Delta W \approx W_A \times W_B$。

這種分解可以簡化參數的更新過程，並顯著降低計算成本。在實踐中，可以將權重更新矩陣 ΔW 分解為兩個低秩矩陣 W_A 和 W_B，並將更新表示為 $W' = W + W_A \times W_B$。這樣，只需要學習兩個較小的矩陣 W_A 和 W_B，而不必更新整個模型的參數。圖 9-1 所示為傳統微調策略（左）和 LoRA（右）在前向傳遞過程中權重更新的對比。

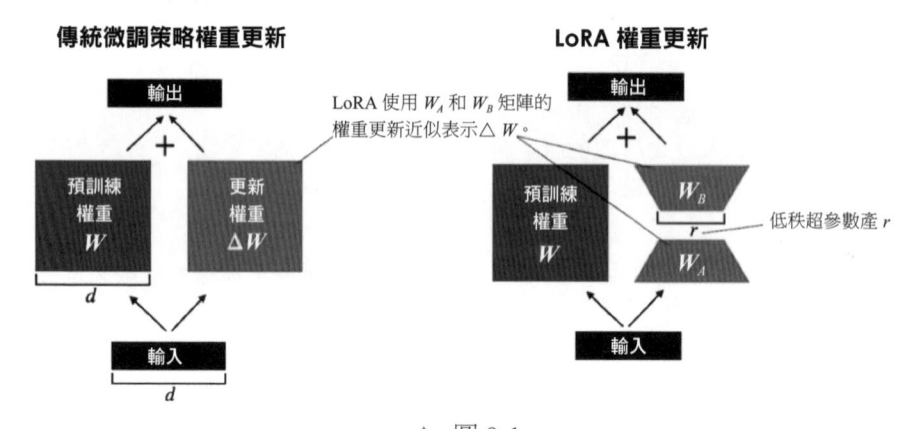

▲ 圖 9-1

具體而言，可選擇一個低秩超參數 r 來指定適應的低秩矩陣的秩。透過選擇較小的 r 值，低秩矩陣變得更簡單，需要學習的參數也就更少。這樣可以加快訓練速度並降低計算要求。然而，隨著 r 值的減小，低秩矩陣捕捉特定任務資訊的能力也會下降。

例如，假設有一個大小為 2000×10000 的權重矩陣 W（共有 2000 萬個參數）。如果選擇 $r=8$，則可以初始化兩個較小的矩陣：一個大小為 2000×8 的矩陣 W_B 和一個大小為 8×10000 的矩陣 W_A。透過將 W_A 和 W_B 相加，則只需要 80000 + 16000 = 96000 個參數，比傳統微調策略中的 2000 萬個參數少了約 200 倍。

此外，在實踐中，更重要的是嘗試使用不同的 r 值，以找到適當的平衡點，從而使模型在新任務中獲得理想的性能。

9.1.3 LoRA 在 LLM 中的應用

目前，幾乎所有的 LLM 都採用了 Transformer 作為其基礎架構進行訓練和最佳化。LoRA 作為 LLM 中廣泛應用的微調策略，其主要作用於 LLM 網路結構中 Transformer 的注意力機制。LoRA 可以幫助開發人員在已經訓練好的 Transformer 模型的基礎上，進一步調整模型，使其更適合特定的任務。

Transformer 是一種用於處理文字資料的神經網路架構，可以幫助電腦理解語言並執行各種任務，比如翻譯文字、生成對話或者預測下一個詞語是什麼。Transformer 之所以強大，是因為它的注意力機制可以極佳地捕捉文字中詞語之間的關係，從而更準確地理解文字的含義。

9.1.4 實施方案

要將 LoRA 應用於 Transformer 微調，需要按照以下方案進行。

（1）載入預訓練模型：載入基於 Transformer 的 LLM，作為微調的基礎模型。

（2）初始化 LoRA 權重：初始化 LoRA 所需的一些特殊權重。

（3）定義 LoRA 前向傳播函式：在 LoRA 的前向傳播函式中，首先將原始模型的輸出與 LoRA 引入的低秩矩陣相乘，並乘以一個縮放因數 α，然後計算其更新部分，最後將該更新部分與原始模型輸出相加，從而實現對模型參數的更新。

（4）微調過程：在微調過程中，凍結原始模型的權重，只更新 LoRA 所需的低秩矩陣權重，以適應特定任務的需求。

在微調過程中，注意選擇合適的縮放因數 α 和低秩超參數 r，以達到平衡模型性能和計算效率的目標。

9.2 LoRA 參數說明

在本章中，我們選擇基礎模型（Qwen）作為研究物件，下面對 LoRA 涉及的相關參數進行說明。

9.2.1 注意力機制中的 LoRA 參數選擇

在調整 LoRA 微調參數時，首先需要了解應將 LoRA 插入到網路的哪些位置。在通常情況下，LoRA 僅被增加到自注意力層的 Q、K、V 和 O 矩陣中，而在其他位置（如 MLP 等位置），則未被增加。一些實驗結果表明，僅將 LoRA 增加到 Q 和 V 矩陣中可能會獲得更好的性能。

在論文 *LoRa: Low-Rank Adaptation of Large Language Models* 中，作者使用 LoRA 的方式分別對 Q、K、V 和 O 矩陣及其組合在資料集「WikiSQL」和「MultiNLI」上進行了驗證，驗證結果如圖 9-2 所示，其中「Weight Type」代表 Q、K、V、O 矩陣的組合方式，r 代表微調的秩。

項目	# of Trainable Parameters = 18M						
Weight Type	W_q	W_k	W_v	W_o	W_q, W_k	W_q, W_v	W_q, W_k, W_v, W_o
Rank r	8	8	8	8	4	4	2
WikiSQL (±0.5%)	70.4	70.0	73.0	73.2	71.4	**73.7**	**73.7**
MultiNLI (±0.1%)	91.0	90.8	91.0	91.3	91.3	91.3	**91.7**

▲ 圖 9-2

透過圖 9-2 的對比可見，使用「W_q, W_k, W_v, W_o」組合時的效果最好，「W_q, W_v」組合的效果略差。但在計算參數的數量上，「W_q, W_v」比「W_q, W_k, W_v, W_o」少一半，因此更推薦使用「W_q, W_v」的參數組合方式。

9.2.2 LoRA 網路結構中的參數選擇

LoRA 網路結構中參數的選擇至關重要。其中，低秩超參數 r 和縮放因數 α 的選擇直接影響了計算量和微調的最終性能。

LoRA 超參數調整對比如下。

下面透過引用第三方的測試結果，深入討論如何選擇和調整 LoRA 中的關鍵參數，以觀察並實現最佳的微調效果。在 LoRA 低秩超參數調整過程中，第三方資料主要關注了低秩超參數 r 和縮放因數 α 的影響。

（1）改變低秩超參數 r。

r 是 LoRA 中關鍵的參數之一，決定了 LoRA 矩陣的秩或維度，直接影響了模型的複雜性和容量。較大的 r 值表示更強的表現力，但也可能會導致過擬合，而較小的 r 值則可能會犧牲表現力以減少過擬合的風險。在本實驗中，將保持所有層都啟用 LoRA，並將 r 值從 8 增加到 16，以便觀察其對模型性能的影響。結果顯示，只增加 r 值會導致模型性能下降，如圖 9-3 所示。

	TruthfulQA MC1	TruthfulQA MC2	Arithmetic 2ds	Arithmetic 4ds	BLiMP Causative	MMLU Global Facts
Llama 2 7B base	0.2534	0.3967	0.508	0.637	0.787	0.32
AdamW QLoRA (nf4)	0.2803	0.4139	0.4225	0.006	0.783	0.23
AdamW + QLoRA + scheduler	0.2815	0.4228	0.182	0.001	0.783	0.27
All-layer QLoRA	0.3023	0.4409	0.51	0.028	0.788	0.26
QLoRA r=8 → r=16	0.3011	0.4338	0.529	0.0825	0.76	0.24

▲ 圖 9-3

（2）改變縮放因數 α。

在本實驗中對縮放因數 α 進行調整，並觀察其對模型性能的影響。透過實驗，發現將 α 增加到一定設定值可以改善模型性能，但一旦超過一定設定值，模型性能就會下降。

調整 α 有助於在資料擬合和模型正則化之間找到平衡。一般來說，在微調 LLM 時，傾向於選擇一個比 r 值大兩倍的 α 值（請注意，這與使用擴散模型時有所不同）。

正如圖 9-4 所示的那樣，當將 α 值設置為 r 值的兩倍，且 α 值增加到 32 時表現出了最佳的模型性能。

項目	TruthfulQA MC1	TruthfulQA MC2	Arithmetic 2ds	Arithmetic 4ds	BLiMP Causative	MMLU Global Facts
Llama 2 7B base	0.2534	0.3967	0.508	0.637	0.787	0.32
AdamW QLoRA (nf4)	0.2803	0.4139	0.4225	0.006	0.783	0.23
AdamW + QLoRA + scheduler	0.2815	0.4228	0.182	0.001	0.783	0.27
All-layer QLoRA	0.3023	0.4409	0.51	0.028	0.788	0.26
QLoRA r=16, α=16	0.3011	0.4338	0.529	0.0825	0.76	0.24
QLoRA r=16, α=32	0.3158	0.4663	0.62	0.7005	0.757	0.27
QLORA r=32, α=64	0.2913	0.4362	0.5435	0.1265	0.762	0.28
QLoRA r=64, α=128	0.3035	0.4446	0.566	0.1255	0.765	0.29
QLoRA r=128, α=256	0.3048	0.4548	0.5625	0.066	0.747	0.29
QLoRA r=256, α=512	0.3035	0.4664	0.8135	0.3025	0.746	0.32

▲ 圖 9-4

（3）設置超大參數 r。

選用較大的 r 值，在模型性能提升方面並不明顯。通常建議將 α 值設置為 r 值的兩倍，例如，r=256 和 α=512，這好像能夠帶來最佳的模型性能，而較小的 α 值則可能導致較差的模型性能。然而，如果讓 α 值超過 r 值的兩倍，則可能會使基準效果變得更差，如圖 9-5 和圖 9-6 所示。

項目	Truthful QA MC1	Truthful QA MC2	Arithmetic 2ds	Arithmetic 4ds	BLiMP Causative	MMLU Global Facts
Llama 2 7B base	0.2534	0.3967	0.508	0.637	0.787	0.32
AdamW + QLoRA + scheduler	0.2815	0.4228	0.182	0.001	0.783	0.27
QLoRA r=16, α=32	0.3158	0.4663	0.62	0.7005	0.757	0.27
QLoRA r=256, α=512	0.3035	0.4664	0.8135	0.3025	0.746	0.32
QLoRA r=256, α=256	0.3084	0.4603	0.7875	0.079	0.738	0.3
QLoRA r=256, α=128	0.328	0.4837	0.563	0.656	0.757	0.28
QLoRA r=256, α=64	0.3207	0.4734	0.432	0.2515	0.655	0.26
QLoRA r=256, α=32	0.2938	0.5055	0.0	0.0	0.475	0.18

▲ 圖 9-5

項目	Truthful QA MC1	Truthful QA MC2	Arithmetic 2ds	Arithmetic 4ds	BLiMP Causative	MMLU Global Facts
Llama 2 7B base	0.2534	0.3967	0.508	0.637	0.787	0.32
AdamW + QLoRA + scheduler	0.2815	0.4228	0.182	0.001	0.783	0.27
QLoRA r=256, α=128	0.328	0.4837	0.563	0.656	0.757	0.28
QLoRA r=256, α=256	0.3084	0.4603	0.7875	0.079	0.738	0.3
QLoRA r=256, α=512	0.3035	0.4664	0.8135	0.3025	0.746	0.32
QLoRA r=256, α=1024	0.2693	0.4067	0.5215	0.663	0.76	0.24

▲ 圖 9-6

以上探討了如何平衡 LoRA 的關鍵參數 r 和 α，以獲得最佳的模型性能。選擇合適的 r 值和 α 值對於提升模型性能至關重要，開發人員需要根據具體情況進行調整。

9.2.3 LoRA 微調中基礎模型的參數選擇

當前，Qwen 基礎模型的參數規模分別為 0.5B、1.8B、4B、7B、14B、32B、72B、110B，其中，B 表示 10 億，7B 基礎模型的大小約為 15.45GB，14B 約為 28.34GB，72B 約為 147GB。選擇較小規模的基礎模型會佔用較少的顯示記憶體，對顯示記憶體配置的要求較低，但微調後的模型性能會相對較差；而選擇較大規模的基礎模型則會佔用更多顯示記憶體，對顯示記憶體配置的要求更高，但微調後的模型性能會更好。

基礎模型微調的精度包括 Float32、Float16、Int8、Int4。其中，Float32 佔用 4 位元組，Float16 佔用 2 位元組，Int8 佔用 1 位元組，Int4 佔用 0.5 位元組。選擇更低的精度會導致微調精度損失增加，但顯示記憶體和運算資源的占用量會減少。在 LoRA 微調中，通常會選擇使用 Float16 精度進行微調。

在實際專案中，基礎模型大小和精度的選擇應根據裝置具體情況來確定。

▌9.3 LoRA 擴充技術介紹

9.3.1 QLoRA 介紹

QLoRA 是一種高效的微調策略，透過引入 4 位元 NormalFloat（NF4）資料型態和量化技術，在保持精度的前提下大幅減少記憶體占用量，不會影響模型性能。它首先將模型量化為 4 位元，然後按照 LoRA 的方式對模型進行微調。可以說，QLoRA 繼承了 LoRA 的框架和理念，同時充分利用了量化技術的優勢，進一步提升了模型的性能和計算效率。LoRA 和 QLoRA 的對比如圖 9-7 所示。

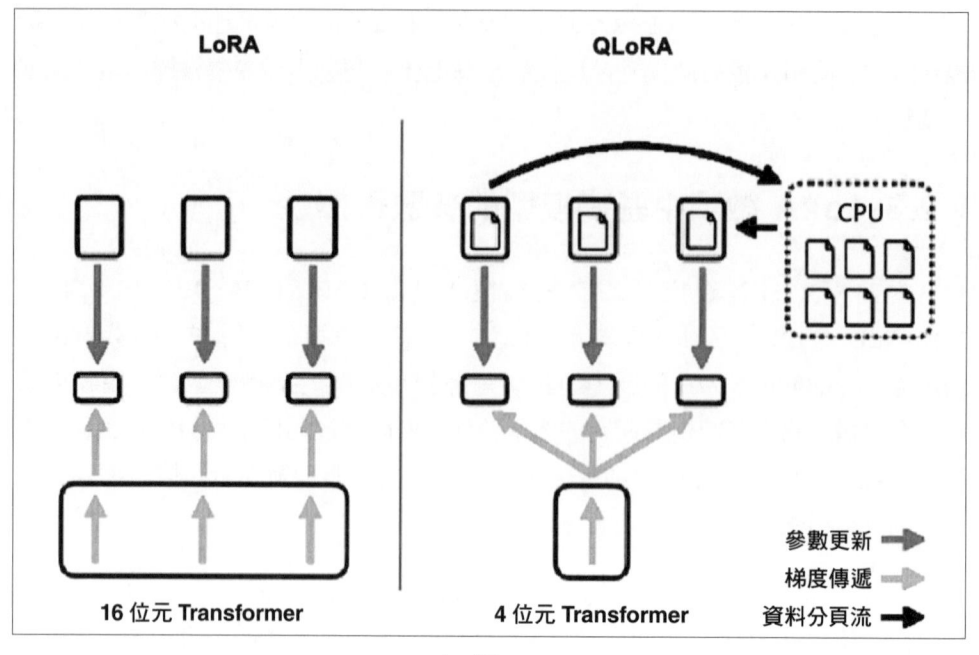

▲ 圖 9-7

9.3.2 Chain of LoRA 方法介紹

儘管 LoRA 在微調 LLM 方面具有顯著優勢，但在泛化誤差方面仍不及全參數微調。利用 Chain of LoRA（COLA）方法，可以在保持計算效率的同時減小 LoRA 與全參數微調之間的泛化誤差。

Chain of LoRA 採用殘差學習方法，透過迭代微調，將學習到的 LoRA 模組合併到預訓練的 LLM 參數中，建構 LoRA 鏈，以此逼近全參數微調的效果，其結構如圖 9-8 所示。

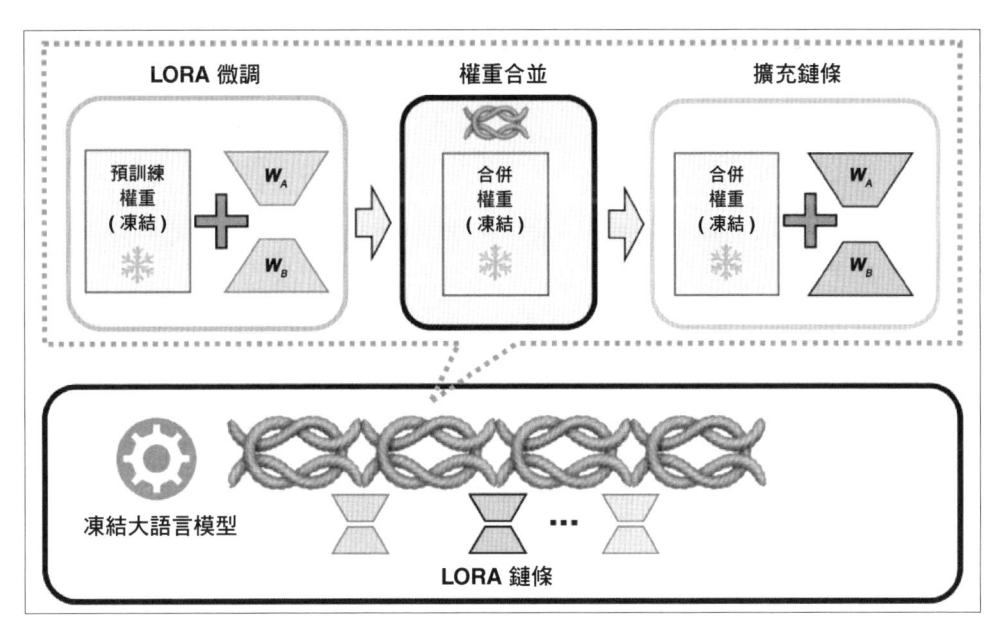

▲ 圖 9-8

9.4 LLM 在 LoRA 微調中的性能分享

首先，微調需要選擇開放原始碼的 LLM，以便將 LoRA 整合到其網路結構中。

其次，在性能方面以 7B 的 Qwen 模型為例，設置 $r=8$，$\alpha=16$，微調精度為 Float16 的情況下，微調參數約為原模型參數的 4.6%。在微調過程中，大約使用了 19GB 顯示記憶體，可在一台 24GB 顯示記憶體的裝置上完成微調。在整個微調過程中，使用了 10000 筆指令資料集，進行了 100 輪次的微調，大約耗時 4 天。

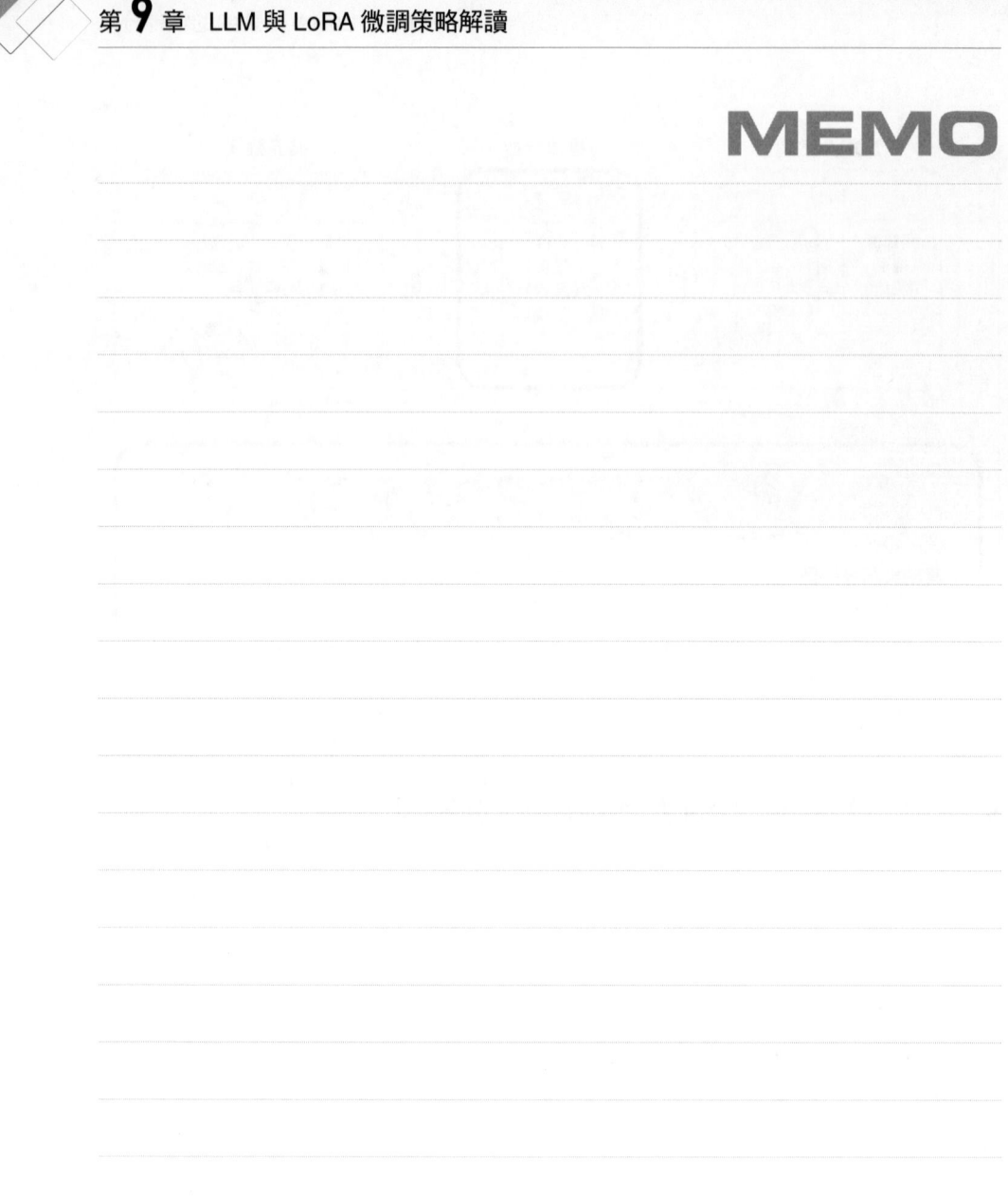

PEFT 微調實戰——
打造醫療領域 LLM

醫療領域一直是 AI 技術的重要應用領域之一。在醫療場景中，資料量的增加和資訊的複雜性給醫生帶來了前所未有的挑戰。疾病的診斷和治療不僅要依靠醫生的個人經驗和醫學知識，還需要相依大量的醫療資料和科學研究成果。在這個資訊爆炸的時代，如何從巨量的醫療資料中獲取與病症表述相關的資訊，輔助醫生製作出準確的診斷和治療方案，成了醫療 AI 領域的重要挑戰之一。

第 10 章　PEFT 微調實戰——打造醫療領域 LLM

為了應對這一挑戰，更好地適應醫療領域的需求，需要對 LLM 進行微調，以使其能夠更好地理解醫療文字，並為醫療應用提供更準確、更可靠的支援。

因此，本章將介紹 PEFT（Parameter-Efficient Fine-Tuning）微調實戰方法，以疾病診斷任務為例，展示如何透過微調預訓練模型，打造出專屬領域的 LLM。這將為醫療領域的自然語言處理任務帶來全新的解決方案，提升模型在醫療資料上的表現力，為疾病診斷提供有力的決策輔助支援。

10.1 PEFT 介紹

在對 LLM 的下游任務進行微調時，通常需要調整大量參數，然而，這種傳統微調策略在計算和儲存成本上變得愈發昂貴。PEFT 是一個函式庫，不再要求微調所有模型參數，而是僅微調一小部分（額外的）模型參數，大大降低了計算和儲存成本，同時保持了與完全微調模型水準相當的性能。這使得在消費者硬體上微調和儲存 LLM 更加容易實現。特別值得一提的是，PEFT 的使用非常簡單，使用者能夠輕鬆上手。

PEFT 與 transformers、Diffusers 和 Accelerate 等函式庫整合，為載入、微調和使用 LLM 提供了更快速、更簡便的方式。

10.2 工具與環境準備

在執行微調任務之前，需要下載本書提供的微調程式，並確保正確安裝和架設了微調程式運行所需的工具和環境。

10.2.1 工具安裝

在本節中，將詳細介紹如何安裝微調程式運行所需的工具（Anaconda 和 PyCharm）。

10.2 工具與環境準備

1．Anaconda 安裝

Anaconda 是一個流行的 Python 資料科學和機器學習平臺，包含了許多常用的資料科學工具和函式庫，以及方便使用的套件管理工具。以下是安裝 Anaconda 的步驟。

（1）下載 Anaconda：存取 Anaconda 官方網站，下載 Anaconda。本案例使用的版本為 Anaconda3-2020.07-Windows-x86_64。

（2）安裝 Anaconda：下載完成後，按照安裝精靈的指示進行安裝。具體步驟如下。

按兩下下載完成的安裝執行檔案，在安裝精靈介面中按一下「Next」按鈕開始安裝，如圖 10-1 所示。

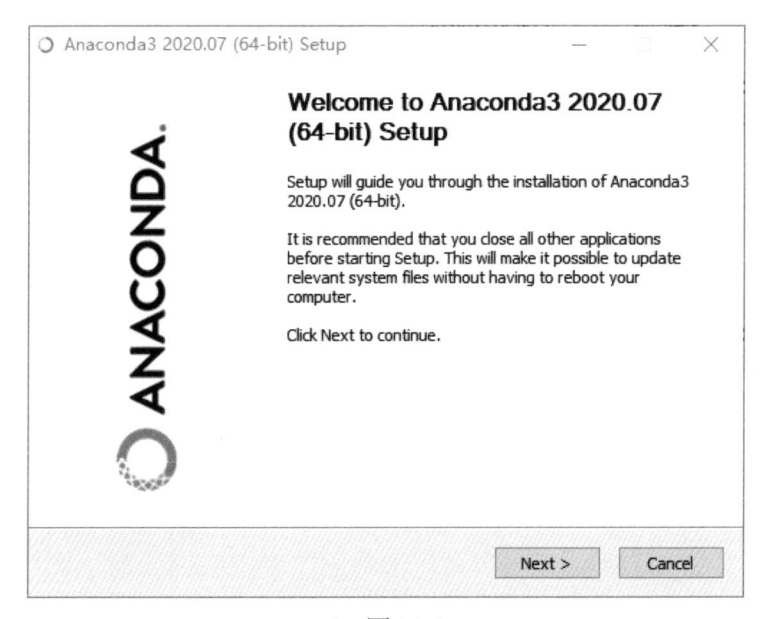

▲ 圖 10-1

按一下「I Agree」按鈕，同意使用者授權合約，如圖 10-2 所示。

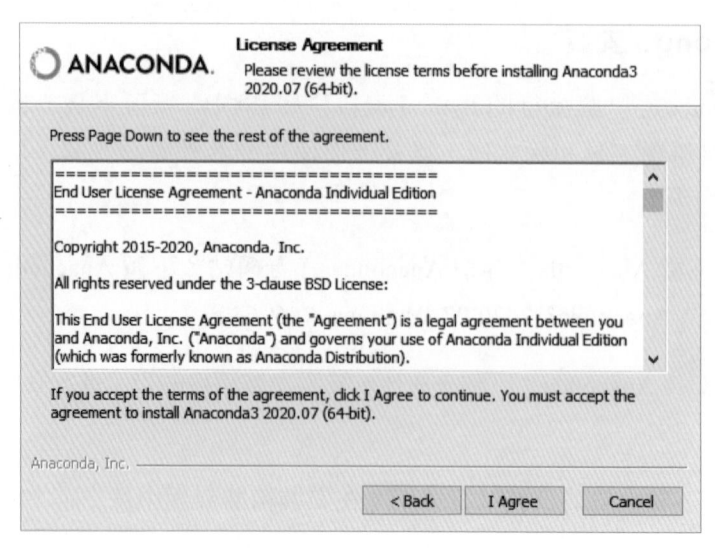

第 10 章　PEFT 微調實戰——打造醫療領域 LLM

▲ 圖 10-2

選中「Just Me」選項按鈕後按一下「Next」按鈕，如圖 10-3 所示。

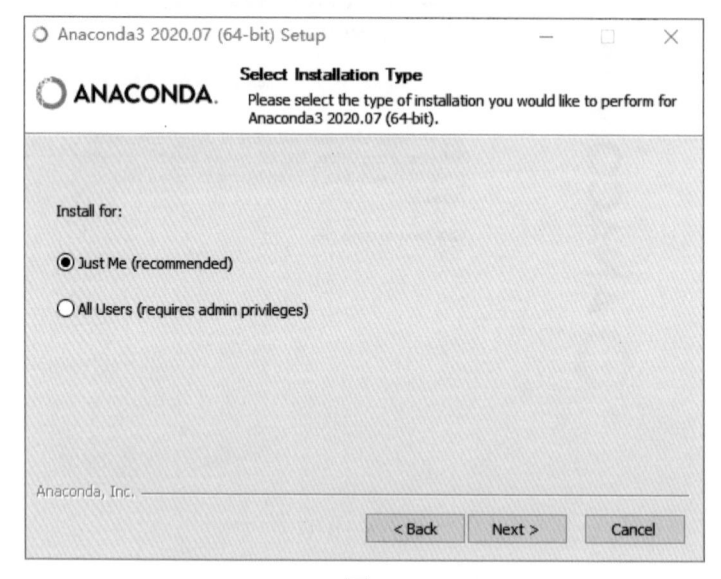

▲ 圖 10-3

按一下「Browse」按鈕，選擇安裝路徑後按一下「Next」按鈕，如圖 10-4 所示。

10.2 工具與環境準備

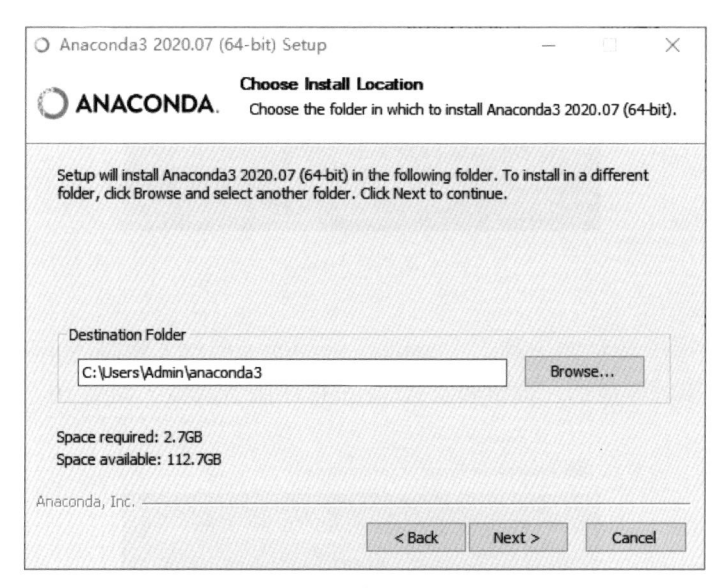

▲ 圖 10-4

分別勾選「Add Anaconda3 to my PATH environment variable」和「Register Anaconda3 as my default Python 3.8」單選方塊後按一下「Install」按鈕進行安裝，如圖 10-5 所示。

▲ 圖 10-5

（3）驗證安裝：安裝完成後，在 Windows「開始」選單中找到「Anaconda Prompt(anaconda3)」圖示並按一下，開啟命令提示符介面，如圖 10-6 所示。

▲ 圖 10-6

在命令提示符介面中輸入「conda --version」命令，驗證 Anaconda 是否安裝成功，如果安裝成功，則會顯示 Anaconda 的版本編號，如圖 10-7 所示。

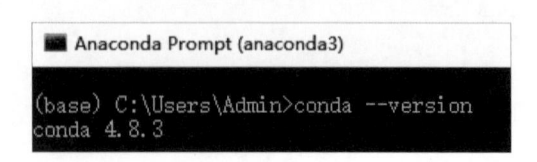

▲ 圖 10-7

圖 10-7 中的 4.8.3 為 Anaconda 的版本編號。

2·PyCharm 安裝

PyCharm 是一款功能強大的 Python 整合式開發環境（IDE），提供了豐富的功能和工具，能夠極大地提高開發效率。以下是安裝 PyCharm 的步驟。

（1）下載 PyCharm：存取 JetBrains 官方網站，下載 PyCharm。本案例使用的版本為 pycharm-community-2022.1.2。

（2）安裝 PyCharm：下載完成後，按照安裝精靈的指示進行安裝。具體步驟如下。

按兩下下載完成的安裝執行檔案，在安裝精靈介面中按一下「Next」按鈕開始安裝，如圖 10-8 所示。

按一下「Browse」按鈕，選擇安裝路徑後按一下「Next」按鈕，如圖 10-9 所示。

10.2 工具與環境準備

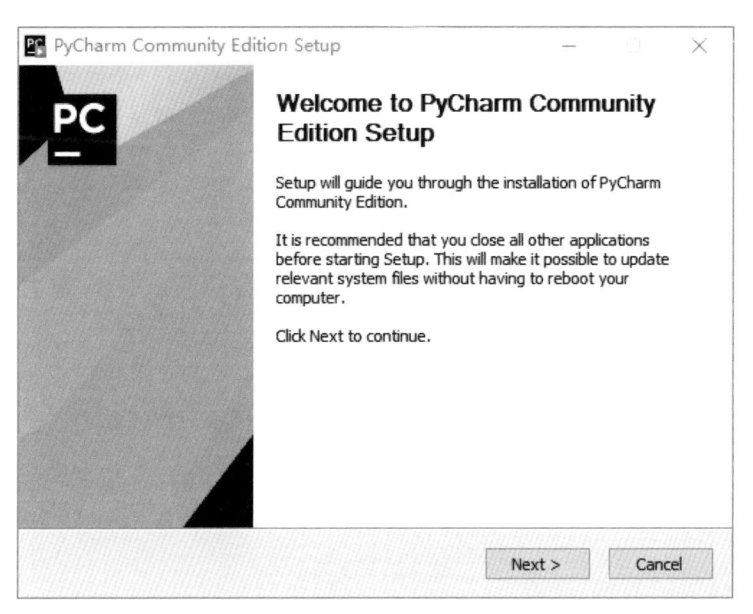

▲ 圖 10-8

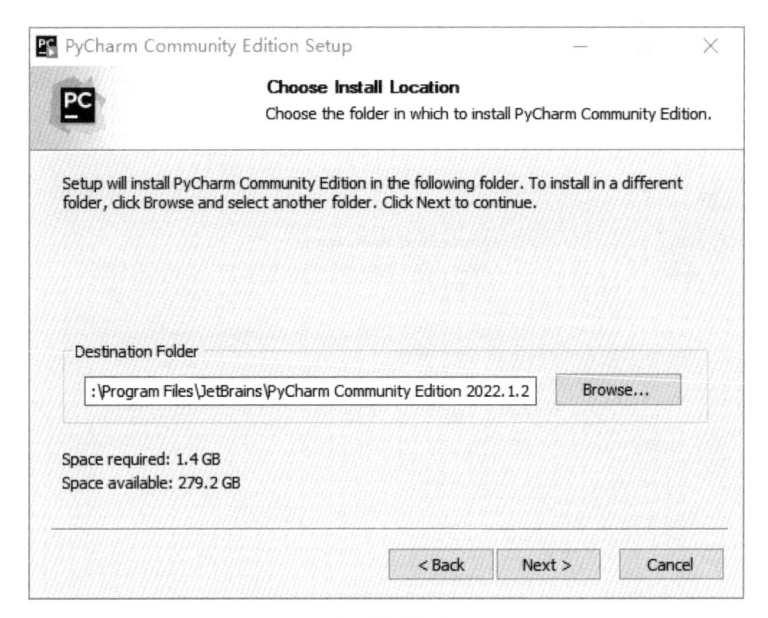

▲ 圖 10-9

第 10 章　PEFT 微調實戰——打造醫療領域 LLM

勾選安裝配置介面中所有的配置單選方塊後按一下「Next」按鈕，如圖 10-10 所示。

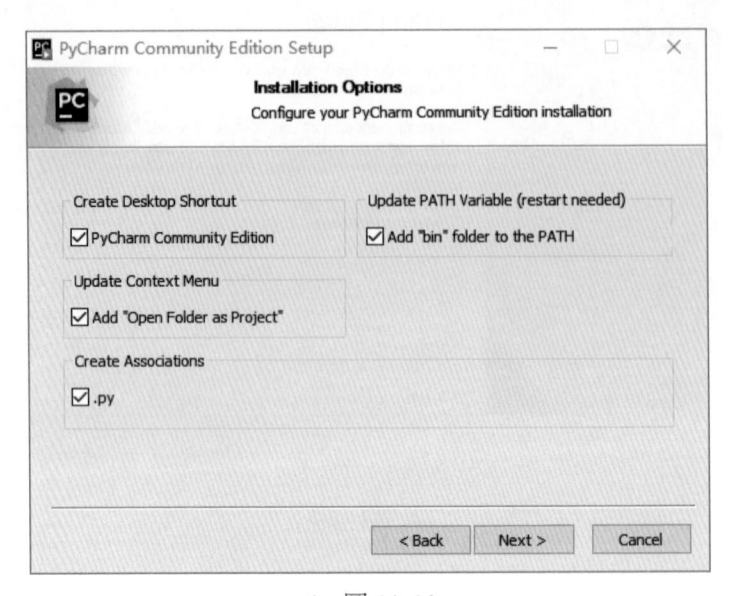

▲ 圖 10-10

按一下「Install」按鈕進行安裝，如圖 10-11 所示。

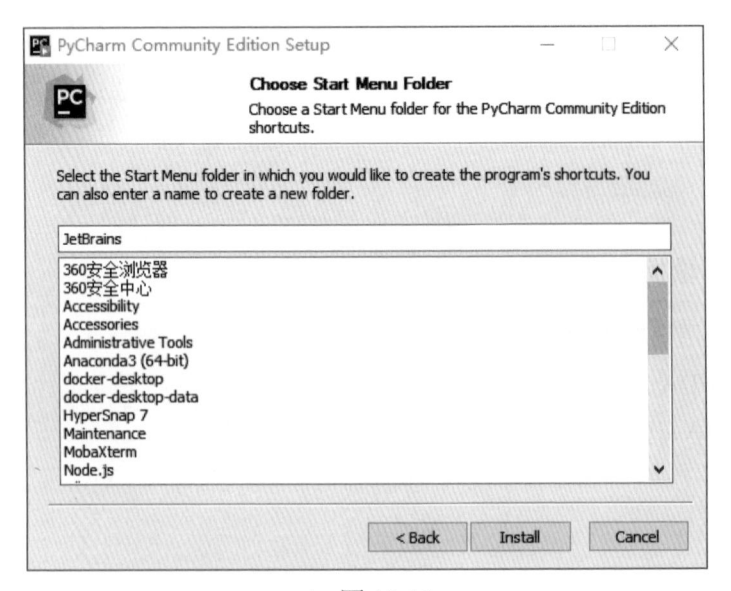

▲ 圖 10-11

按一下「Finish」按鈕完成 PyCharm 的安裝，如圖 10-12 所示。

▲ 圖 10-12

（3）啟動 PyCharm：安裝完成後，可透過按兩下 PyCharm 的啟動圖示啟動 PyCharm。

10.2.2 環境架設

在本節中，我們將介紹如何架設微調 LLM 下游任務所需的環境，包括 Python 版本和必要的函式庫。

1．CUDA 環境安裝

如果使用者計畫使用 GPU 來加速深度學習模型的微調過程，那麼需要安裝 CUDA。CUDA 是由 NVIDIA 廠商提供的平行計算平臺和程式設計模型，用於利用 NVIDIA GPU 的平行計算能力。以下是安裝 CUDA 的步驟。

第 10 章　PEFT 微調實戰——打造醫療領域 LLM

（1）檢查 GPU 相容性。

首先，在 Windows 中開啟「運行」對話方塊並在輸入框內輸入「cmd」命令，如圖 10-13 所示，按一下「確定」按鈕，開啟命令提示符介面。

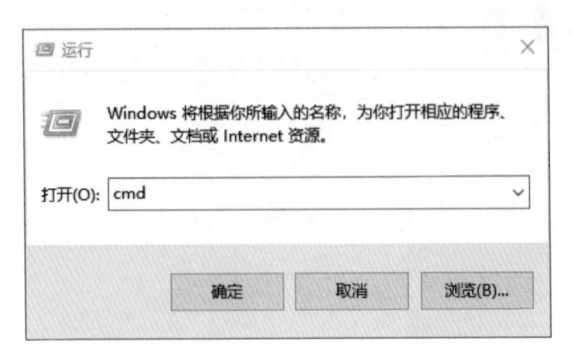

▲ 圖 10-13

其次，在命令提示符介面中輸入「nvidia-smi」命令，按確認鍵將顯示裝置的 GPU 配置資訊，如圖 10-14 和圖 10-15 所示。

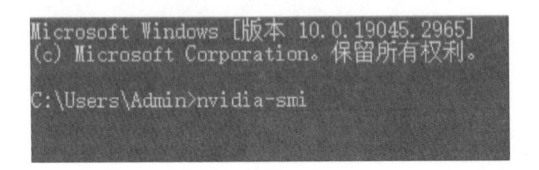

▲ 圖 10-14

▲ 圖 10-15

10.2 工具與環境準備

圖 10-15 中的「CUDA Version」表示裝置的 GPU 最大支持的 CUDA 版本編號。

（2）下載相容 GPU 的 CUDA Toolkit：選擇下載的版本需低於 GPU 最大支持的 CUDA 版本編號。存取 NVIDIA 官方網站進行下載，如圖 10-16 和圖 10-17 所示。

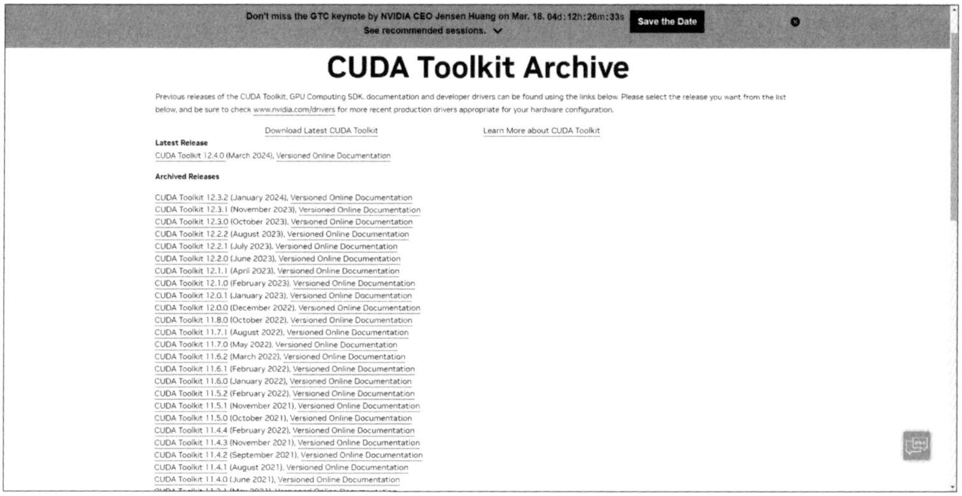

▲ 圖 10-16

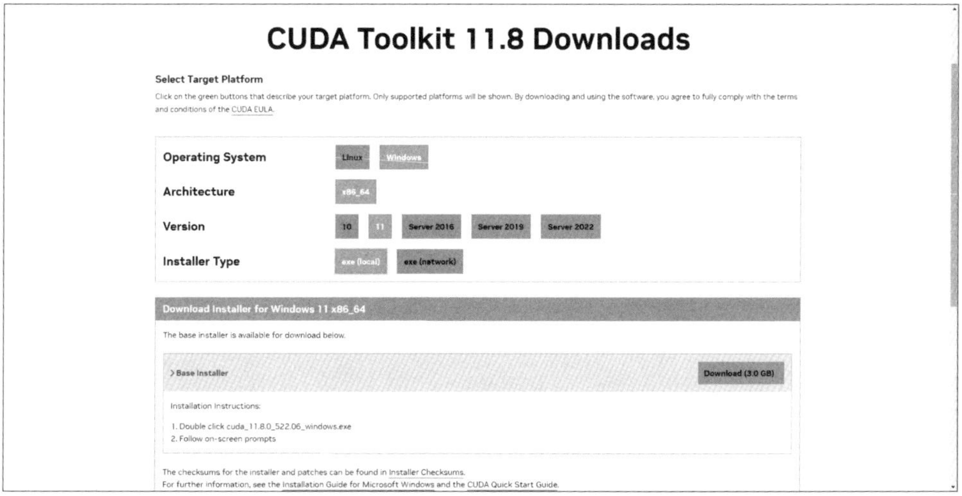

▲ 圖 10-17

在圖 10-17 中，「Operating System」選項表示要安裝到裝置上的作業系統類型；「Architecture」選項表示裝置的處理器指令集架構；「Version」選項表示系統的版本編號；「Installer Type」選項表示安裝的類型，可以選擇本地類型或者網路類型。

（3）安裝 CUDA Toolkit：下載完成後，按照安裝精靈的指示進行安裝。所有設置按照預設即可。

（4）驗證安裝：安裝完成後，可以在命令提示符介面中輸入「nvcc -V」命令，驗證 CUDA 是否安裝成功，如圖 10-18 和圖 10-19 所示。

```
Microsoft Windows [版本 10.0.19045.2965]
(c) Microsoft Corporation。保留所有权利。

C:\Users\Admin>nvcc -V
```

▲ 圖 10-18

```
nvcc: NVIDIA (R) Cuda compiler driver
Copyright (c) 2005-2022 NVIDIA Corporation
Built on Wed_Sep_21_10:33:58_PDT_2022
Cuda compilation tools, release 11.8, V11.8.89
Build cuda_11.8.r11.8/compiler.31833905_0
```

▲ 圖 10-19

若出現圖 10-19 中顯示的資訊「cuda_11.8.r11.8」，則表示 CUDA 安裝成功，其中，11.8 為 CUDA 的版本編號。

2 · PyTorch 環境架設

LLM 下游任務通常需要使用 Python 3.x 版本和 PyTorch 相關的套件，接下來按照以下步驟進行 PyTorch 環境的架設。

（1）開啟「Anaconda Prompt(anaconda3)」命令提示符介面。輸入「conda create -n agent python=3.11」命令，新建管理環境，如圖 10-20 所示。圖 10-20 中的「agent」為管理環境名稱，「python」為需安裝的 Python 版本。

10.2 工具與環境準備

▲ 圖 10-20

按照提示輸入「y」，並按確認鍵，繼續新建管理環境，如圖 10-21 所示。

▲ 圖 10-21

（2）輸入「conda activate agent」命令進入新建的管理環境，如圖 10-22 所示。

▲ 圖 10-22

（3）登入 PyTorch 官方網站，選擇導覽列中的「Get Started」選項進入「START LOCALLY」介面，如圖 10-23 所示，按一下連結「install previous versions of PyTorch」進入過往版本的選擇介面。

10-13

第 10 章　PEFT 微調實戰——打造醫療領域 LLM

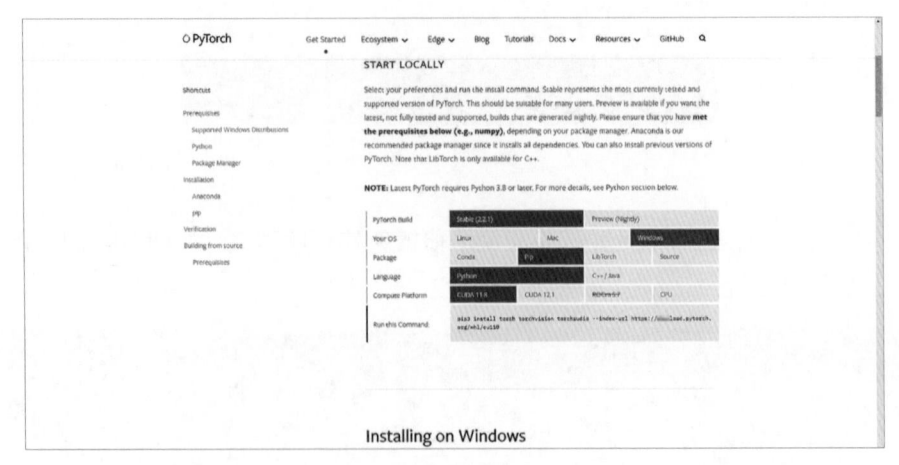

▲ 圖 10-23

找到需要安裝的版本，本章使用的是 v2.0.1 版本。根據安裝的 CUDA 版本複製介面中對應的安裝命令「conda install pytorch==2.0.1 torchvision==0.15.2 torchaudio==2.0.2 pytorch-cuda=11.8 -c pytorch -c nvidia」，如圖 10-24 所示。

▲ 圖 10-24

10-14

10.2 工具與環境準備

圖 10-24 中的「Linux and Windows」為 Linux 和 Windows 系統安裝的命令。「# CUDA」標識了對應的 CUDA 版本。

在「Anaconda Prompt(anaconda3)」命令提示符介面中貼上從 PyTorch 官方網站中複製的安裝命令，按確認鍵後即可進行安裝，如圖 10-25 所示。

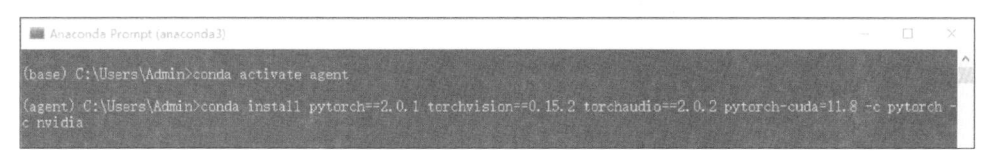

▲ 圖 10-25

（4）驗證安裝。安裝完成後，在「Anaconda Prompt(anaconda3)」命令提示符介面中輸入「python」命令，若顯示對應的 Python 版本編號（如「Python 3.11.8」），則表示 Python 安裝成功，如圖 10-26 所示。

▲ 圖 10-26

繼續輸入「import torch」和「torch.cuda.is_available()」命令，若顯示「True」，則表示 PyTorch 安裝成功，如圖 10-27 所示。

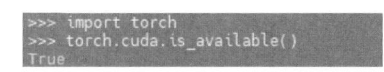

▲ 圖 10-27

3．安裝 PEFT 運行環境並在 PyCharm 中進行配置

（1）安裝 PEFT 所需的套件。使用本書提供的微調程式中的 requirements.txt 檔案進行安裝。

第 10 章　PEFT 微調實戰──打造醫療領域 LLM

在「Anaconda Prompt(anaconda3)」命令提示符介面中輸入「cd agent」命令進入 requirements.txt 檔案所在目錄，並輸入「pip install -r requirements.txt」命令進行 PEFT 所需套件的安裝，如圖 10-28 所示。

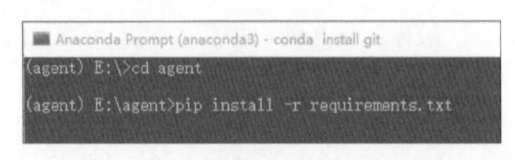

▲ 圖 10-28

繼續輸入「pip install fire」命令進行 fire 套件的安裝，如圖 10-29 所示。

▲ 圖 10-29

（2）根據以下步驟匯入專案。

首先，開啟 PyCharm，選擇「File」→「Open」命令，匯入專案，如圖 10-30 所示。

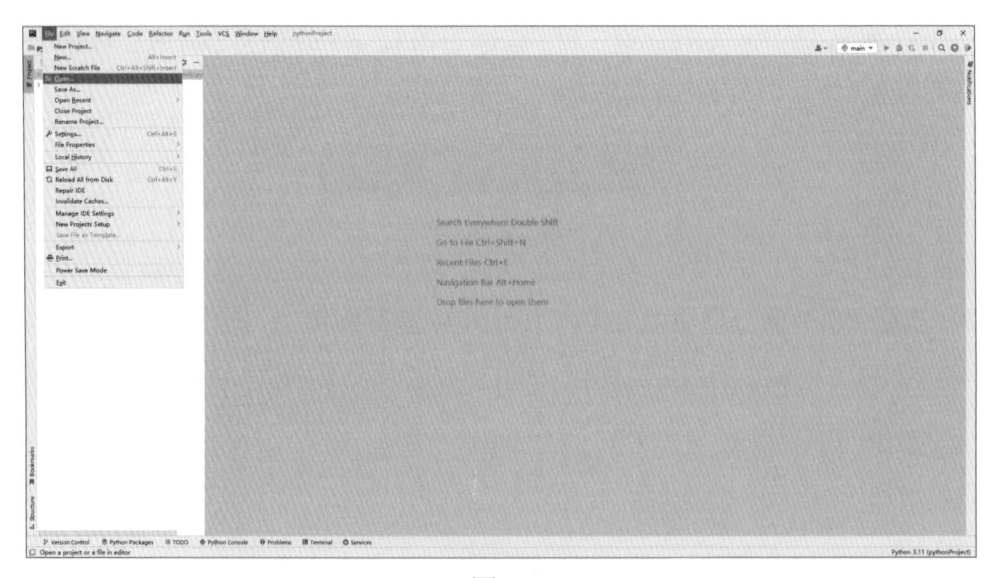

▲ 圖 10-30

10-16

10.2 工具與環境準備

其次，選擇本書提供的案例專案，如圖 10-31 所示。

▲ 圖 10-31

（3）按照以下步驟設置專案開發運行環境。

選擇「File」→「Settings」命令，如圖 10-32 所示。

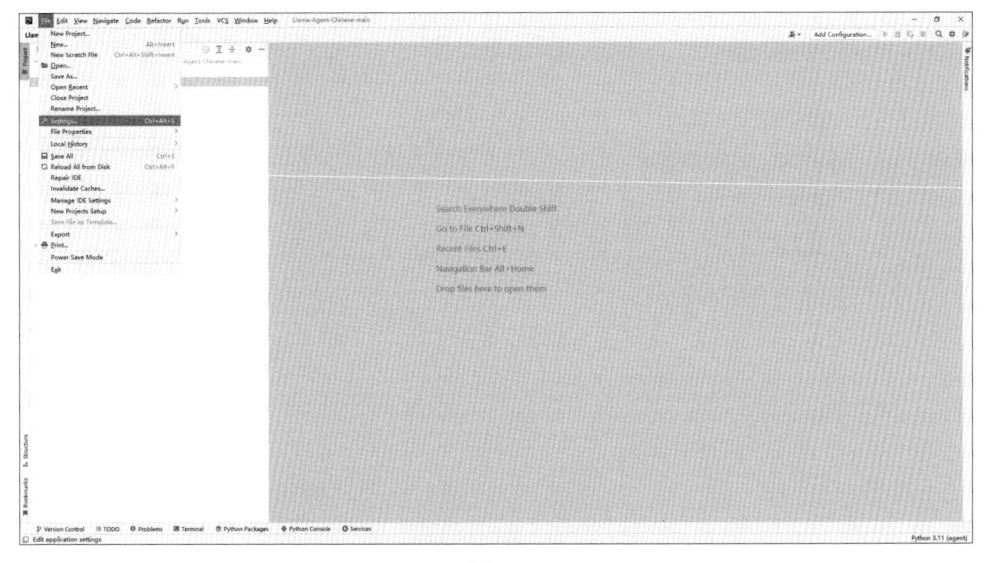

▲ 圖 10-32

10-17

第 10 章　PEFT 微調實戰——打造醫療領域 LLM

選擇「Settings」介面左側「Project:Llama-Agent-Chinese-m」節點中的「Python Interpreter」選項，如圖 10-33 所示。

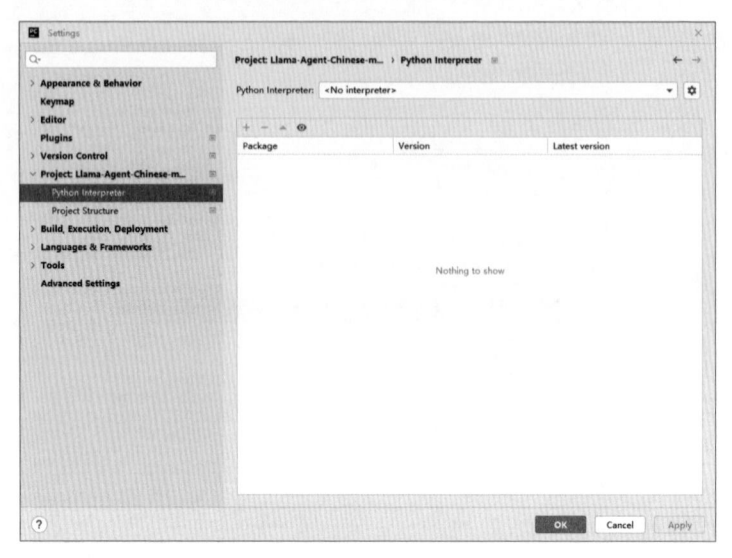

▲ 圖 10-33

按一下「Settings」介面右上角的「齒輪」圖示，在彈出的下拉清單中選擇「Add」選項，如圖 10-34 所示，進入「Add Python Interpreter」介面。

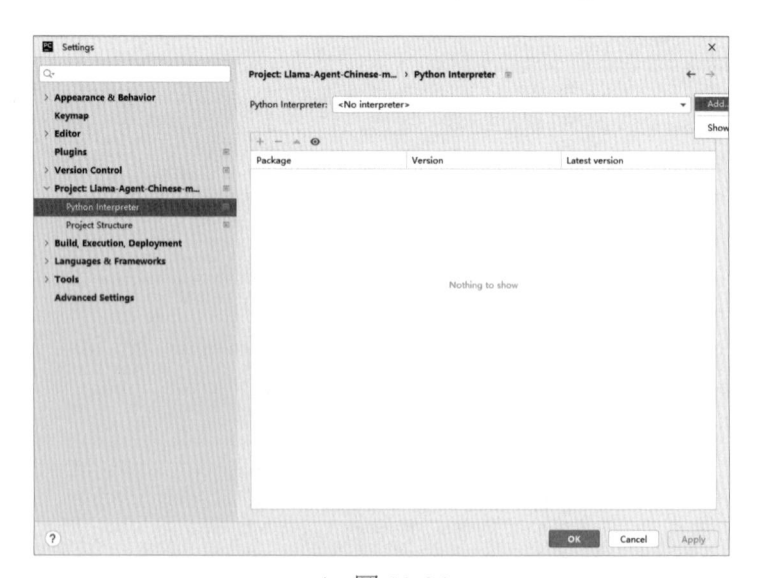

▲ 圖 10-34

10.2 工具與環境準備

在「Add Python Interpreter」介面中選中「Existing environment」選項按鈕，並按一下「...」圖示，如圖 10-35 所示。

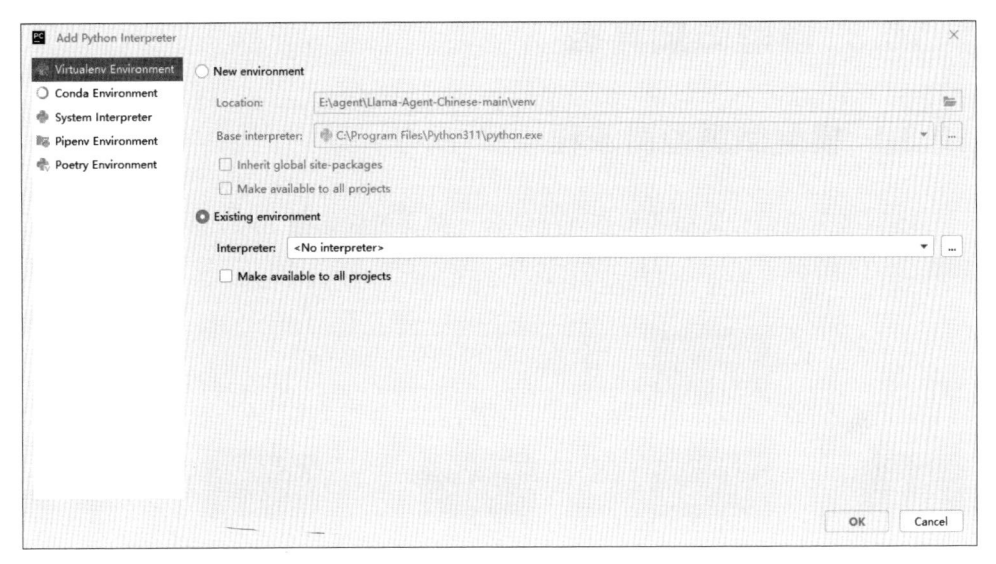

▲ 圖 10-35

在彈出的「Select Python Interpreter」介面中選擇已經安裝完成的 PyTorch 環境中的「python.exe」檔案，並按一下「OK」按鈕，如圖 10-36 所示。

▲ 圖 10-36

第 10 章　PEFT 微調實戰——打造醫療領域 LLM

至此，微調環境已全部架設完成。

10.3 模型微調實戰

10.3.1 模型微調整體流程

模型微調實戰分為微調和推理兩部分，微調流程如圖 10-37 所示，推理流程如圖 10-38 所示。

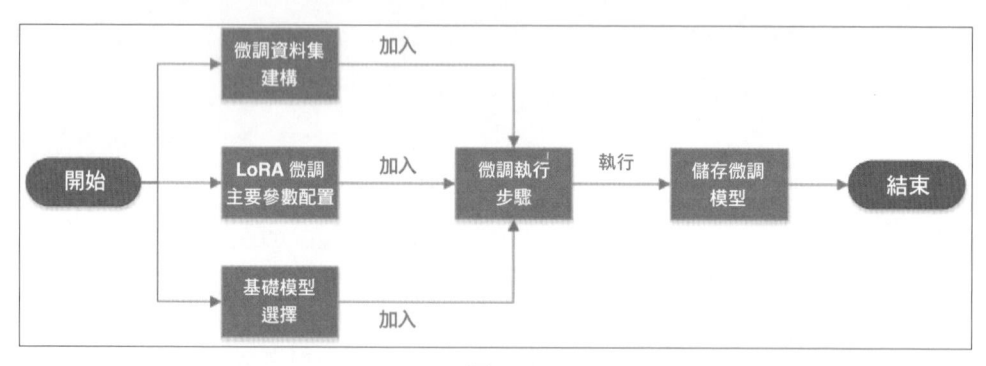

▲ 圖 10-37

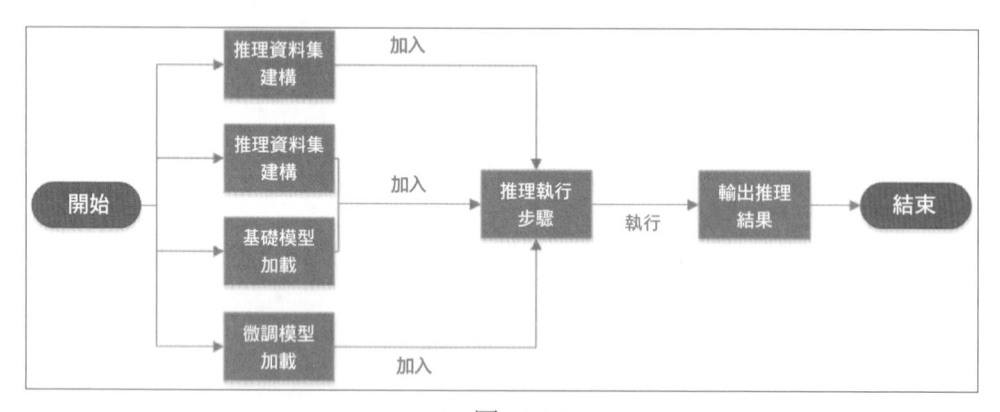

▲ 圖 10-38

10.3.2 專案目錄結構說明

Agent-Med-Chinese-main 專案目錄：

- data 資料夾。

    ＊agent_data.json：這個檔案包含了用於微調的文字資料。

    ＊Infer.json：這個檔案包含了在推理階段使用的文字資料。

- lora-agent-med-finetune 資料夾。

這個資料夾用於儲存微調過程中生成的模型權重檔案。在微調結束後，模型會被儲存在這個資料夾中，以便後續的推理或進一步的微調使用。

- templates 資料夾。

med_template.json：這個檔案包含了用於生成提示詞的範本。在微調過程中，會使用這個範本來輔助生成文字輸出。

- finetune.py：這是用於執行模型微調（fine-tuning）的程式檔案。微調過程通常包括載入預訓練模型、載入微調資料、設置及載入微調參數、執行微調迴圈、儲存微調模型等。

- infer.py：這是用於執行推理的程式檔案。這個檔案包含載入已經微調好的模型、準備推理資料、執行推理過程等功能。

整體目錄結構如圖 10-39 所示。

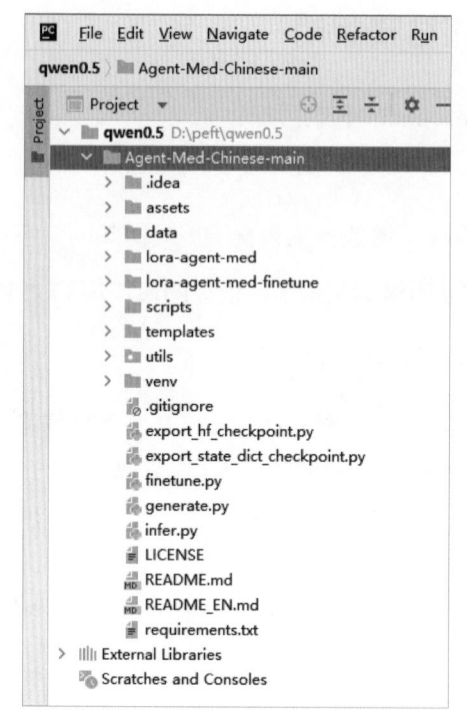

第 10 章　PEFT 微調實戰——打造醫療領域 LLM

▲ 圖 10-39

10.3.3　基礎模型選擇

選擇合適的預訓練模型對於 LLM 下游任務的成功執行至關重要。市面上有許多主流的 LLM 可供選擇，其中包括 Llama、Mistral、Qwen 和 Yi 等，讀者可根據自己的任務需要選擇合適的模型。

以下是對上面提及的 4 個基礎模型的簡單介紹。

1．Llama

發行者：Meta。

特點：Llama 3 是該系列最新的版本，使用超過 15 萬億個 token 的預訓練。目前，Llama 3 已推出 80 億（8B）和 700 億（70B）參數兩個版本，支援 8K 的上下文視窗。在多個行業基準測試中，Llama 3 展現出了領先的性能。

適用場景：適用於對話系統和聊天任務，尤其是在需要處理大量人類對話樣本時表現優秀。

2．Mistral

發行者：Mistral。

性能表現：Mistral 7B 在各項基準測試中表現優秀，超過了 Llama 2 13B，在許多基準測試中超過了 Llama 1 34B，在程式任務上接近 CodeLlama 7B 的性能。

適用場景：適用於文字生成、指導式遵循和程式生成等任務，具有優秀的性能和靈活性。

3．Qwen

發行者：阿里雲。

特點：Qwen 是阿里雲推出的基於 Transformer 架構的 LLM，使用大量的網路文字、書籍和程式等資料進行預訓練。

適用場景：適用於各種自然語言處理任務，包括文字分類、命名實體辨識、問答系統等。

4．Yi

特點：Yi 是基於高品質語料庫訓練的 LLM，支援英文和漢語兩種語言，其語料庫中包含 3 萬億個權杖。

適用場景：適用於涉及英文和漢語文字的各種自然語言處理任務，具有較強的語言理解和生成能力。

10.3.4 微調資料集建構

在建構微調資料集時，我們需要準備微調資料、提示詞範本與推理資料。

微調資料和推理資料的格式都是 JSON，具體包含以下欄位。

instruction：指令，問題描述。

input：輸入，描述了上下文語境的相關資訊。

output：輸出，描述了期望得到的結果。

例如：

```
{
    "instruction": " 麻風病和兒童哮喘的病因是否一致？ ",
    "input": " 患者年齡為 10 歲 ",
    "output": " 麻風病是由麻風分枝桿菌引起的一種慢性接觸性傳染疾病，兒童哮喘是一種慢性呼吸道疾病。"
}
```

提示詞範本用於生成模型的輸入，也採用了 JSON 格式，包含以下欄位。

description：描述了範本的用途。

prompt_input：包含了範本的輸入部分，可以根據指令生成問題描述。

prompt_no_input：類似於 prompt_input，但適用於無須輸入的情況。

response_split：定義了答案的分隔符號號。

例如：

```
{
    "description": "Template used by Med Instruction Tuning",
    "prompt_input": " 下面是一個問題，運用醫學知識來正確回答提問 .\n### 問題 :\n{instruction}\n### 回答 :\n",
    "prompt_no_input": " 下面是一個問題，運用醫學知識來正確回答提問 .\n### 問題 :\n{instruction}\n### 回答 :\n",
    "response_split": "### 回答 :"
}
```

10.3.5 LoRA 微調主要參數配置

微調是指在預訓練模型的基礎上，透過使用特定任務的資料集進行額外微調以提升模型在該任務上的性能。在微調過程中，需要配置一些關鍵參數以確保微調的順利進行和性能達到最優。下面是在「finetune.py」檔案的微調程式中的主要參數配置。

1．微調相關參數修改

--base_model：設置為所選 LLM 的名稱，如 Qwen1.5-0.5B。讀者可以在 Hugging Face 官方網站上查詢更多模型資訊。

--data_path：微調資料集的路徑。

--output_dir：微調後模型的儲存路徑。

--prompt_template_name：提示詞範本的名稱，根據專案需求進行內容調整。

--batch_size：微調時的資料批次處理大小，根據電腦算力進行調整。

--micro_batch_size：用於將大批次（batch_size）拆分為多少個小批次，以減少顯示記憶體佔用並實現梯度累加，從而最佳化 GPU 資源的使用。

--wandb_run_name：指定在 Weights and Biases（wandb）上記錄的運行名稱。

在專案程式中進行微調參數設置的步驟如下所示。

第一步：在 PyCharm 中，選擇右上角的「Edit Configurations」選項，如圖 10-40 所示。

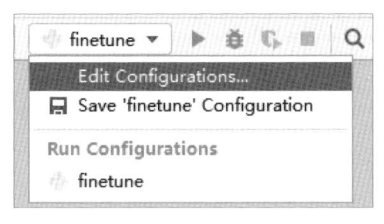

▲ 圖 10-40

第 10 章　PEFT 微調實戰——打造醫療領域 LLM

第二步：在「Run/Debug Configurations」介面中按一下「Parameters」輸入框，並在輸入框中輸入圖 10-41 所示的配置資訊。

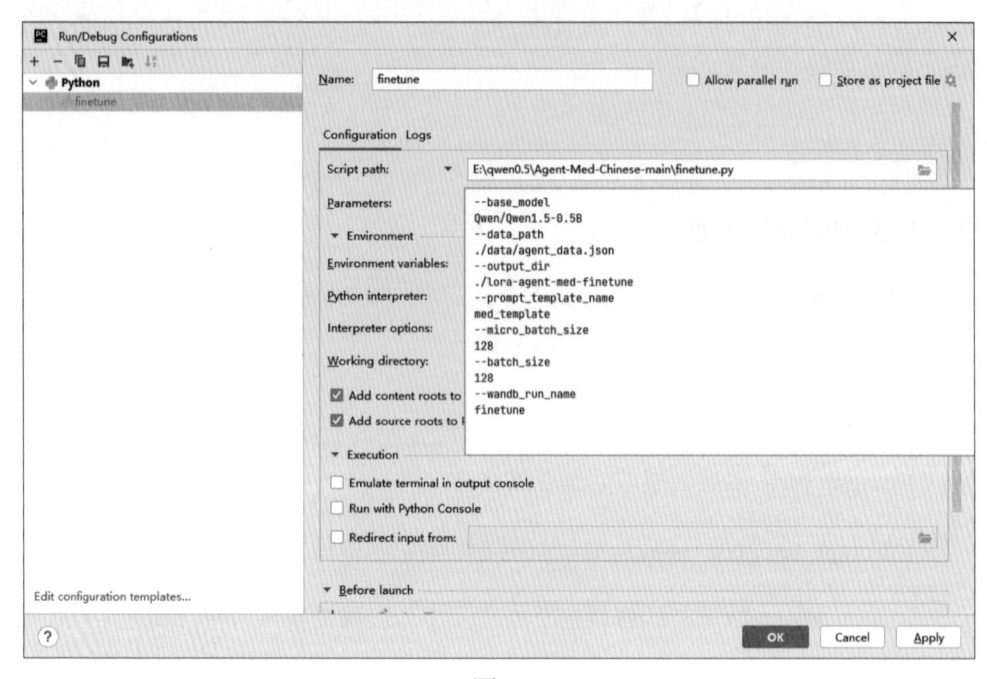

▲ 圖 10-41

2．LoRA 微調參數配置

在微調過程中，使用 LoRA 方法進行微調的參數配置如下所示。

lora_r：LoRA 微調的秩。

lora_alpha：影響放大倍數。

lora_dropout：微調中丟棄的機率。

lora_target_modules：LoRA 需要微調的參數清單。

3．微調訓練參數配置

在配置 Trainer 物件時，需要配置一系列參數，主要包括如下幾個。

num_train_epochs：微調的總輪數。

learning_rate：學習率。

optim：最佳化器，如 adamw_torch。

fp16：是否使用混合精度進行微調。

10.3.6 微調主要執行流程

10.3.5 節介紹了根據任務需求配置 LoRA 微調主要參數的內容，下面介紹微調過程中主要使用的方法和函式，以及微調流程。

（1）首先，需要引入所需的分詞器和模型，以便後續使用：

```
from transformers import Qwen2Tokenizer, Qwen2ForCausalLM
```

（2）載入模型。

使用 from_pretrained 方法載入預訓練模型，並設置相關參數：

```
model = Qwen2ForCausalLM.from_pretrained(
    base_model,
    torch_dtype=torch.float32,
    device_map=device_map,
)
```

（3）載入分詞器。

使用 from_pretrained 方法載入預訓練模型對應的分詞器，用於對輸入進行分詞處理：

```
tokenizer = Qwen2Tokenizer.from_pretrained(base_model)
```

(4)載入微調參數。

使用 LoRA 微調參數配置模型：

```
config = LoraConfig(
    r=lora_r,
    lora_alpha=lora_alpha,
    target_modules=lora_target_modules,
    lora_dropout=lora_dropout,
    bias="none",
    task_type="CAUSAL_LM",
)
model = get_peft_model(model, config)
```

(5)讀取資料。

根據指定的資料路徑載入資料集，通常使用 load_dataset 函式：

```
if data_path.endswith(".json") or data_path.endswith(".jsonl"):
    data = load_dataset("json", data_files=data_path)
else:
    data = load_dataset(data_path)
```

(6)開始微調。

使用 Trainer 物件開始微調：

```
trainer = transformers.Trainer
```

(7)模型儲存。

在微調結束後，將微調後的模型儲存到指定路徑中：

```
model.save_pretrained(output_dir)
```

透過以上流程，即可完成對預訓練模型的微調，並將微調後的模型儲存到指定路徑中，以供後續使用。

10.3.7 運行模型微調程式

以下是運行模型微調程式的詳細步驟。

在 PyCharm 中開啟「finetune.py」檔案。在程式編輯介面中按右鍵該檔案，彈出快顯功能表，選擇「Run 'finetune'」命令，如圖 10-42 所示。

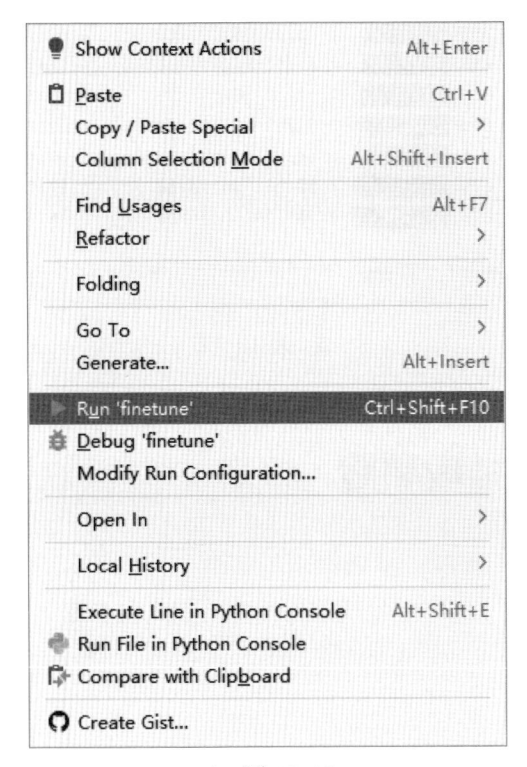

▲ 圖 10-42

若在 PyCharm 輸出視窗中顯示圖 10-43 所示的資訊，則表示微調開始執行。

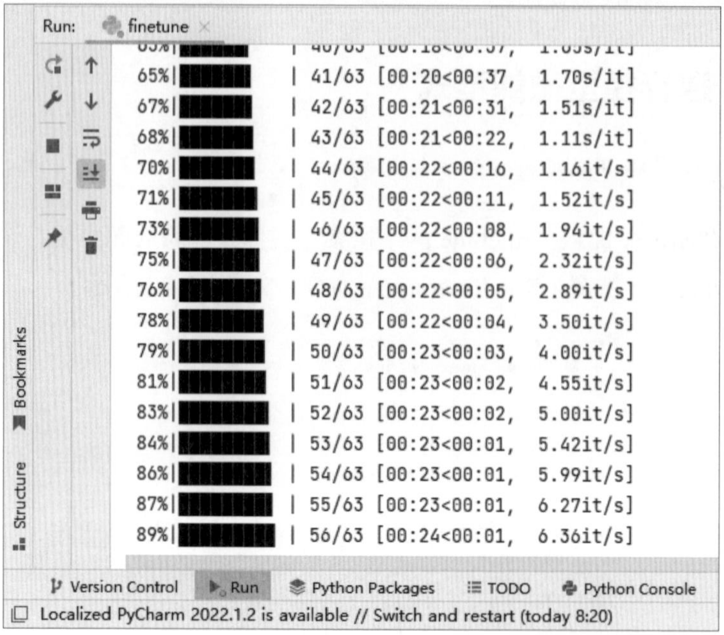

▲ 圖 10-43

10.4 模型推理驗證

完成微調後，就獲得了經過微調的模型，我們可以透過推理程式「infer.py」來驗證微調效果。以下是推理部分的主要程式和步驟。

1．準備模型檔案

將微調後生成的模型檔案「adapter_config.json」和「adapter_model.bin」複製到「lora-agent-med」專案檔案夾中。

2．配置參數

配置相應的參數，如圖 10-44 所示。

10.4 模型推理驗證

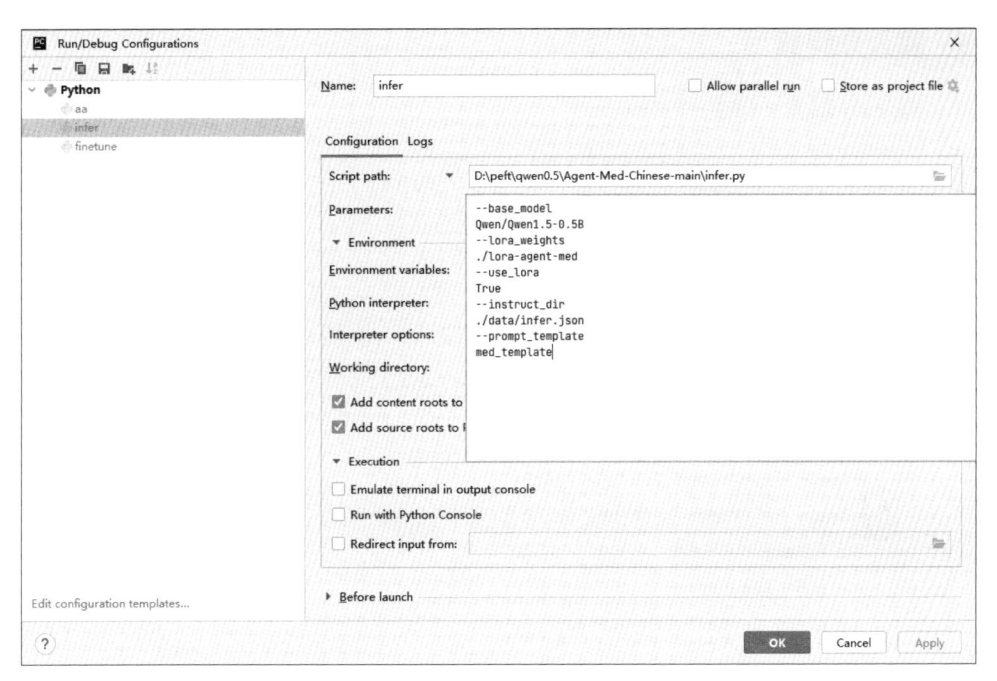

▲ 圖 10-44

3・引入分詞器和模型

引入所需的分詞器和模型，以便後續使用：

```
from transformers import Qwen2Tokenizer, Qwen2ForCausalLM
```

4・載入基礎模型

載入基礎模型，範例程式如下：

```
model = Qwen2ForCausalLM.from_pretrained(
    base_model,
    load_in_8bit=load_8bit,
    #torch_dtype=torch.float16,
    torch_dtype=torch.float32,
    device_map="auto",
)
```

5．載入分詞器

載入分詞器，範例程式如下：

```
tokenizer = Qwen2Tokenizer.from_pretrained(base_model)
```

6．載入微調後的模型權重

如果使用了 lora（局部敏感退化），則需載入微調後的模型權重，範例程式如下：

```
if use_lora:
    print(f"using lora {lora_weights}")
    model = PeftModel.from_pretrained(
        model,
        lora_weights,
        torch_dtype=torch.float32,
    )
```

7．運行推理程式

在程式編輯介面中按右鍵，在彈出的快顯功能表中選擇「Run infer」命令，即可運行程式。運行結果如圖 10-45 所示。

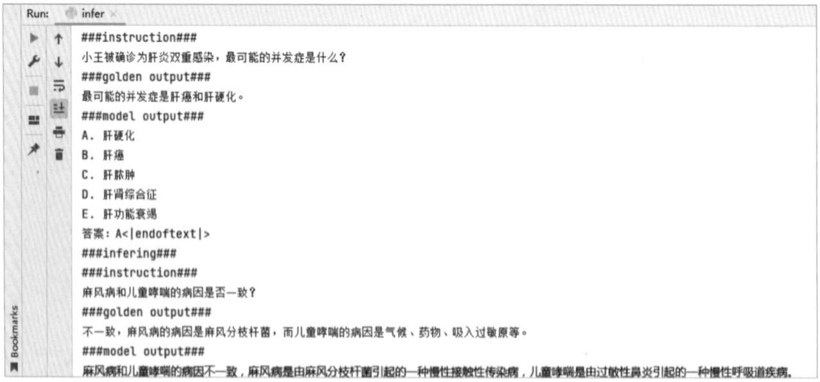

▲ 圖 10-45

透過以上步驟，就完成了模型的微調和推理。訓練後的模型輸出風格更接近訓練資料。

Llama 3 模型的微調、量化、部署和應用

　　隨著 AI 技術的高速發展，深度學習模型在各個領域中的應用日益廣泛。近年來，透過獲取大量的網路知識，LLM 已經展現出人類等級的智慧潛力，從而引發了基於 LLM 的研究熱潮。Llama 3 模型正是這一領域的重要成果之一。Llama 3 是由開放人工智慧社區開發的開放原始碼自然語言處理模型。它繼承並發展了其前身 Llama 和 Llama 2 的強大功能。作為第三代模型，Llama 3 在模型結構、訓練資料和性能最佳化方面獲得了大幅提升，以至在處理各種自然語言任務時表現得更加出色。Llama 3 模型採用了先進的 Transformer 架構，能夠高效率地處理大量文字資料，執行語言生成、文字分類、問答系統等多種任務。

第 11 章　Llama 3 模型的微調、量化、部署和應用

Llama 3 模型的開放原始碼特性為研究人員和開發人員提供了以下幾個顯著優勢。

可存取性：任何人都可以存取和使用 Llama 3 模型，無須支付任何費用。

透明性：原始程式碼和模型參數完全公開，使用者可以深入了解 Llama 3 模型的內部機制。

社區支持：全球的開發人員和研究人員共同參與 Llama 3 模型的最佳化和改進，形成了一個活躍的社區。

可訂製性：使用者可以根據具體需求對 Llama 3 模型進行微調和改進，開發出適合特定應用場景的版本。

Llama 3 模型已經在多個應用領域中展現出強大的能力，包括但不限於以下幾個。

文字生成：在新聞報導、內容創作和文學創作中，Llama 3 模型能夠生成高品質的自然語言文字。

機器翻譯：Llama 3 模型可以實現多種語言之間的翻譯，並且能夠確保翻譯的準確性和流暢度。

問答系統：在智慧客服和資訊檢索領域中，Llama 3 模型能夠高效率地理解使用者提出的問題並提供準確的答案。

情感分析：Llama 3 模型可用於社交媒體監控和市場分析，透過分析文字情感來洞察使用者的情感傾向。

文字摘要：在新聞和研究領域中，Llama 3 模型能夠對長文字進行處理，提取出關鍵資訊。

Llama 3 模型在自然語言處理（NLP）領域中的重要性不容忽視。首先，Llama 3 提供了一個強大的基礎模型，可以大幅度減少開發人員在建構 NLP 應用時所需的時間和資源投入。其次，Llama 3 的高性能和靈活性使其能夠勝任各種複雜的 NLP 任務，從而提高應用程式的智慧化水準和使用者體驗。

在實際應用中，Llama 3 模型的強大能力使其成為智慧客服、資訊檢索、內容生成和資料分析等多個領域的核心技術。它不僅能夠處理龐大的文字資料，還能透過深度學習演算法不斷進行自我最佳化，提高處理速度和準確性。

本章將詳細介紹 Llama 3 模型微調、量化、部署和應用的整體流程，旨在幫助讀者了解和掌握如何高效率地使用這一模型。

微調：討論如何針對特定任務和資料集對 Llama 3 模型進行調整，以提高模型在特定應用中的表現。

量化：介紹如何透過模型量化技術壓縮模型大小，以提升推理速度和資源使用率。

部署：詳細講解如何將微調和量化後的模型部署到實際應用環境中。

應用：探討 Llama 3 模型在不同應用場景中的實際使用方法和案例，從而幫助讀者更好地理解其廣泛的應用潛力。

透過對本章的學習，讀者將能夠掌握從資料準備到模型微調、從模型量化到實際部署和應用的完整流程，從而更好地利用 Llama 3 模型在各種自然語言處理任務中的強大功能。

11.1 準備工作

在對 Llama 3 模型進行微調、量化、部署和應用之前，首先需要完成一系列的準備工作。這一部分將詳細介紹環境配置、相依函式庫安裝，以及資料收集和前置處理的步驟，以確保模型在穩定的環境中進行訓練和部署。

11.1.1 環境配置和相依函式庫安裝

在 Windows 下配置環境和安裝所需的相依函式庫是順利進行模型訓練和部署的基礎，以下是具體的步驟。

1·安裝 Python

安裝 Python 3.8 或以上版本。Python 是一種廣泛使用的程式設計語言，具備豐富的函式庫和工具，適合執行深度學習和自然語言處理任務。

從 Python 官方網站上下載並安裝 Python 最新版本。安裝完成後，透過以下命令驗證安裝是否成功：

```
python --version
```

若安裝成功，則會傳回 Python 版本。

2·安裝套件管理工具

安裝 pip 和 virtualenv。其中，pip 是 Python 的套件管理工具，用於安裝和管理 Python 套件；virtualenv 用於建立虛擬環境，以防止函式庫之間產生衝突。

```
python -m pip install --upgrade pip
pip install virtualenv
```

程式運行後會自動更新 pip 套件，建立虛擬環境。

3·建立虛擬環境

使用 virtualenv 建立一個新的虛擬環境，避免與系統環境發生衝突。虛擬環境能夠隔離專案所需的套件和相依，有助於保持專案的獨立性和可攜性。

```
virtualenv llama3_env
llama3_env\Scripts\activate
```

4·安裝必要的相依函式庫

在虛擬環境中，使用「pip」命令安裝必要的相依函式庫。

torch：PyTorch 函式庫，是一個用於執行深度學習任務的開放原始碼框架，支援 GPU 加速。

transformers：Hugging Face 提供的函式庫，用於載入和使用預訓練的 LLM。

datasets：Hugging Face 提供的函式庫，用於載入和處理各種 NLP 資料集。

```
pip install torch transformers datasets
```

安裝 CUDA 工具套件（如果有 GPU），以加速模型訓練速度：

```
pip install torch torchvision torchaudio --extra-index-url https://download.
***orch.org/whl/cu113
```

5・安裝其他常用函式庫和工具

以下函式庫和工具在資料處理和機器學習中非常有用。

scikit-learn：機器學習函式庫，提供了各種分類、回歸和聚類演算法。

numpy：用於進行數值計算的基礎函式庫，支援高性能多維陣列和矩陣操作。

pandas：資料處理和分析工具，提供了高效的資料結構和資料分析工具。

```
pip install scikit-learn numpy pandas
```

11.1.2 資料收集和前置處理

高品質的資料是訓練出色模型的關鍵。資料收集和前置處理包括資料來源選擇、資料清洗與標注。

1・資料來源選擇

根據具體的任務選擇合適的資料來源，常見的資料來源如下。

公開資料集：如 Hugging Face 提供的各種 NLP 資料集，這些資料集已經過社區驗證，品質較高，適合快速入門和模型驗證。

自有資料：公司內部或專案自有的資料，這些資料通常更具針對性和實用性。

網路爬取：從網際網路獲取的公開資料，需要注意資料的合法性和版權問題。

例如，使用 Hugging Face 提供的公開資料集，操作如下。

登入 Hungging Face，搜索「Wikipedia」，結果如圖 11-1 所示。

▲ 圖 11-1

直接下載資料集 JSON 檔案，在後續微調過程中加入該資料集即可。

2．資料清洗與標注

資料清洗與標注是確保資料品質的重要步驟。清洗步驟包括去除重復資料、處理遺漏值和去除雜訊資料等；標注步驟包括對資料進行正確的分類和標記，以便模型能夠學習和理解資料中的模式。

11.2 微調 Llama 3 模型

11.2.1 微調的意義與目標

微調是在預訓練模型基礎上進行再訓練的過程。對 Llama 3 模型而言，微調可以顯著提升其在特定應用場景中的性能。例如，透過微調，Llama 3 可以從通用的自然語言處理模型變成在特定領域（如醫學、法律或金融等）中具有專業知識的模型。

微調的目標如下。

- 提高模型的準確性和泛化能力。
- 縮短訓練時間和降低運算資源消耗。
- 使模型更好地適應特定任務或資料集的需求。

11.2.2 Llama 3 模型下載

下載 Llama 3 模型有多種方式，以下是幾種常見的方式，包括使用 Ollama、Hugging Face、其他工具和平臺，以及從 GitHub 上下載等。

1・使用 Ollama

Ollama 是一個提供預訓練模型的平臺，使用者可以透過它下載 Llama 3 模型，具體步驟如下。

安裝 Ollama 用戶端：具體的安裝步驟可以在 Ollama 官方網站上找到或者參照 11.5 節。

下載模型：在安裝完成後，可以透過命令列工具下載 Llama 3 的具體模型。假設下載的模型名稱為「llama3」，具體命令如下：

```
ollama pull llama3
```

2・使用 Hugging Face

Hugging Face 是一個非常流行的 AI 學習平臺，提供了豐富的預訓練模型庫，包括 Llama 3 模型。以下是使用 Hugging Face 下載 Llama 3 模型的步驟。

找到目標 Llama 3 模型連結：

第 11 章　Llama 3 模型的微調、量化、部署和應用

在 huggingface.co 中搜索 llama-3-chinese-8b-instruct，結果如圖 11-2 所示。

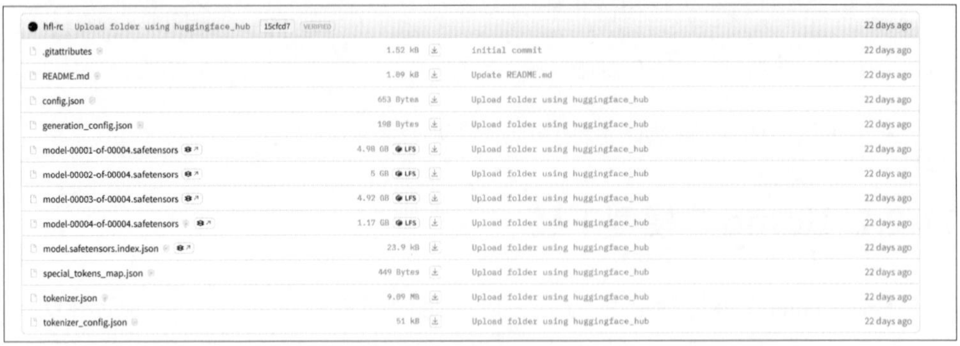

▲ 圖 11-2

將其下載到本地資料夾中，並儲存，如圖 11-3 所示。

▲ 圖 11-3

3．直接從 GitHub 上下載

某些模型可能會被託管在 GitHub 上，其提供了更直接的存取方式。以下是透過 GitHub 下載 Llama 3 模型的步驟。

存取專案頁面：存取模型所在的 GitHub 專案頁面，如 Llama 3 GitHub 頁面，如圖 11-4 所示。

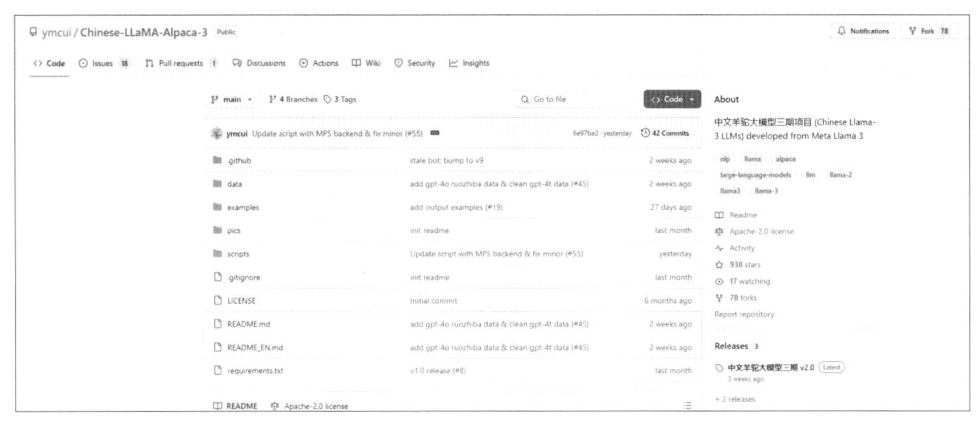

▲ 圖 11-4

複製倉庫：使用「git」命令複製倉庫。

```
git clone https://***hub.com/ymcui/Chinese-LLaMA-Alpaca-3.git
```

下載和配置模型檔案：根據專案的 README 檔案中的指導，下載和配置模型檔案。

4．使用其他工具和平臺

除了上述方法，還可以使用其他工具和平臺來下載 Llama 3 模型，如 ModelScope 和 Azure Machine Learning。

ModelScope 是一個開放原始碼的模型管理平臺，提供了模型下載和管理功能。

如果讀者使用了 Azure 雲端服務，則可以透過 Azure Machine Learning 來管理和下載 Llama 3 模型。

11.2.3 使用 Llama-factory 進行 LoRA 微調

1．Llama-factory 簡介

Llama-factory 是一個專為機器學習和深度學習社區設計的高效工具函式庫，旨在簡化 LLM 的微調過程，特別適用於低秩適應（LoRA）這樣的高級技術。它整合了許多實用功能，使開發者能夠輕鬆地對大規模預訓練模型進行微調，從而在資源受限的環境中實現高效訓練。

Llama-factory 的主要特點如下。

（1）高效的 LoRA 微調：Llama-factory 主要專注於實現低秩適應（LoRA）微調。它透過引入低秩矩陣的方式，大幅減少需要微調的參數量，從而在運算資源有限的情況下也能進行高效的模型微調。

（2）簡潔的 API 設計：Llama-factory 提供了簡潔直觀的 API，使使用者能夠快速上手。使用者只需撰寫幾行程式即可實現對預訓練模型的 LoRA 微調。

（3）相容性強：該工具函式庫與多種流行的深度學習框架（如 PyTorch 和 TensorFlow）相容，同時能極佳地與 transformers 等函式庫整合。

（4）配置選項：使用者可以透過配置選項來自訂 LoRA 微調的各個方面，如低秩矩陣的秩（rank）、縮放因數（alpha）和 dropout 率等，以適應不同的應用需求。

（5）社區支持：Llama-factory 擁有活躍的社區支援，提供了豐富的檔案、教學和範例，可以幫助使用者更快地掌握並應用該工具函式庫。存取 GitHub，搜索 Llama-factory，即可查閱相關檔案、教學等資源。

2．Llama-factory 安裝

先使用「git」命令進行安裝，如圖 11-5 所示。

```
git clone --depth 1 https://***hub.com/hiyouga/LLaMA-Factory.git
```

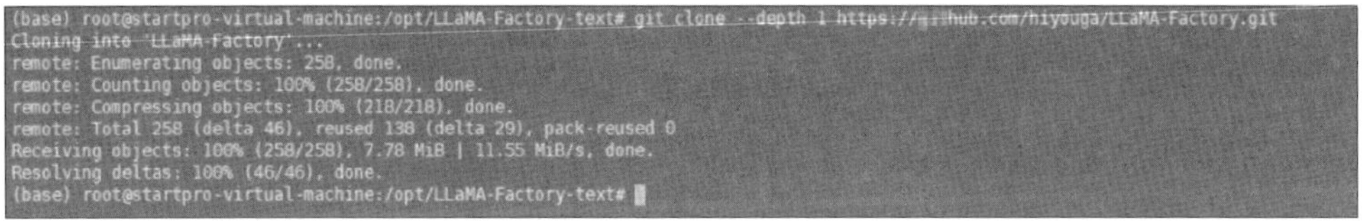

11.2 微調 Llama 3 模型

```
(base) root@startpro-virtual-machine:/opt/LLaMA-Factory-text# git clone --depth 1 https://github.com/hiyouga/LLaMA-Factory.git
Cloning into 'LLaMA-Factory'...
remote: Enumerating objects: 258, done.
remote: Counting objects: 100% (258/258), done.
remote: Compressing objects: 100% (218/218), done.
remote: Total 258 (delta 46), reused 138 (delta 29), pack-reused 0
Receiving objects: 100% (258/258), 7.78 MiB | 11.55 MiB/s, done.
Resolving deltas: 100% (46/46), done.
(base) root@startpro-virtual-machine:/opt/LLaMA-Factory-text#
```

▲ 圖 11-5

然後建構虛擬環境，如圖 11-6 所示。

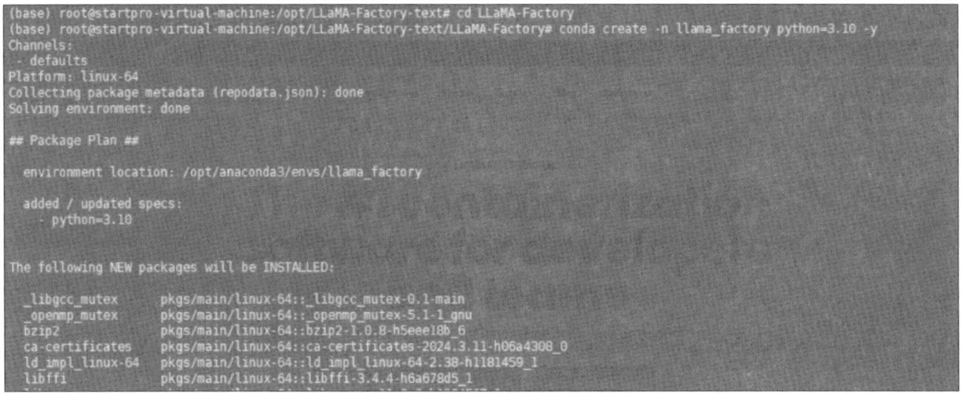

```
(base) root@startpro-virtual-machine:/opt/LLaMA-Factory-text# cd LLaMA-Factory
(base) root@startpro-virtual-machine:/opt/LLaMA-Factory-text/LLaMA-Factory# conda create -n llama_factory python=3.10 -y
Channels:
 - defaults
Platform: linux-64
Collecting package metadata (repodata.json): done
Solving environment: done

## Package Plan ##

  environment location: /opt/anaconda3/envs/llama_factory

  added / updated specs:
    - python=3.10

The following NEW packages will be INSTALLED:

  _libgcc_mutex      pkgs/main/linux-64::_libgcc_mutex-0.1-main
  _openmp_mutex      pkgs/main/linux-64::_openmp_mutex-5.1-1_gnu
  bzip2              pkgs/main/linux-64::bzip2-1.0.8-h5eee18b_6
  ca-certificates    pkgs/main/linux-64::ca-certificates-2024.3.11-h06a4308_0
  ld_impl_linux-64   pkgs/main/linux-64::ld_impl_linux-64-2.38-h1181459_1
  libffi             pkgs/main/linux-64::libffi-3.4.4-h6a678d5_1
```

▲ 圖 11-6

```
cd LLaMA-Factory
conda create -n llama_factory python=3.10 -y
```

安裝完成後啟動環境，如圖 11-7 所示。

```
conda activate llama_factory
```

```
(base) root@startpro-virtual-machine:/opt/LLaMA-Factory-text/LLaMA-Factory# conda activate llama_factory
(llama_factory) root@startpro-virtual-machine:/opt/LLaMA-Factory-text/LLaMA-Factory#
```

▲ 圖 11-7

安裝專案各種相依，程式如下：

```
pip install -e .[metrics,modelscope,qwen]
pip3 install torch torchvision torchaudio --index-url https://download.
***orch.org/whl/cu121
```

第 11 章 Llama 3 模型的微調、量化、部署和應用

```
pip install https://***hub.com/jllllll/bitsandbytes-windows-webui/releases/
download/wheels/bitsandbytes-0.39.0-py3-none-linux_x86_64.whl
pip install tensorboard
```

按照上述步驟逐步安裝和下載後，Llama-factory 被安裝在本地，如圖 11-8 所示。

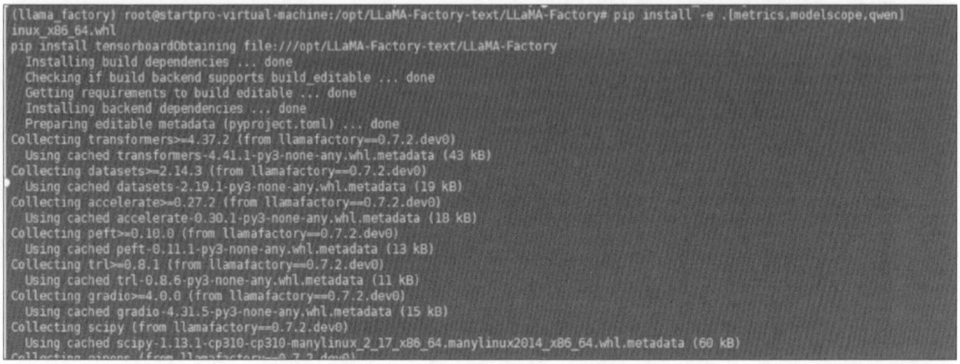

▲ 圖 11-8

Windows 使用者指南：

如果要在 Windows 平臺上開啟量化，則需要安裝預編譯的 bitsandbytes 函式庫，其支援 CUDA 11.1 到 12.2 版本，讀者可根據 CUDA 版本情況選擇合適的 bitsandbytes 發佈版本，如圖 11-9 所示。

```
pip install https://***hub.com/jllllll/bitsandbytes-windows-webui/releases/
download/wheels/bitsandbytes-0.41.2.post2-py3-none-win_amd64.whl
```

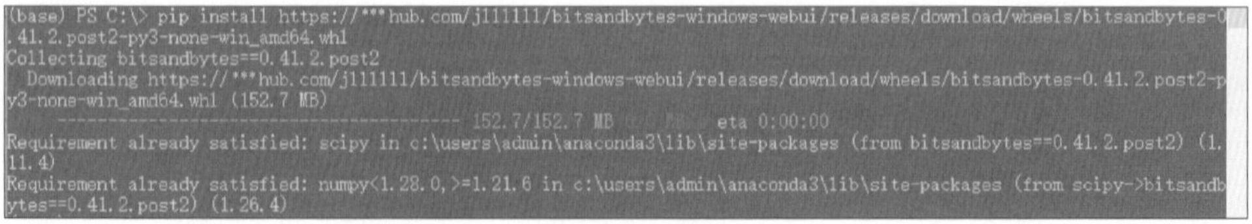

▲ 圖 11-9

3 · Llama Board 視覺化微調

Llama-factory 可使用 Docker 或者本地環境進行微調。

11.2 微調 Llama 3 模型

使用 Docker：

```
docker build -f ./Dockerfile -t llama-factory:latest .
docker run --gpus=all \
    -v ./hf_cache:/root/.cache/huggingface/ \
    -v ./data:/app/data \
    -v ./output:/app/output \
    -e CUDA_VISIBLE_DEVICES=0 \
    -p 7860:7860 \
    --shm-size 16G \
    --name llama_factory \
    -d llama-factory:latest
```

使用本地環境：

```
CUDA_VISIBLE_DEVICES=0 GRADIO_SHARE=1 llamafactory-cli webui
```

本案例使用本地環境進行微調，如圖 11-10 所示。

▲ 圖 11-10

輸入「llamafactory-cli webui」命令後，服務啟動，彈出瀏覽器（見圖 11-11）頁面，頁面連結為 http://10.1.1.100:7860/。

▲ 圖 11-11

11-13

4．資料集配置

1）資料集檔案的格式

在使用 Llama-factory 或其他機器學習框架進行模型微調時，資料集檔案的格式是非常重要的。常見的資料集檔案格式包括 CSV（Comma-Separated Values）、JSON（JavaScript Object Notation）、TSV（Tab-Separated Values），以及 Hugging Face 的 Dataset 等。下面詳細介紹這些格式及其特點。

（1）CSV：以逗點分隔的純文字檔案。每一行代表一個資料樣本，每一列代表一個特徵。簡單易讀，適用於結構化資料。

（2）JSON：以鍵 / 值對儲存資料，支援嵌套結構，可讀性好，適用於結構複雜的資料，被廣泛應用於 API 和設定檔中。

（3）TSV：以定位字元分隔的純文字檔案。類似於 CSV，但其使用定位字元分隔，避免了資料中包含逗點的問題。

（4）Dataset 格式：專為機器學習設計，支援多種資料操作，直接與 Hugging Face 的 datasets 函式庫相容。其支援從多種資料來源（CSV、JSON、TSV 等）載入資料，並提供了高效的資料處理和轉換工具。

2）資料集下載

準備工作中已下載一份 Hugging Face 的公開資料集，下載 JSON 檔案後，修改檔案名稱為自己想要的，如 alpaca_zh_demo.json。

3）資料集修改及配置

開啟下載好的資料集，其資料格式比較簡單，使用者可根據具體需求對內容進行適當調整，如圖 11-12 所示。

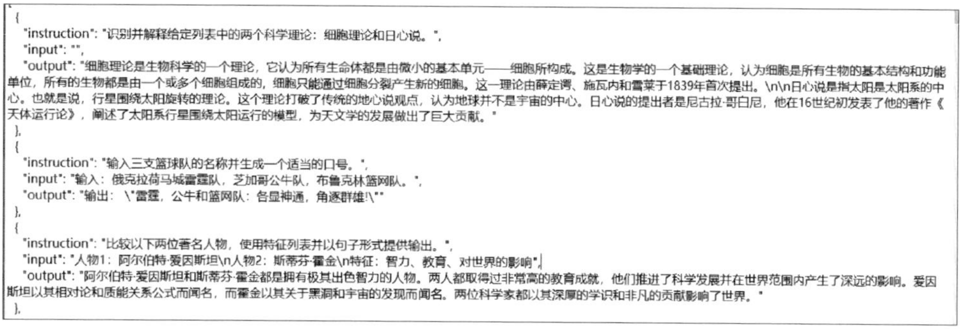

11.2 微調 Llama 3 模型

```
{
  "instruction": "识别并解释给定列表中的两个科学理论：细胞理论和日心说。",
  "input": "",
  "output": "细胞理论是生物科学的一个理论，它认为所有生命体都是由微小的基本单元——细胞所构成。这是生物学的一个基础理论，认为细胞是所有生物的基本结构和功能单位，所有的生物都是由一个或多个细胞组成的。细胞只能通过细胞分裂产生新的细胞。这一理论由薛定谔、施瓦内和雷莱于1839年首次提出。\n\n日心说是指太阳是太阳系的中心，也就是说，行星围绕太阳旋转的理论。这个理论打破了传统的地心说观点，认为地球并不是宇宙的中心。日心说的提出者是尼古拉·哥白尼，他在16世纪初发表了他的著作《天体运行论》，阐述了太阳系行星围绕太阳运行的模型，为天文学的发展做出了巨大贡献。"
},
{
  "instruction": "输入三支篮球队的名称并生成一个适当的口号。",
  "input": "输入：俄克拉荷马城雷霆队，芝加哥公牛队，布鲁克林篮网队。",
  "output": "输出：\"雷霆、公牛和篮网队：各显神通，角逐群雄！\""
},
{
  "instruction": "比较以下两位著名人物，使用特征列表并以句子形式提供输出。",
  "input": "人物1：阿尔伯特·爱因斯坦\n人物2：斯蒂芬·霍金\n特征：智力、教育、对世界的影响",
  "output": "阿尔伯特·爱因斯坦和斯蒂芬·霍金都是拥有极其出色智力的人物。两人都取得过非常高的教育成就，他们推进了科学发展并在世界范围内产生了深远的影响。爱因斯坦以其相对论和质能关系公式而闻名，而霍金以其关于黑洞和宇宙的发现而闻名。两位科学家都以其深厚的学识和非凡的贡献影响了世界。"
},
```

▲ 圖 11-12

資料集修改完成後，將其儲存為 JSON 格式，為了讓 Llama-factory 能夠載入該資料集，需要在資料集設定檔 data\dataset_info.json 中增加該資料集選項，如圖 11-13 所示。

```
"alpaca_zh_demo": {
    "file_name": "alpaca_zh_demo.json"
},
```

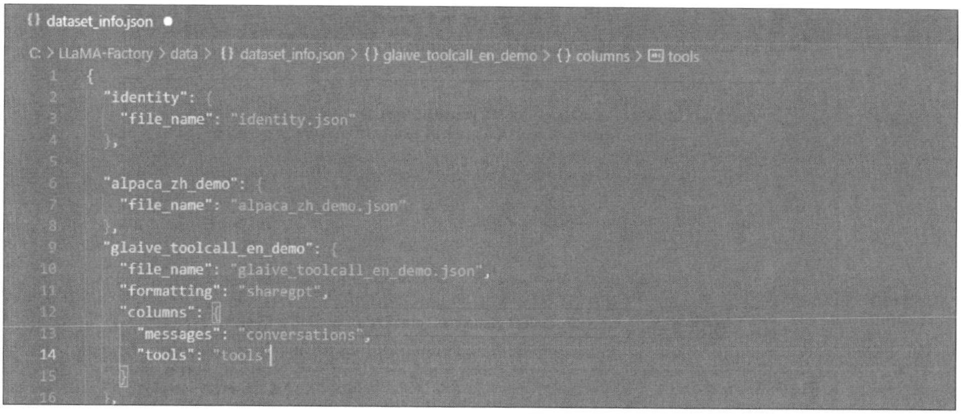

```
{} dataset_info.json
C: > LLaMA-Factory > data > {} dataset_info.json > {} glaive_toolcall_en_demo > {} columns > tools
  1    {
  2        "identity": {
  3            "file_name": "identity.json"
  4        },
  5
  6        "alpaca_zh_demo": {
  7            "file_name": "alpaca_zh_demo.json"
  8        },
  9        "glaive_toolcall_en_demo": {
 10            "file_name": "glaive_toolcall_en_demo.json",
 11            "formatting": "sharegpt",
 12            "columns": {
 13                "messages": "conversations",
 14                "tools": "tools"
 15            }
 16        }
```

▲ 圖 11-13

增加完選項後儲存檔案，即可在微調參數中進行選擇。

第 11 章　Llama 3 模型的微調、量化、部署和應用

4）配置微調參數

Llama3-8B 原版模型在未進行微調之前，對中文的支持非常不友善，可以說基本不支持中文，如圖 11-14 所示。

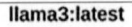

▲ 圖 11-14

本次微調的目標是透過微調使新的 Llama 3 模型具備一定的中文理解和推理能力。

語言：選擇 zh。

模型名稱：選擇 Llama3-8B。

模型路徑：選擇 /opt/Llama3-8B（按照自己模型的路徑位置進行配置）。

微調方法：選擇 lora。

轉接器路徑：無須選擇，微調後會自動生成相應的調配內容。

訓練階段：選擇 Supervised Fine-Tuning。

資料路徑：選擇 data（根據自己的資料集設定檔進行選擇）。

11.2 微調 Llama 3 模型

資料集：選擇 alpace_zh_demo（根據自己所需資料集進行選擇）。

學習率：設定為 2e-4。

訓練輪數：設定為 10。

最大樣本數：設定為 1000。

其他參數暫不設置，使用預設設置即可，學習率、訓練輪數、最大樣本數、批次處理大小等參數對模型訓練結果有重要影響，此處只介紹模型微調流程，詳細的模型微調內容請參考《機器學習方法》《參數高效微調方法整體說明》等書籍和文章。

5．執行微調過程

參數配置完成後，按一下頁面下方的「開始」按鈕，啟動微調，如圖 11-15 所示。

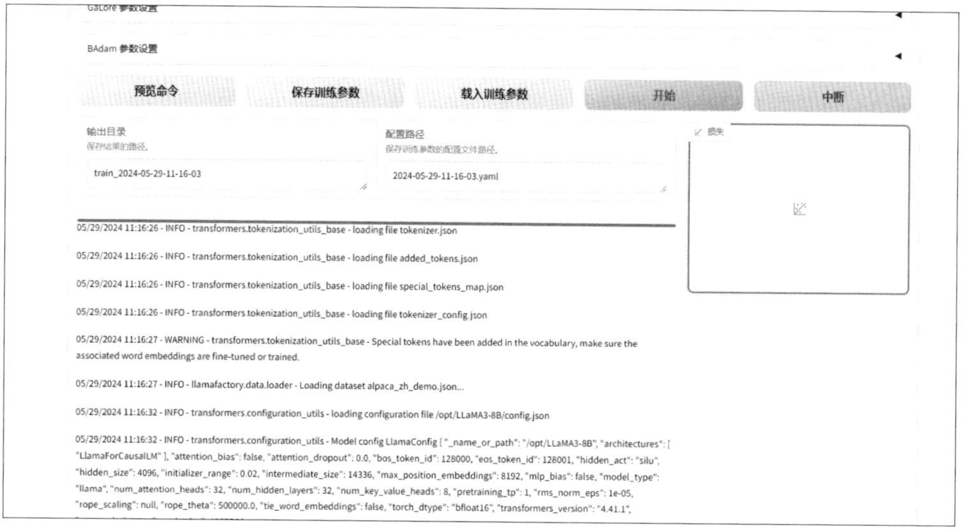

▲ 圖 11-15

第 11 章　Llama 3 模型的微調、量化、部署和應用

背景同步啟動，如圖 11-16 所示。

▲ 圖 11-16

載入基礎模型，GPU 顯示記憶體佔用巨大，如圖 11-17 所示。

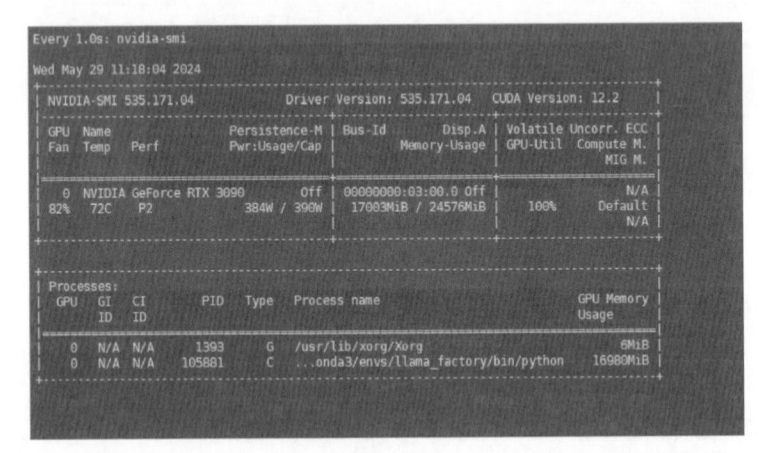

▲ 圖 11-17

11.2 微調 Llama 3 模型

載入底模後，開始執行模型微調過程，如圖 11-18 所示。

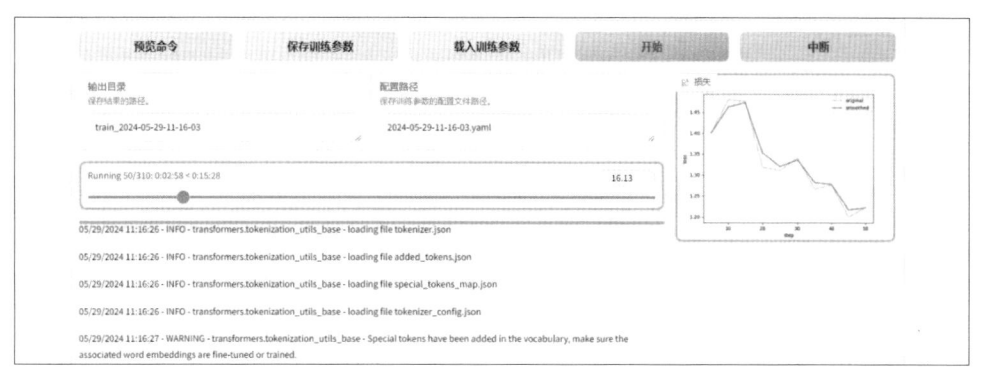

▲ 圖 11-18

隨著訓練步驟的開展，TensorFlow 生成了損失折線圖，如圖 11-19 所示。

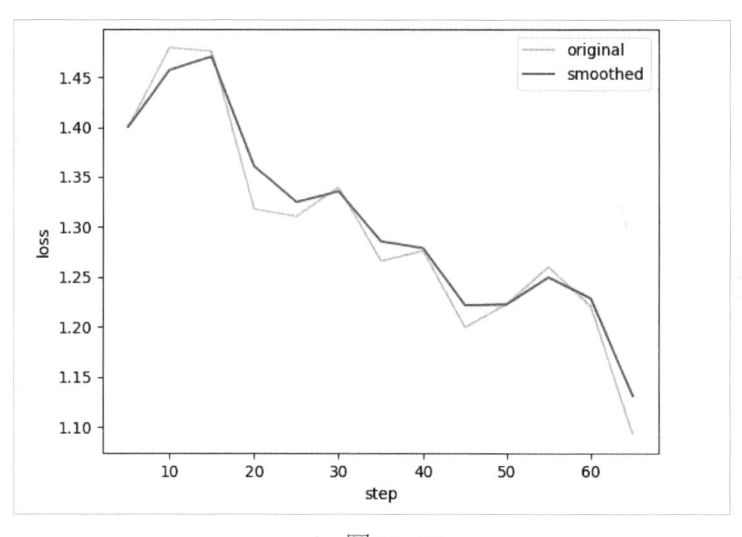

▲ 圖 11-19

第 11 章　Llama 3 模型的微調、量化、部署和應用

微調過程持續執行，如圖 11-20 所示。

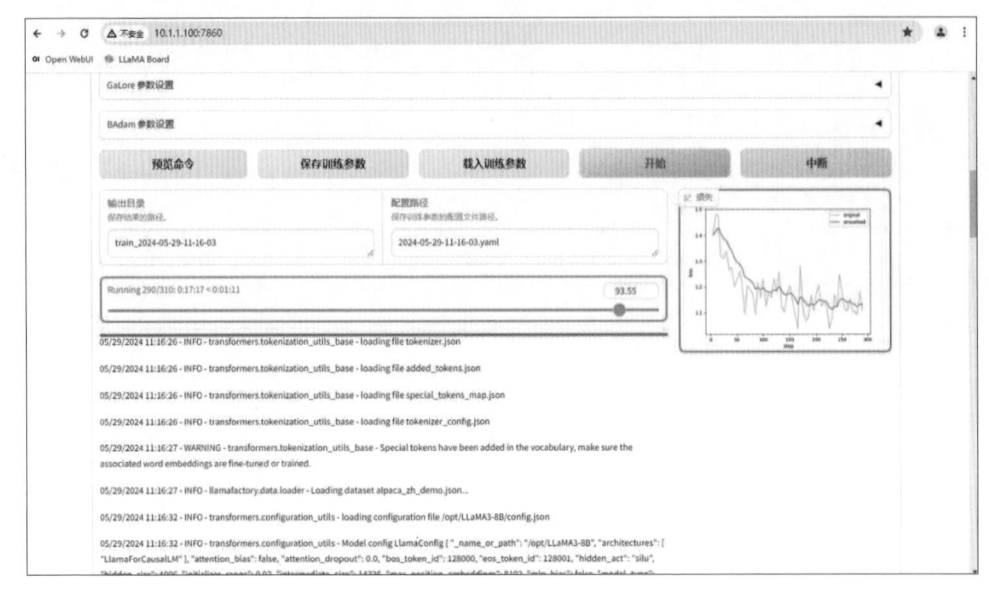

▲ 圖 11-20

訓練完成後的頁面如圖 11-21 所示。

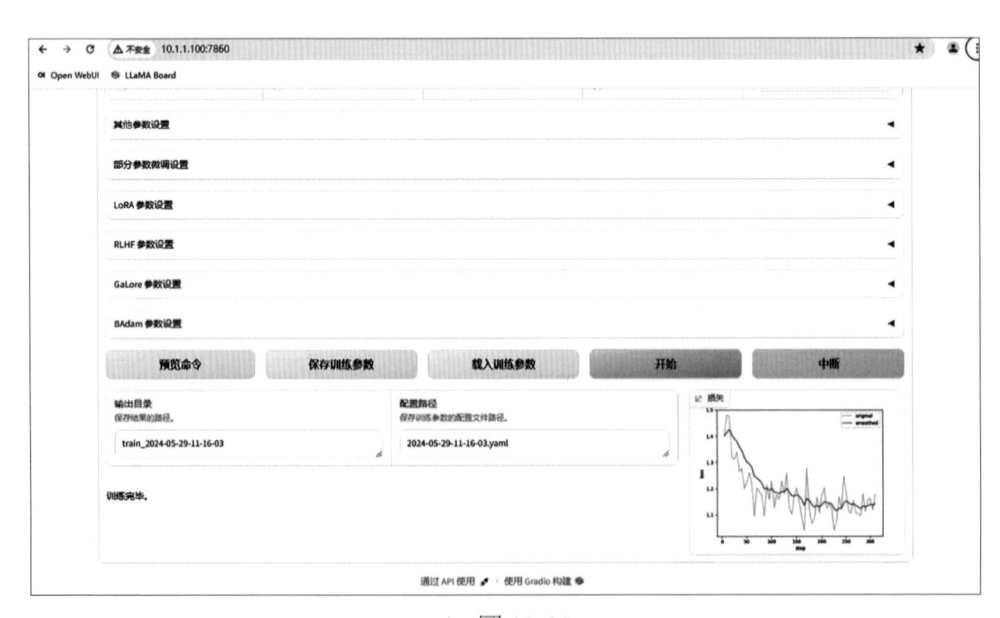

▲ 圖 11-21

11.2 微調 Llama 3 模型

　　載入訓練後的微調模型，可正常進行對話，並且該模型對於中文具備一定的理解能力，能夠正常推理生成基本符合期望的答案，如圖 11-22 和圖 11-23 所示。

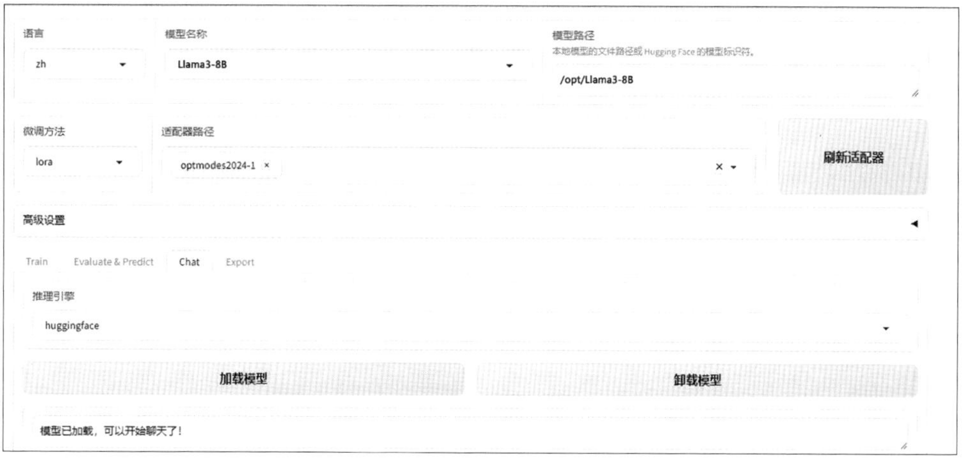

▲ 圖 11-22

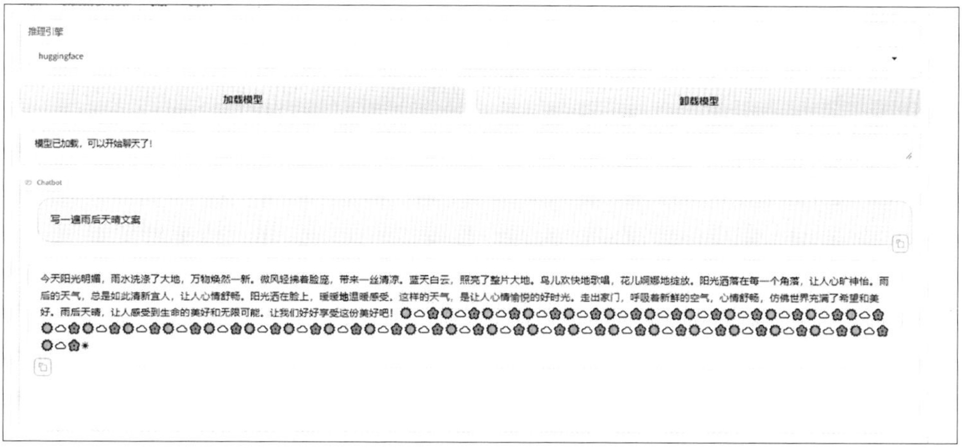

▲ 圖 11-23

匯出模型，如圖 11-24 所示。

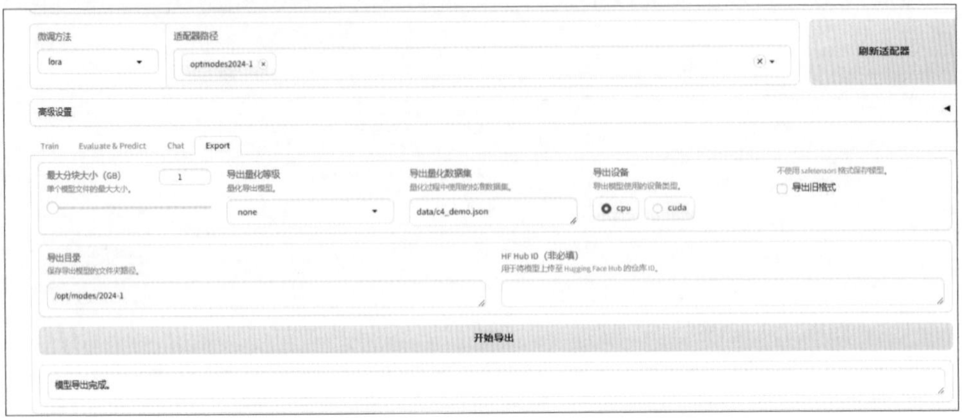

▲ 圖 11-24

6．損失折線圖在模型訓練中的意義和參考點

損失折線圖是模型訓練過程中一款非常重要的視覺化工具。它展示了訓練和驗證階段的損失值隨時間（通常是隨訓練輪數或步驟）的變化情況。理解和分析損失折線圖可以幫助我們評估模型的性能和訓練效果，及時發現並糾正訓練過程中存在的問題。以下是損失折線圖在模型訓練中的主要意義和參考點。

（1）監控模型的收斂情況。

收斂：如果損失值隨著訓練的進行不斷降低，並且趨近於某個穩定值，則表明模型正在學習，並逐漸逼近最佳解。在這種情況下，損失折線圖會顯示出一條下降並逐漸平穩的曲線。

未收斂：如果損失值在訓練過程中沒有明顯下降，或者波動很大，則表明模型可能沒有學習到有效的特徵，此時需要調整超參數或最佳化方法。

（2）辨識過擬合和欠擬合。

過擬合：如果訓練損失值持續降低，但驗證損失值在降低到一定程度後開始上升，則說明模型在訓練集上表現很好，但在驗證集上表現不佳。這種情況通常表現為訓練損失曲線持續下降，而驗證損失曲線先下降後上升。

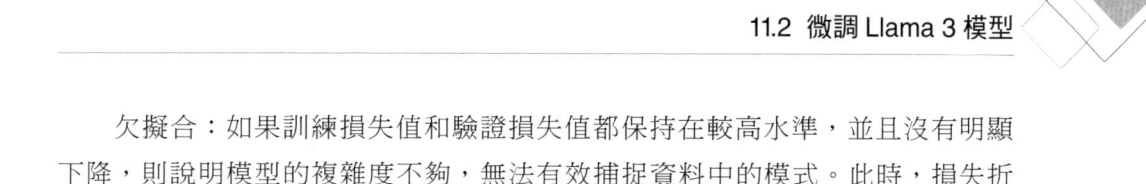

欠擬合：如果訓練損失值和驗證損失值都保持在較高水準，並且沒有明顯下降，則說明模型的複雜度不夠，無法有效捕捉資料中的模式。此時，損失折線圖會顯示出兩條曲線都保持在高位且幾乎沒有變化的情況。

（3）調整學習率和其他超參數。

學習率：如果訓練損失曲線下降很慢或者出現波動，則可能需要調整學習率。學習率過高會導致訓練不穩定，曲線波動較大；學習率過低則會導致收斂速度放慢，曲線下降緩慢。

批次處理大小：設置適當的批次處理大小可以加快訓練速度並提升模型性能。批次處理大小設置得過大或過小，都會影響訓練損失曲線的變化情況。

（4）提供訓練進度的即時回饋。

損失折線圖能夠即時反映模型的訓練進度，幫助使用者在訓練過程中及時做出調整。例如，如果看到訓練損失曲線在某個階段突然增加，則可以檢查資料集是否發生變化，或模型參數是否出現問題。

範例分析：

假設有如下損失折線圖。

曲線 A：不斷下降，趨於平穩，表明模型在訓練集上表現良好。

曲線 B：先下降後上升，表明模型開始過擬合，需要採取相應措施（如正則化或早停）。

曲線 C：一直保持在高位，表明模型欠擬合，需要增加模型複雜度或調整超參數。

11.3 模型量化

11.3.1 量化的概念與優勢

模型量化是指將模型的權重和啟動值轉換為低精度（如 Int8）格式的過程。量化的主要優勢包括模型壓縮與加速，以及部署成本的降低。

1．模型壓縮與加速

量化透過減少模型參數的位元數，可以顯著壓縮模型的大小，使模型佔用的儲存空間大幅度減小。同時，低精度模型的計算速度在現代硬體上通常比高精度模型的計算速度更快，因此量化也能加速模型的推理過程。

2．部署成本降低

透過模型量化，模型在推理時所需的記憶體和運算資源大幅減少，這不僅提高了模型的運行效率，還降低了部署成本，特別是在資源受限的裝置（如行動裝置和嵌入式系統）上，量化後的模型能夠更高效率地運行。

11.3.2 量化工具 Llama.cpp 介紹

Llama.cpp 是一個用於高效推理和部署 LLM（如 Llama 模型）的專案。該專案透過使用多種量化方法顯著降低了模型的計算複雜度和儲存需求，從而實現高效推理。以下是 Llama.cpp 使用的主要量化方法。

1．8-bit 和 4-bit 定點量化

8-bit 和 4-bit 量化是 Llama.cpp 中常用的量化方法。這些方法透過將模型的權重和啟動值從 32 位元浮點數轉換為 8 位元或 4 位元整數，從而顯著降低模型的計算複雜度和儲存需求，具體技術如下。

權重量化：將模型的權重從 32 位元浮點數轉換為更低精度的 8 位元或 4 位元整數。這種方法大大降低了模型的儲存需求。

11.3 模型量化

啟動量化：類似地，將啟動值從 32 位元浮點數轉換為 8 位元或 4 位元整數，在推理過程中使用定點算數運算，從而提高計算效率。

2．混合精度量化

混合精度量化方法結合了高精度和低精度計算的優點，對不同層或不同類型的操作使用不同的精度，以達到最佳的性能和精度平衡。例如，對計算要求較高的層使用較高精度（如 8 位元），對計算要求較低的層使用較低精度（如 4 位元）。

3．動態範圍量化

動態範圍量化透過在推理時動態調整權重和啟動值的範圍來減少量化誤差。這種方法允許模型在不同的輸入資料範圍內自我調整調整，從而進一步降低量化帶來的精度損失。

4．梯度量化

在訓練過程中，梯度量化透過量化反向傳播過程中的梯度值來降低梯度儲存和計算的需求。這種方法在保證模型訓練精度的同時，提高了訓練效率和可擴充性。

5．矩陣量化

矩陣量化方法常用於對大規模矩陣乘法運算的最佳化，透過對矩陣進行分塊或低秩近似來實現量化，特別適用於 Transformer 等複雜模型，具體技術如下。

分塊量化：將大矩陣分割成小塊，對每個小塊進行獨立量化。

低秩近似量化：透過低秩矩陣分解來逼近原始矩陣，從而實現高效的量化表示。

11.3.3 Llama.cpp 部署

1．環境準備

安裝 git 及 cmake 工具，如圖 11-25 所示。

```
sudo apt install git
sudo apt install cmake
```

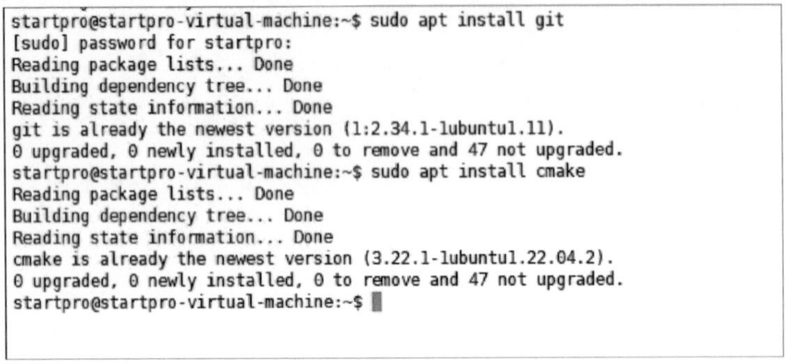

▲ 圖 11-25

2．複製 Llama.cpp 倉庫

先複製程式，如圖 11-26 所示。

```
git clone https://***hub.com/ggerganov/llama.cpp
```

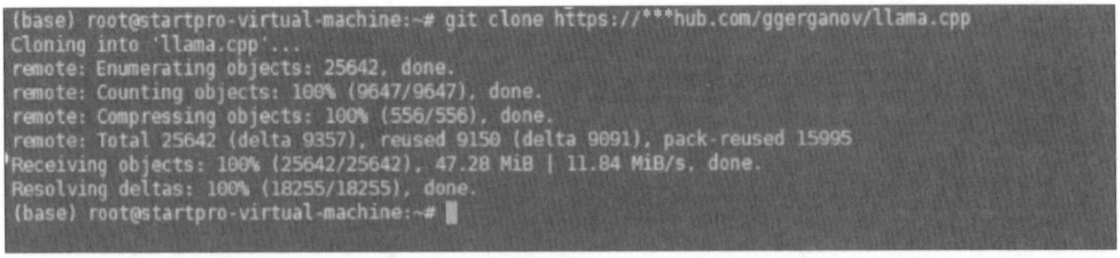

▲ 圖 11-26

然後建立一個新的 Python 虛擬環境，以便進行 Llama.cpp 專案的安裝和使用，如圖 11-27 所示。

```
cd llama.cpp
conda create -n llama_cpp python=3.10 -y
```

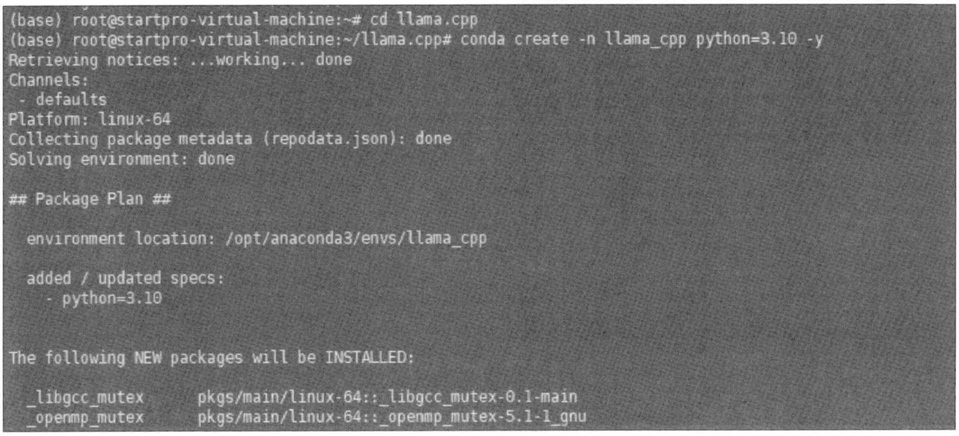

```
(base) root@startpro-virtual-machine:~# cd llama.cpp
(base) root@startpro-virtual-machine:~/llama.cpp# conda create -n llama_cpp python=3.10 -y
Retrieving notices: ...working... done
Channels:
 - defaults
Platform: linux-64
Collecting package metadata (repodata.json): done
Solving environment: done

## Package Plan ##

  environment location: /opt/anaconda3/envs/llama_cpp

  added / updated specs:
    - python=3.10


The following NEW packages will be INSTALLED:

  _libgcc_mutex      pkgs/main/linux-64::_libgcc_mutex-0.1-main
  _openmp_mutex      pkgs/main/linux-64::_openmp_mutex-5.1-1_gnu
```

▲ 圖 11-27

啟動環境，安裝相依函式庫檔案，如圖 11-28 所示。

```
conda activate llama_cpp
pip install -r requirements/requirements-convert-hf-to-gguf.txt
```

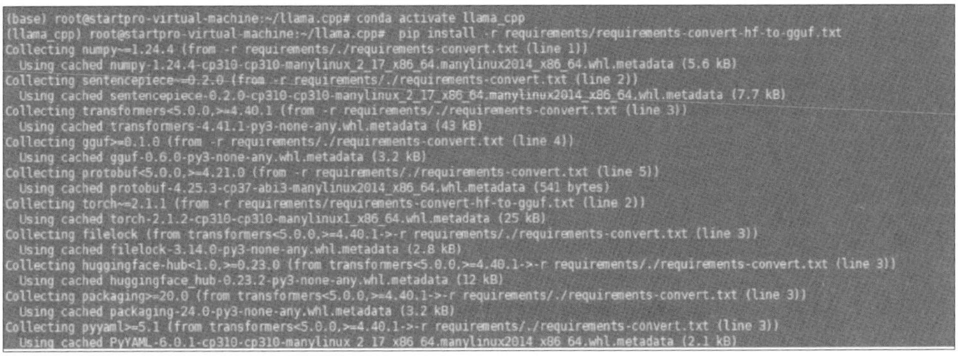

```
(base) root@startpro-virtual-machine:~/llama.cpp# conda activate llama_cpp
(llama_cpp) root@startpro-virtual-machine:~/llama.cpp#  pip install -r requirements/requirements-convert-hf-to-gguf.txt
Collecting numpy~=1.24.4 (from -r requirements/./requirements-convert.txt (line 1))
  Using cached numpy-1.24.4-cp310-cp310-manylinux_2_17_x86_64.manylinux2014_x86_64.whl.metadata (5.6 kB)
Collecting sentencepiece~=0.2.0 (from -r requirements/./requirements-convert.txt (line 2))
  Using cached sentencepiece-0.2.0-cp310-cp310-manylinux_2_17_x86_64.manylinux2014_x86_64.whl.metadata (7.7 kB)
Collecting transformers<5.0.0,>=4.40.1 (from -r requirements/./requirements-convert.txt (line 3))
  Using cached transformers-4.41.1-py3-none-any.whl.metadata (43 kB)
Collecting gguf>=0.1.0 (from -r requirements/./requirements-convert.txt (line 4))
  Using cached gguf-0.6.0-py3-none-any.whl.metadata (3.2 kB)
Collecting protobuf<5.0.0,>=4.21.0 (from -r requirements/./requirements-convert.txt (line 5))
  Using cached protobuf-4.25.3-cp37-abi3-manylinux2014_x86_64.whl.metadata (541 bytes)
Collecting torch~=2.1.1 (from -r requirements/requirements-convert-hf-to-gguf.txt (line 2))
  Using cached torch-2.1.2-cp310-cp310-manylinux1_x86_64.whl.metadata (25 kB)
Collecting filelock (from transformers<5.0.0,>=4.40.1->-r requirements/./requirements-convert.txt (line 3))
  Using cached filelock-3.14.0-py3-none-any.whl.metadata (2.8 kB)
Collecting huggingface-hub<1.0,>=0.23.0 (from transformers<5.0.0,>=4.40.1->-r requirements/./requirements-convert.txt (line 3))
  Using cached huggingface_hub-0.23.2-py3-none-any.whl.metadata (12 kB)
Collecting packaging>=20.0 (from transformers<5.0.0,>=4.40.1->-r requirements/./requirements-convert.txt (line 3))
  Using cached packaging-24.0-py3-none-any.whl.metadata (3.2 kB)
Collecting pyyaml>=5.1 (from transformers<5.0.0,>=4.40.1->-r requirements/./requirements-convert.txt (line 3))
  Using cached PyYAML-6.0.1-cp310-cp310-manylinux_2_17_x86_64.manylinux2014_x86_64.whl.metadata (2.1 kB)
```

▲ 圖 11-28

配置和生成建構檔案，如圖 11-29 所示。

```
cmake -B build
```

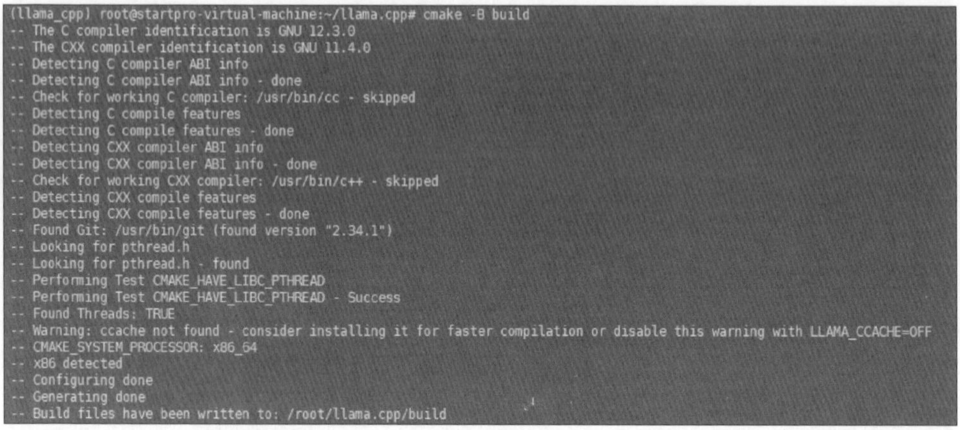

```
(llama_cpp) root@startpro-virtual-machine:~/llama.cpp# cmake -B build
-- The C compiler identification is GNU 12.3.0
-- The CXX compiler identification is GNU 11.4.0
-- Detecting C compiler ABI info
-- Detecting C compiler ABI info - done
-- Check for working C compiler: /usr/bin/cc - skipped
-- Detecting C compile features
-- Detecting C compile features - done
-- Detecting CXX compiler ABI info
-- Detecting CXX compiler ABI info - done
-- Check for working CXX compiler: /usr/bin/c++ - skipped
-- Detecting CXX compile features
-- Detecting CXX compile features - done
-- Found Git: /usr/bin/git (found version "2.34.1")
-- Looking for pthread.h
-- Looking for pthread.h - found
-- Performing Test CMAKE_HAVE_LIBC_PTHREAD
-- Performing Test CMAKE_HAVE_LIBC_PTHREAD - Success
-- Found Threads: TRUE
-- Warning: ccache not found - consider installing it for faster compilation or disable this warning with LLAMA_CCACHE=OFF
-- CMAKE_SYSTEM_PROCESSOR: x86_64
-- x86 detected
-- Configuring done
-- Generating done
-- Build files have been written to: /root/llama.cpp/build
```

▲ 圖 11-29

編譯專案，如圖 11-30 所示。

```
cmake --build build --config Release
```

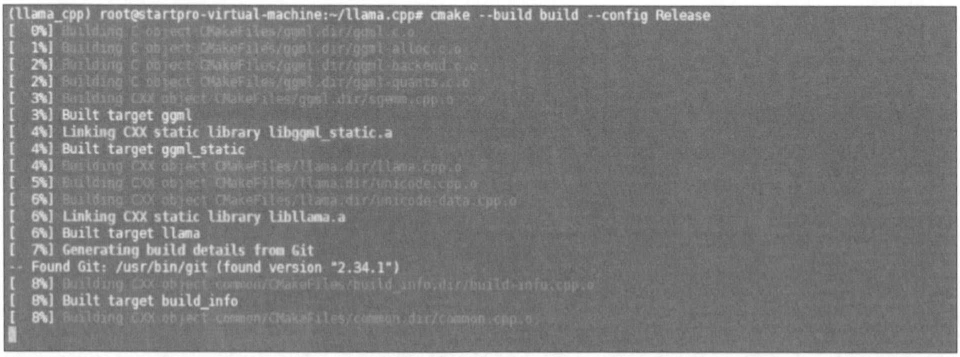

```
(llama_cpp) root@startpro-virtual-machine:~/llama.cpp# cmake --build build --config Release
[  0%] Building C object CMakeFiles/ggml.dir/ggml.c.o
[  1%] Building C object CMakeFiles/ggml.dir/ggml-alloc.c.o
[  2%] Building C object CMakeFiles/ggml.dir/ggml-backend.c.o
[  2%] Building C object CMakeFiles/ggml.dir/ggml-quants.c.o
[  3%] Building CXX object CMakeFiles/ggml.dir/sgemm.cpp.o
[  3%] Built target ggml
[  4%] Linking CXX static library libggml_static.a
[  4%] Built target ggml_static
[  4%] Building CXX object CMakeFiles/llama.dir/llama.cpp.o
[  5%] Building CXX object CMakeFiles/llama.dir/unicode.cpp.o
[  6%] Building CXX object CMakeFiles/llama.dir/unicode-data.cpp.o
[  6%] Linking CXX static library libllama.a
[  6%] Built target llama
[  7%] Generating build details from Git
-- Found Git: /usr/bin/git (found version "2.34.1")
[  8%] Building CXX object common/CMakeFiles/build_info.dir/build-info.cpp.o
[  8%] Built target build_info
[  8%] Building CXX object common/CMakeFiles/common.dir/common.cpp.o
```

▲ 圖 11-30

3 · 模型轉換

將指定路徑下的模型檔案轉換為 GGUF 格式，並指定輸出類型和輸出檔案路徑，如圖 11-31 和圖 11-32 所示。

```
python -V
python  convert-hf-to-gguf.py  /opt/modes/2024-1   --outtype f16   --outfile /opt/2024-2-2-llama3-zh.gguf
```

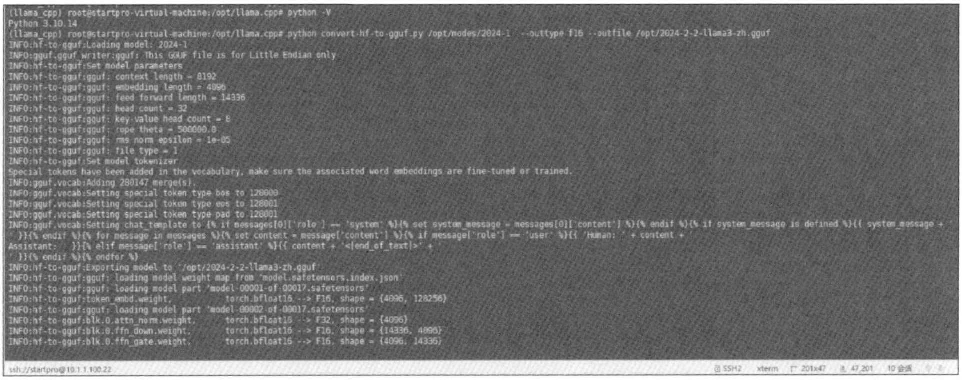

▲ 圖 11-31

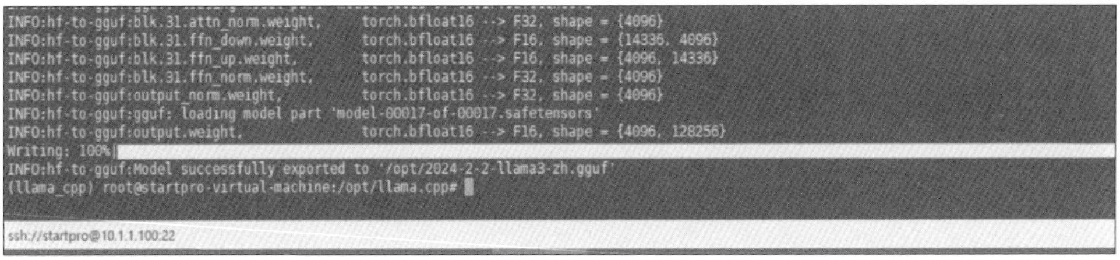

▲ 圖 11-32

4 · 模型量化（q4_0）

應用 q4_0 量化方法，將模型權重從更高精度（如 16 位元浮點數或 32 位元浮點數）轉換為更低精度的 4 位元整數，並將量化後的模型儲存到指定輸出路徑 /opt/modes/2024-2-2-llama3-zh.gguf，如圖 11-33 和圖 11-34 所示。

```
./quantize /opt/2024-2-2-llama3-zh.gguf /opt/modes/2024-2-2-llama3-zh.gguf
q4_0
```

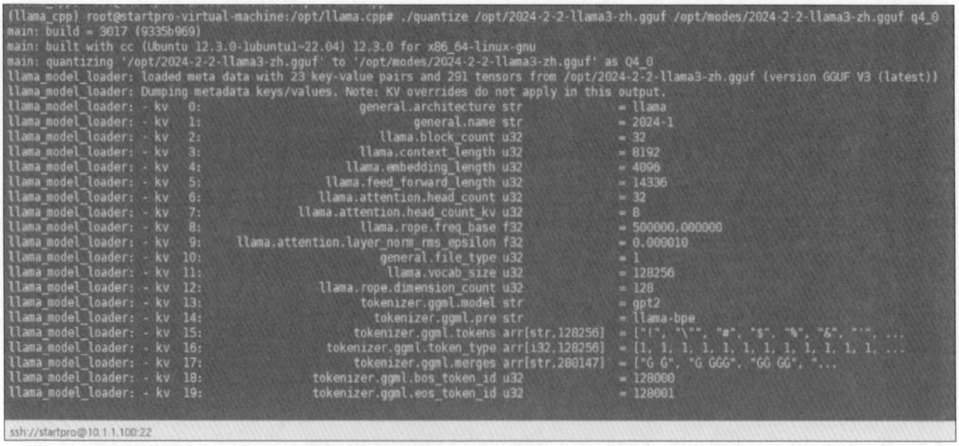

```
(llama_cpp) root@startpro-virtual-machine:/opt/llama.cpp# ./quantize /opt/2024-2-2-llama3-zh.gguf /opt/modes/2024-2-2-llama3-zh.gguf q4_0
main: build = 3017 (9335b969)
main: built with cc (Ubuntu 12.3.0-1ubuntu1~22.04) 12.3.0 for x86_64-linux-gnu
main: quantizing '/opt/2024-2-2-llama3-zh.gguf' to '/opt/modes/2024-2-2-llama3-zh.gguf' as Q4_0
llama_model_loader: loaded meta data with 23 key-value pairs and 291 tensors from /opt/2024-2-2-llama3-zh.gguf (version GGUF V3 (latest))
llama_model_loader: Dumping metadata keys/values. Note: KV overrides do not apply in this output.
llama_model_loader: - kv   0:                       general.architecture str              = llama
llama_model_loader: - kv   1:                               general.name str              = 2024-1
llama_model_loader: - kv   2:                          llama.block_count u32              = 32
llama_model_loader: - kv   3:                       llama.context_length u32              = 8192
llama_model_loader: - kv   4:                     llama.embedding_length u32              = 4096
llama_model_loader: - kv   5:                  llama.feed_forward_length u32              = 14336
llama_model_loader: - kv   6:                 llama.attention.head_count u32              = 32
llama_model_loader: - kv   7:              llama.attention.head_count_kv u32              = 8
llama_model_loader: - kv   8:                       llama.rope.freq_base f32              = 500000.000000
llama_model_loader: - kv   9:     llama.attention.layer_norm_rms_epsilon f32              = 0.000010
llama_model_loader: - kv  10:                          general.file_type u32              = 1
llama_model_loader: - kv  11:                           llama.vocab_size u32              = 128256
llama_model_loader: - kv  12:                 llama.rope.dimension_count u32              = 128
llama_model_loader: - kv  13:                       tokenizer.ggml.model str              = gpt2
llama_model_loader: - kv  14:                         tokenizer.ggml.pre str              = llama-bpe
llama_model_loader: - kv  15:                      tokenizer.ggml.tokens arr[str,128256]  = ["!", "\"", "#", "$", "%", "&", "'", ...
llama_model_loader: - kv  16:                  tokenizer.ggml.token_type arr[i32,128256]  = [1, 1, 1, 1, 1, 1, 1, 1, 1, 1, 1, 1, ...
llama_model_loader: - kv  17:                      tokenizer.ggml.merges arr[str,280147]  = ["G G", "G GGG", "GG GG", "...
llama_model_loader: - kv  18:                tokenizer.ggml.bos_token_id u32              = 128000
llama_model_loader: - kv  19:                tokenizer.ggml.eos_token_id u32              = 128001

ssh://startpro@10.1.1.100:22
```

▲ 圖 11-33

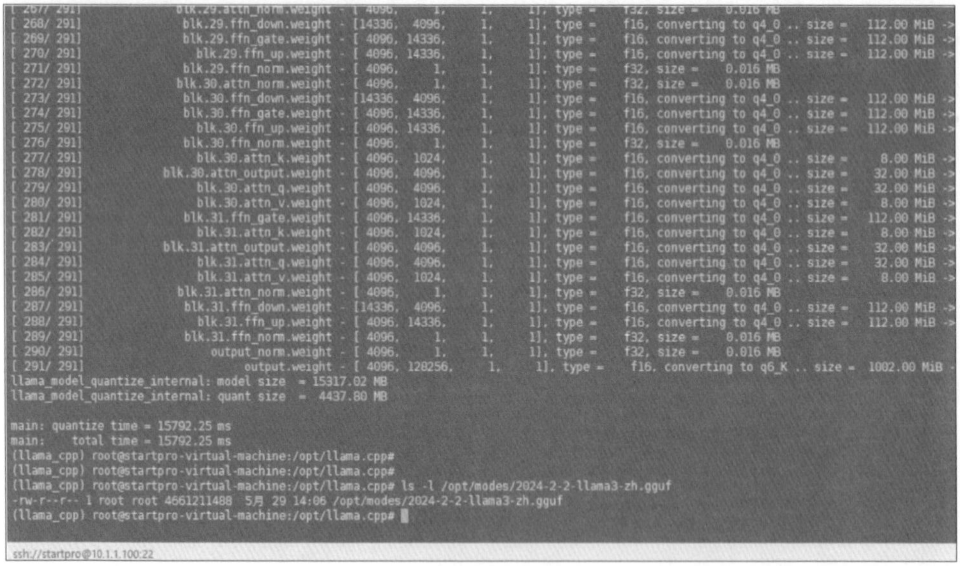

```
[ 267/ 291]                 blk.29.attn_norm.weight - [ 4096,     1,     1,     1], type =    f32, size =    0.016 MB
[ 268/ 291]                  blk.29.ffn_down.weight - [14336,  4096,     1,     1], type =    f16, converting to q4_0 .. size =   112.00 MiB ->
[ 269/ 291]                  blk.29.ffn_gate.weight - [ 4096, 14336,     1,     1], type =    f16, converting to q4_0 .. size =   112.00 MiB ->
[ 270/ 291]                    blk.29.ffn_up.weight - [ 4096, 14336,     1,     1], type =    f16, converting to q4_0 .. size =   112.00 MiB ->
[ 271/ 291]                  blk.29.ffn_norm.weight - [ 4096,     1,     1,     1], type =    f32, size =    0.016 MB
[ 272/ 291]                 blk.30.attn_norm.weight - [ 4096,     1,     1,     1], type =    f32, size =    0.016 MB
[ 273/ 291]                  blk.30.ffn_down.weight - [14336,  4096,     1,     1], type =    f16, converting to q4_0 .. size =   112.00 MiB ->
[ 274/ 291]                  blk.30.ffn_gate.weight - [ 4096, 14336,     1,     1], type =    f16, converting to q4_0 .. size =   112.00 MiB ->
[ 275/ 291]                    blk.30.ffn_up.weight - [ 4096, 14336,     1,     1], type =    f16, converting to q4_0 .. size =   112.00 MiB ->
[ 276/ 291]                  blk.30.ffn_norm.weight - [ 4096,     1,     1,     1], type =    f32, size =    0.016 MB
[ 277/ 291]                    blk.30.attn_k.weight - [ 4096,  1024,     1,     1], type =    f16, converting to q4_0 .. size =     8.00 MiB ->
[ 278/ 291]               blk.30.attn_output.weight - [ 4096,  4096,     1,     1], type =    f16, converting to q4_0 .. size =    32.00 MiB ->
[ 279/ 291]                    blk.30.attn_q.weight - [ 4096,  4096,     1,     1], type =    f16, converting to q4_0 .. size =    32.00 MiB ->
[ 280/ 291]                    blk.30.attn_v.weight - [ 4096,  1024,     1,     1], type =    f16, converting to q4_0 .. size =     8.00 MiB ->
[ 281/ 291]                  blk.31.ffn_gate.weight - [ 4096, 14336,     1,     1], type =    f16, converting to q4_0 .. size =   112.00 MiB ->
[ 282/ 291]                    blk.31.attn_k.weight - [ 4096,  1024,     1,     1], type =    f16, converting to q4_0 .. size =     8.00 MiB ->
[ 283/ 291]               blk.31.attn_output.weight - [ 4096,  4096,     1,     1], type =    f16, converting to q4_0 .. size =    32.00 MiB ->
[ 284/ 291]                    blk.31.attn_q.weight - [ 4096,  4096,     1,     1], type =    f16, converting to q4_0 .. size =    32.00 MiB ->
[ 285/ 291]                    blk.31.attn_v.weight - [ 4096,  1024,     1,     1], type =    f16, converting to q4_0 .. size =     8.00 MiB ->
[ 286/ 291]                 blk.31.attn_norm.weight - [ 4096,     1,     1,     1], type =    f32, size =    0.016 MB
[ 287/ 291]                  blk.31.ffn_down.weight - [14336,  4096,     1,     1], type =    f16, converting to q4_0 .. size =   112.00 MiB ->
[ 288/ 291]                    blk.31.ffn_up.weight - [ 4096, 14336,     1,     1], type =    f16, converting to q4_0 .. size =   112.00 MiB ->
[ 289/ 291]                  blk.31.ffn_norm.weight - [ 4096,     1,     1,     1], type =    f32, size =    0.016 MB
[ 290/ 291]                      output_norm.weight - [ 4096,     1,     1,     1], type =    f32, size =    0.016 MB
[ 291/ 291]                           output.weight - [ 4096, 128256,     1,     1], type =    f16, converting to q6_K .. size =  1002.00 MiB -
llama_model_quantize_internal: model size  = 15317.02 MB
llama_model_quantize_internal: quant size  =  4437.80 MB

main: quantize time = 15792.25 ms
main:    total time = 15792.25 ms
(llama_cpp) root@startpro-virtual-machine:/opt/llama.cpp#
(llama_cpp) root@startpro-virtual-machine:/opt/llama.cpp#
(llama_cpp) root@startpro-virtual-machine:/opt/llama.cpp# ls -l /opt/modes/2024-2-2-llama3-zh.gguf
-rw-r--r-- 1 root root 4661211488  5月 29 14:06 /opt/modes/2024-2-2-llama3-zh.gguf
(llama_cpp) root@startpro-virtual-machine:/opt/llama.cpp#

ssh://startpro@10.1.1.100:22
```

▲ 圖 11-34

11.4 模型部署

部署 Llama 3 模型是確保其在實際應用中能夠高效運行的關鍵步驟。透過執行正確的部署流程，可以將模型從開發環境遷移到生產環境中，從而處理真實使用者的請求。本節將詳細介紹模型部署的相關內容，包括部署環境選擇、部署流程詳解。

11.4.1 部署環境選擇

在選擇部署環境時，需要考慮應用需求、性能要求和成本等多個因素。常見的部署環境包括雲端部署與本地部署。

1．雲端部署與本地部署

雲端部署：適用於需要具有高可用性、彈性擴充和全球存取的應用。雲端部署可以利用雲端服務提供商（如 AWS、Google Cloud、Azure、華為雲、阿里雲）提供的基礎設施和服務，快速實現部署和擴充。

本地部署：適用於資料敏感、需要低延遲或無法連接網際網路的應用。透過在本機伺服器或私有資料中心進行部署，可以確保資料的安全和使用者隱私。

2．部署平臺與框架選擇

選擇合適的部署平臺和框架可以簡化部署過程並提高效率。常用的部署平臺和框架如下。

Docker：一種容器化技術，允許將應用及其相依打包在一個容器中，以確保在任何環境下都能一致運行。

Kubernetes：一個開放原始碼的容器編排系統，用於自動化部署、擴充和管理容器化應用。

TensorFlow Serving：一個靈活的高性能服務系統，專為機器學習模型提供部署和推理服務。

TorchServe：一款用於部署 PyTorch 模型的工具，提供了多種服務功能，如模型管理、日誌記錄和監控。

Ollama：一個針對高性能模型進行部署和推理最佳化的框架，支持 LLM 的高效部署。

第 11 章　Llama 3 模型的微調、量化、部署和應用

11.4.2 部署流程詳解

1．下載 Ollama

下載 Ollama 模型，如圖 11-35 所示。

```
curl -fsSL https://***ama.com/install.sh | sh
```

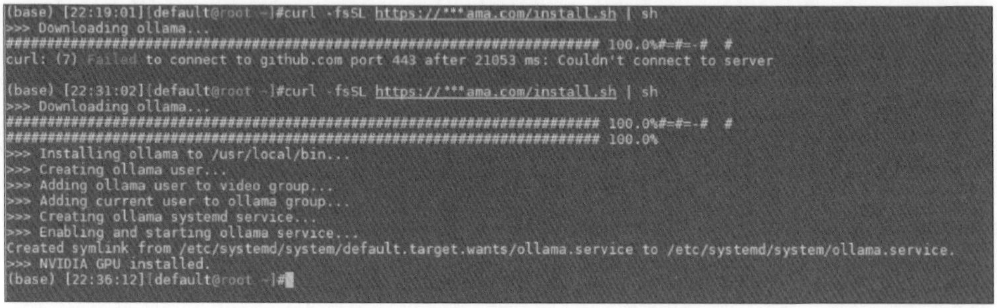

▲ 圖 11-35

2．建立 Modelfile 檔案

建立 Modelfile 檔案，如圖 11-36 所示。

```
cat > Modelfile
FROM /data/open-webui/models/2024-2-2-llama3-zh.gguf
EOF
```

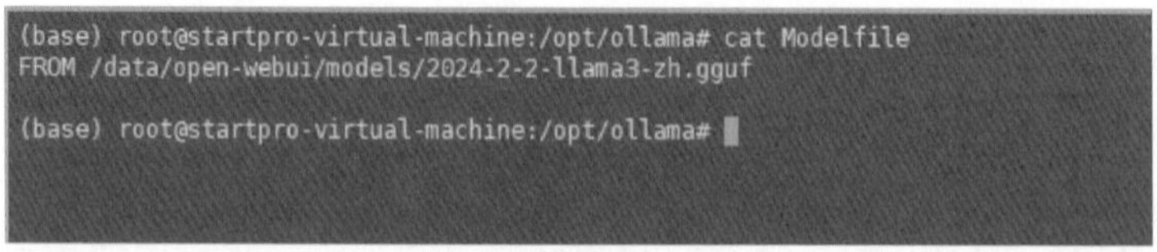

▲ 圖 11-36

3．建立模型

建立模型，如圖 11-37 所示。

```
ollama create llama3-Chinese:8B -f Modelfile
```

11-32

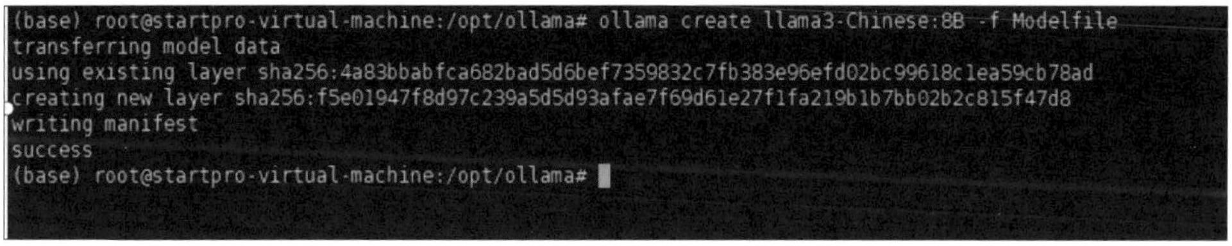
(base) root@startpro-virtual-machine:/opt/ollama# ollama create llama3-Chinese:8B -f Modelfile
transferring model data
using existing layer sha256:4a83bbabfca682bad5d6bef7359832c7fb383e96efd02bc99618c1ea59cb78ad
creating new layer sha256:f5e01947f8d97c239a5d5d93afae7f69d61e27f1fa219b1b7bb02b2c815f47d8
writing manifest
success
(base) root@startpro-virtual-machine:/opt/ollama#

▲ 圖 11-37

4．運行模型

運行模型，如圖 11-38 所示。

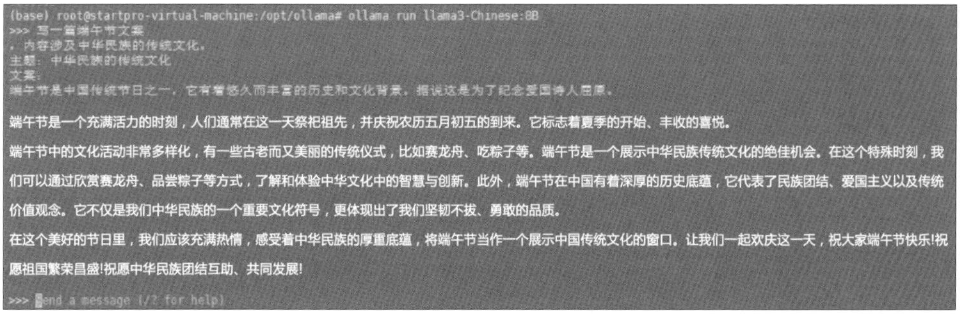
(base) root@startpro-virtual-machine:/opt/ollama# ollama run llama3-Chinese:8B
>>> 写一篇端午节文案
，内容涉及中华民族的传统文化。
主题：中华民族的传统文化
文案：
端午节是中国传统节日之一，它有着悠久而丰富的历史和文化背景。据说这是为了纪念爱国诗人屈原。
端午节是一个充满活力的时刻，人们通常在这一天祭祀祖先，并庆祝农历五月初五的到来。它标志着夏季的开始、丰收的喜悦。
端午节中的文化活动非常多样化，有一些古老而又美丽的传统仪式，比如赛龙舟、吃粽子等。端午节是一个展示中华民族传统文化的绝佳机会。在这个特殊时刻，我们可以通过欣赏赛龙舟、品尝粽子等方式，了解和体验中华文化中的智慧与创新。此外，端午节在中国有着深厚的历史底蕴，它代表了民族团结、爱国主义以及传统价值观念。它不仅是我们中华民族的一个重要文化符号，更体现出了我们坚韧不拔、勇敢的品质。
在这个美好的节日里，我们应该充满热情，感受着中华民族的厚重底蕴，将端午节当作一个展示中国传统文化的窗口。让我们一起欢庆这一天，祝大家端午节快乐!祝愿祖国繁荣昌盛!祝愿中华民族团结互助、共同发展!
>>> Send a message (/? for help)

▲ 圖 11-38

11.5 低程式應用範例

本節使用 Ollama+WebUI+AnythingLLM，建構安全可靠的個人 / 企業知識庫。

11.5.1 架設本地大語言模型

11.4 節已經在本地完成了 Llama 3 模型部署，本節直接使用已部署好的模型。

如果讀者使用 Windows 平臺進行部署，則可以前往 Ollama 官方網站下載 Windows 作業系統的安裝套件，如圖 11-39 所示。下載完成後，直接安裝即可。

第 11 章　Llama 3 模型的微調、量化、部署和應用

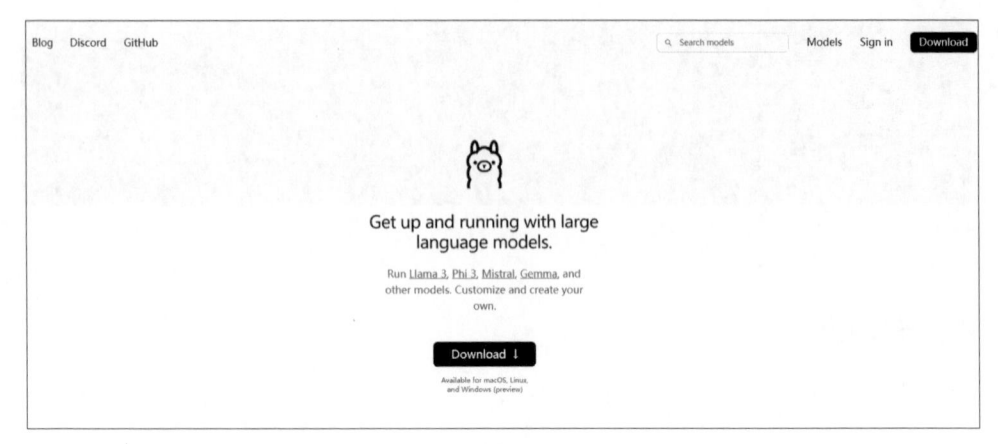

▲ 圖 11-39

拉取大語言模型。開啟終端，輸入如下程式，即可自動下載 Llama 3 模型，如圖 11-40 所示。

```
ollama run llama3
```

▲ 圖 11-40

下載完成後，可以直接在終端與大語言模型進行對話，這樣我們就擁有了一個屬於自己的聊天 AI。

11.5.2 架設使用者介面

1・安裝 Docker 和 WebUI

WebUI 提供了一個使用者友善的介面，可以便於使用者與大語言模型進行互動。Docker 是一個容器，為每個專案加載了必備的環境和必要條件。在 Docker 官方網站中，下載 Docker Desktop 的安裝套件，並進行安裝，如圖 11-41 所示。

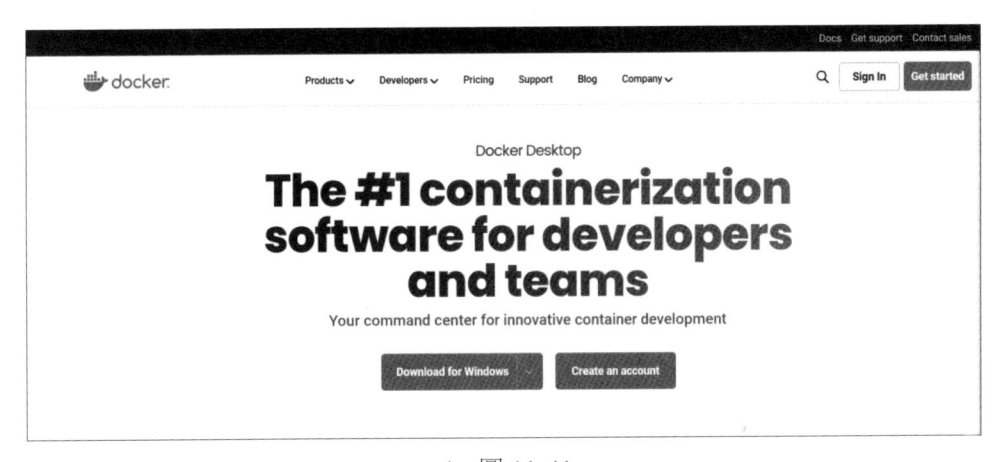

▲ 圖 11-41

安裝完成後，即可進入 Docker。如果首次使用 Docker，則 Containers 中沒有任何項目，如圖 11-42 所示。

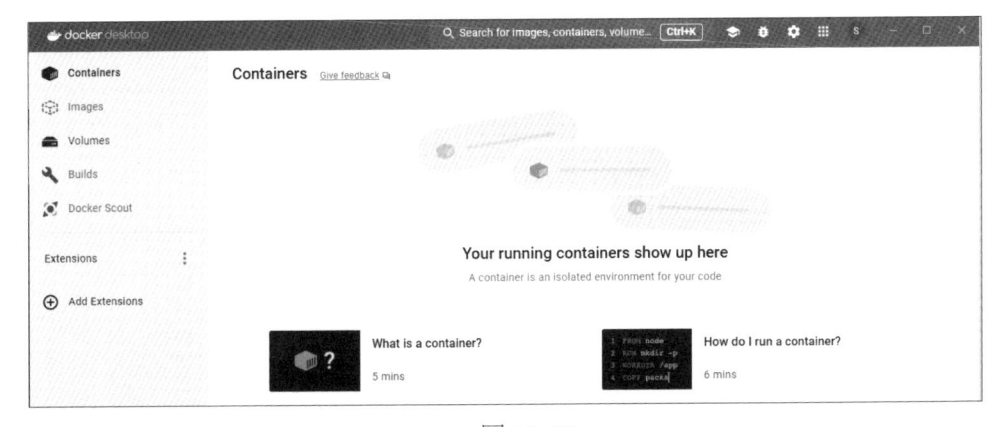

▲ 圖 11-42

第 11 章　Llama 3 模型的微調、量化、部署和應用

2・安裝 WebUI

在終端中運行以下程式，安裝 WebUI，如圖 11-43 所示。

```
docker run -d -p 3000:8080 --add-host=host.docker.internal:host-gateway -v open-webui:/app/backend/data --name open-webui --restart always ghcr.io/open-webui/open-webui:main
```

▲ 圖 11-43

安裝完成後，進入 Docker Desktop，即可看到安裝成功的 WebUI 項目，如圖 11-44 所示。

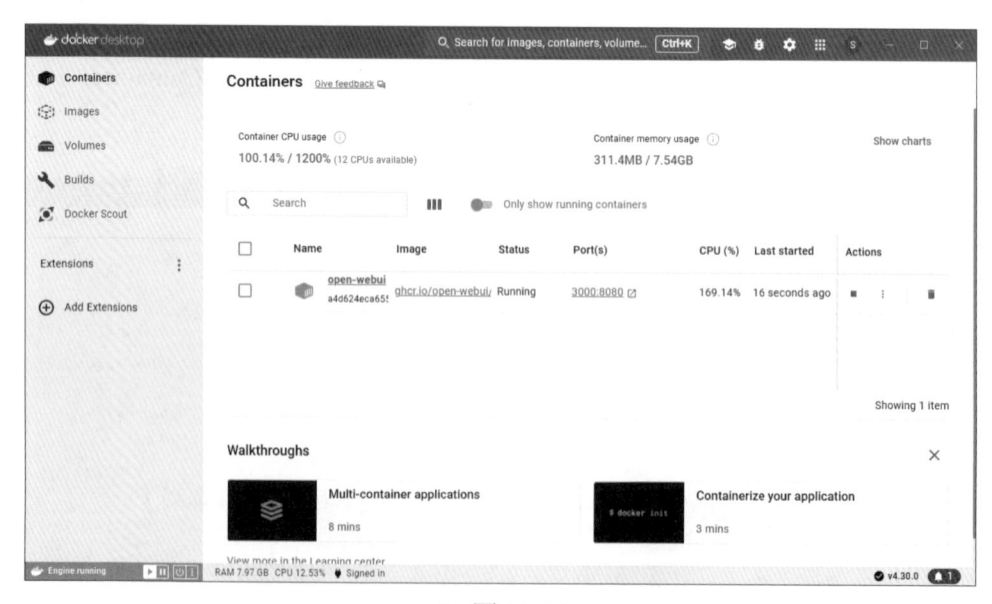

▲ 圖 11-44

11.5 低程式應用範例

此時，開啟任意瀏覽器，在網址列中輸入「http://127.0.0.1:3000」即可存取 WebUI，如圖 11-45 所示。

▲ 圖 11-45

輸入電子郵件、密碼進行註冊後即可登入，如圖 11-46 所示。

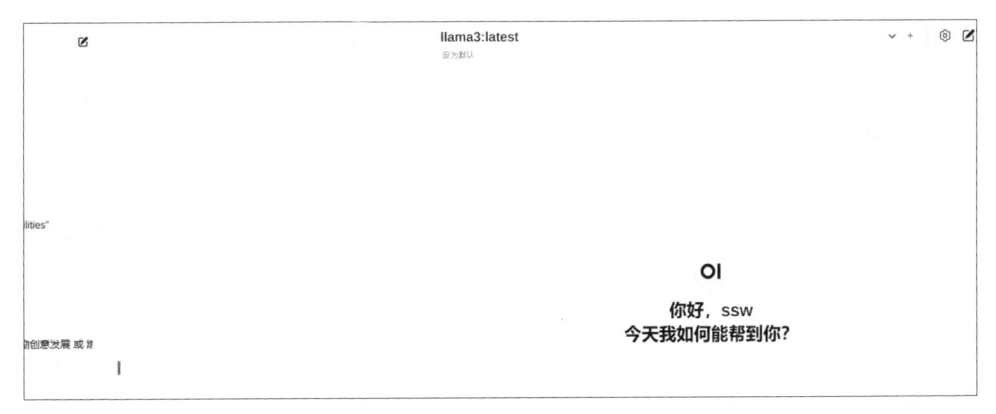

▲ 圖 11-46

第 11 章　Llama 3 模型的微調、量化、部署和應用

選擇模型 Llama 3，在對話方塊中輸入文字即可開始對話，如圖 11-47 所示。WebUI 還有很多其他功能，比如附帶 RAG，使用者在對話方塊中輸入「#」，並在其後跟上網址，即可存取網頁的即時資訊，進行內容生成。

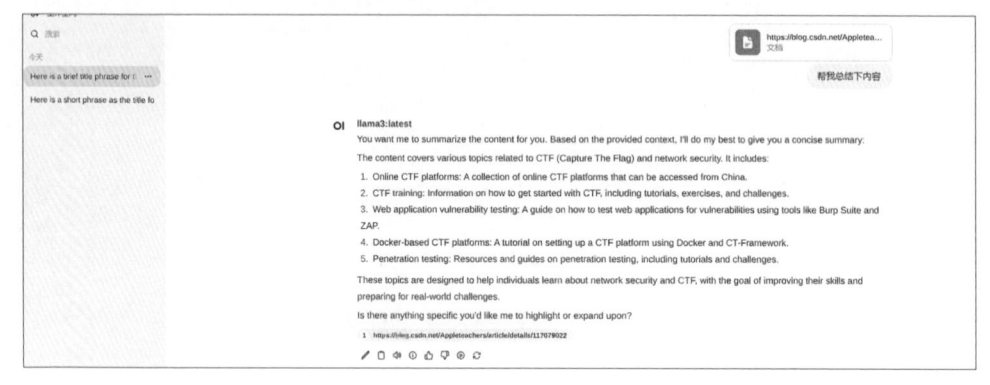

▲ 圖 11-47

11.5.3　與知識庫相連

本節來安裝 AnythingLLM 並配置本地大語言模型。

AnythingLLM 是一款強大的工具，允許使用者將大語言模型與現有的知識庫相結合。下面下載並安裝 AnythingLLM，如圖 11-48 所示。

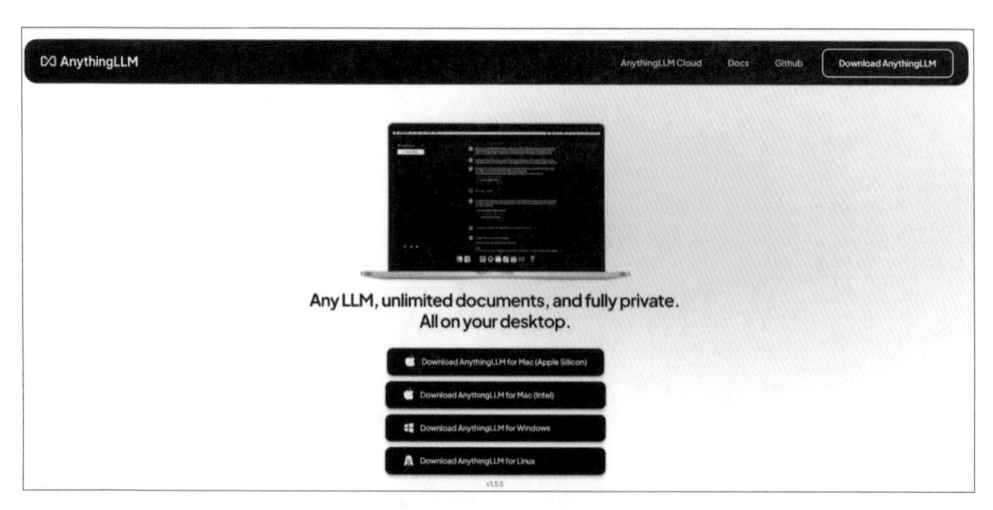

▲ 圖 11-48

11.5 低程式應用範例

安裝完成後，其會要求使用者配置大語言模型。這裡可以選擇 Ollama 的本地大語言模型「llama 3:latest」，如圖 11-49 所示。

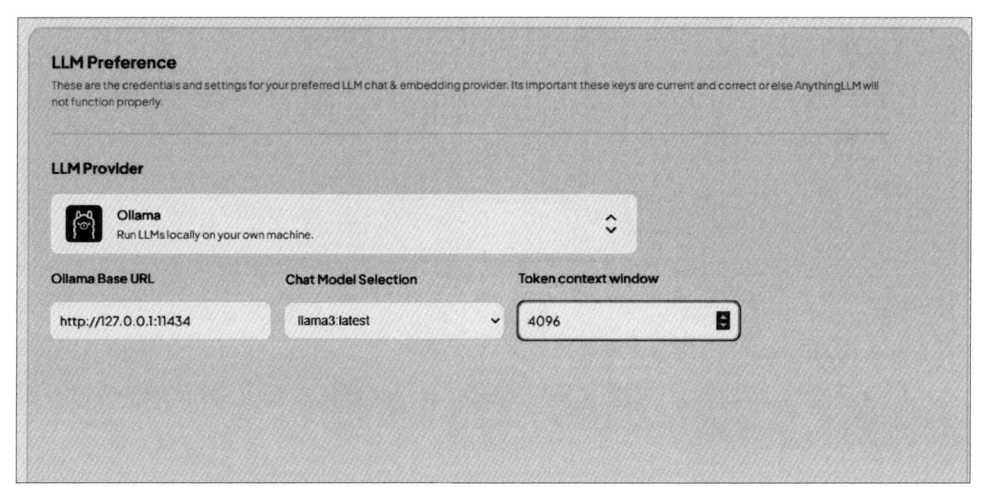

▲ 圖 11-49

嵌入模式和向量資料庫選擇預設的即可，如圖 11-50 和圖 11-51 所示，或者連線外部 API。

▲ 圖 11-50

11-39

第 11 章　Llama 3 模型的微調、量化、部署和應用

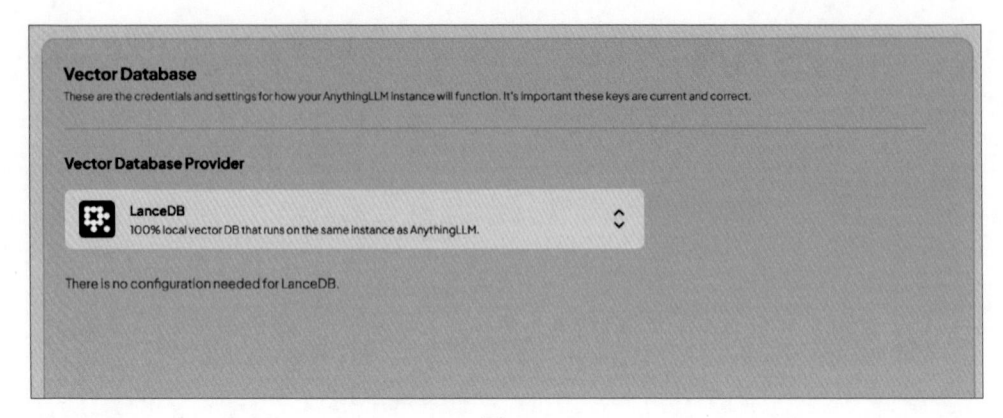

▲ 圖 11-51

在正式使用之前，需要先上傳知識檔案，AnythingLLM 支持多種格式的檔案，但不可讀取圖片內容，如圖 11-52 所示。

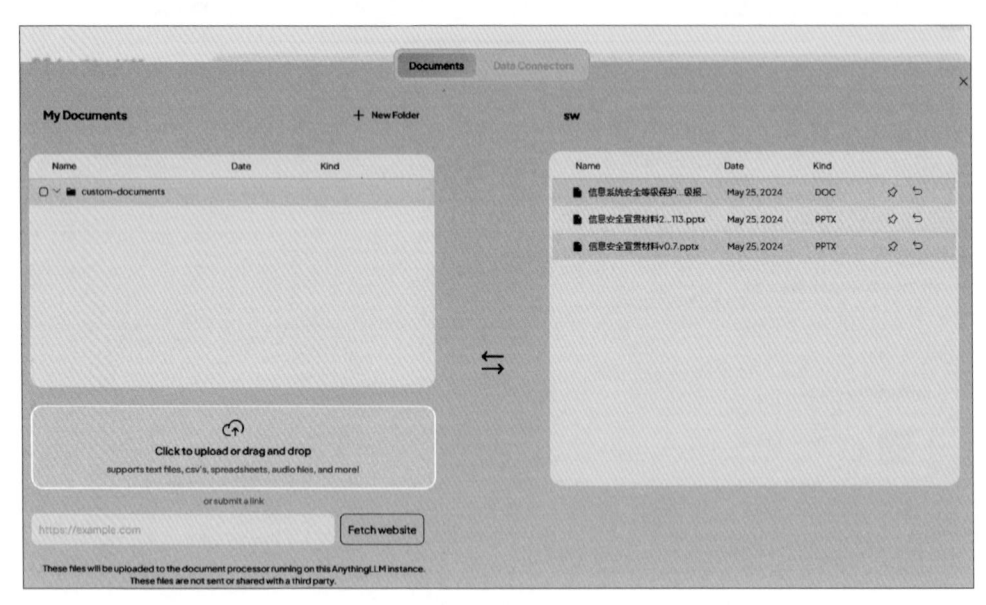

▲ 圖 11-52

這樣，我們就擁有了一個本地大語言模型，它能和自己的知識庫進行互動，且資訊安全、內容可靠，如圖 11-53 所示。

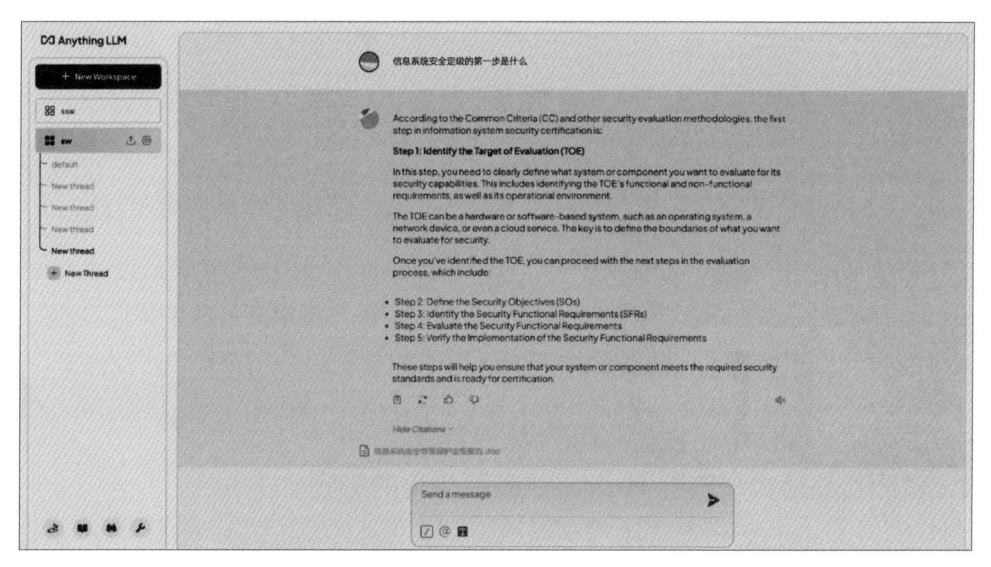

▲ 圖 11-53

11.6 未來展望

1 · Llama 3 模型未來的發展方向

隨著 AI 技術的不斷進步，Llama 3 模型的發展充滿了可能性和機遇，以下是對 Llama 3 模型未來可能的幾個重要發展方向的討論。

（1）增強模型的多模態能力。

目前，Llama 3 模型主要專注於自然語言處理任務，但未來的發展可能會擴充到多模態領域，結合視覺、音訊和文字等多種資料形式，透過多模態訓練，模型能夠理解和生成更複雜、更富有表現力的內容。例如，在醫療領域中，結合影像資料和文字記錄，Llama 3 模型可以提供更全面的診斷支援。

（2）提高模型的可解釋性。

隨著模型在各個領域中的應用不斷深入，使用者對模型可解釋性的需求也在增加。未來可能的發展方向之一是提高 Llama 3 模型的可解釋性，使得模型的決策過程更加透明和可理解。透過可解釋性技術，使用者可以更清楚地了解模型是如何得出結論的，從而增加對模型的信任。

（3）強化模型的自主學習能力。

自主學習（Autonomic Learning，AL）是未來 AI 發展的重要方向之一。Llama 3 模型可以透過更先進的自主學習技術，不斷從無標注資料中提取資訊，進行自我改進和最佳化。這將極大地提升模型的泛化能力和適應性，使其在不斷變化的環境中保持高效和準確。

2．預測新技術與趨勢對 Llama 3 模型應用的影響

新技術與趨勢的出現將對 Llama 3 模型的應用產生深遠影響，以下是對幾項重要技術和趨勢的預測。

（1）邊緣計算與分散式模型。

邊緣計算的興起使得模型可以在靠近資料來源的地方進行推理和計算，從而減少延遲和頻寬消耗。開發者可以透過分散式技術將 Llama 3 模型部署在多個邊緣節點上，從而實現更高效的即時資料處理和決策。這將對需要低延遲回應的應用場景（如自動駕駛和智慧製造）產生重大影響。

（2）聯邦學習與隱私保護。

隨著資料隱私問題的日益凸顯，聯邦學習（Federated Learning，FL）將成為一種重要的技術趨勢。透過聯邦學習，Llama 3 模型可以在多台裝置上協作訓練模型，而無須集中資料，從而保護使用者隱私。未來，Llama 3 模型將在資料隱私保護和安全性方面發揮更大作用，特別是在醫療、金融等對資料隱私要求高的領域中。

（3）深度強化學習與智慧決策。

隨著深度強化學習（Deep Reinforcement Learning，DRL）技術的發展，Llama 3 模型將在智慧決策領域中展現更大的潛力。透過結合深度強化學習技術，Llama 3 模型可以在複雜的動態環境中進行策略最佳化和智慧決策。例如，在金融交易系統中，Llama 3 模型可以即時分析市場變化，制定最佳交易策略。

3．模型在實際應用中的挑戰與機遇

（1）模型在實際應用中的挑戰。

資料品質與多樣性：高品質、多樣化的資料是訓練優秀模型的基礎。如何獲取和處理大量高品質的訓練資料，對開發者來說仍然是一個重大挑戰。

模型的高效性和可擴充性：隨著應用規模的擴大，如何保持模型的高效性和可擴充性是一個關鍵問題。開發者需要不斷最佳化模型結構和訓練演算法，以適應大規模資料處理的需求。

倫理與法律問題：AI 的廣泛應用帶來了許多倫理和法律問題，如資料隱私、偏見和歧視等。如何在實際應用中遵守相關法律法規，避免出現倫理問題，是未來 Llama 3 模型發展的重要研究課題。

（2）模型在實際應用中的機遇。

跨領域應用：Llama 3 模型在多個領域中具有廣泛的應用前景。從醫療到金融，從教育到娛樂，Llama 3 模型可以透過訂製化微調，滿足不同領域的需求，帶來巨大的商業價值。

持續改進與創新：隨著技術的不斷進步，Llama 3 模型可以透過持續學習和最佳化，不斷提升性能和能力。新的演算法和技術的應用，將使 Llama 3 模型保持領先優勢。

全球合作與社區支持：作為開放原始碼模型，Llama 3 模型獲得了全球研究社區的廣泛支持。透過開放合作和知識共用，Llama 3 模型可以更快地發展和最佳化，推動 AI 技術的整體進步。

第 11 章　Llama 3 模型的微調、量化、部署和應用

　　回顧本章內容，Llama 3 模型在自然語言處理領域中展示了強大的能力和廣闊的應用前景。透過微調、量化、部署和實際應用，我們可以充分發揮 Llama 3 模型的潛力，為各個領域提供智慧化解決方案。在未來的發展中，我們將面臨許多挑戰，但更重要的是，我們擁有無限的機遇。希望讀者能夠透過本書深入了解和掌握 Llama 3 模型，積極探索和創新，共同推動 AI 技術的進步和應用。

深智數位
股份有限公司

深智數位
股份有限公司